수학 좀 한다면

디딤돌 초등수학 기본+유형 2-2

펴낸날 [개정판 1쇄] 2025년 4월 15일 | **펴낸이** 이기열 | **펴낸곳** (주)디딤돌 교육 | **주소** (03972) 서울특별시 마포구 월드컵북로 122 청원선와이즈타워 | **대표전화** 02-3142-9000 | **구입문의** 02-322-8451 | **내용문의** 02-323-9166 | **팩시밀리** 02-338-3231 | **홈페이지** www.didimdol.co.kr | **등록번호** 제10-718호 | 구입한 후에는 철회되지 않으며 잘못 인쇄된 책은 바꾸어 드립니다. 이 책에 실린 모든 삽화 및 편집 형태에 대한 저작권은 (주)디딤돌 교육에 있으므로 무단으로 복사 복제할 수 없습니다. Copyright ⓒ Didimdol Co. [2502780]

내 실력에 딱!
최상위로 가는 '맞춤 학습 플랜'

STEP 1 On-line

나에게 맞는 공부법은?
맞춤 학습 가이드를 만나요.

교재 선택부터 공부법까지! 디딤돌에서 제공하는 시기별 맞춤 학습 가이드를 통해 아이에게 맞는 학습 계획을 세워 주세요.
(학습 가이드는 디딤돌 학부모카페 '맘이가'를 통해 상시 공지합니다.
cafe.naver.com/didimdolmom)

STEP 2 Book

맞춤 학습 스케줄표
계획에 따라 공부해요.

교재에 첨부된 '맞춤 학습 스케줄표'에 맞춰 공부 목표를 달성합니다.

STEP 3 On-line

이럴 땐 이렇게!
'맞춤 Q&A'로 해결해요.

궁금하거나 모르는 문제가 있다면,
'맘이가' 카페를 통해 질문을 남겨 주세요.
디딤돌 수학쌤 및 선배맘님들이 친절히 답변해 드립니다.

STEP 4 Book

다음에는 뭐 풀지?
다음 교재를 추천받아요.

학습 결과에 따라 후속 학습에 사용할 교재를 제시해 드립니다.
(교재 마지막 페이지 수록)

★ 디딤돌 플래너 만나러 가기

디딤돌 초등수학 기본+유형 2-2

8주 완성 학습 스케줄표

짧은 기간에 **집중력 있게** 한 학기 과정을 완성할 수 있도록 설계하였습니다.
방학 때 미리 공부하고 싶다면 주 5일 8주 완성 과정을 이용해요.

공부한 날짜를 쓰고 하루 분량 학습을 마친 후, 부모님께 확인 check ☑를 받으세요.

1 네 자리 수

1주

월 일	월 일	월 일	월 일	월 일
6~9쪽	10~15쪽	16~19쪽	20~22쪽	23~27쪽

2주

월 일	월 일
28~30쪽	31~33쪽

3주

월 일	월 일	월 일	월 일	월 일
54~58쪽	59~64쪽	65~69쪽	70~72쪽	73~75쪽

3 길이 재기

4주

월 일	월 일
78~83쪽	84~87쪽

4 시각과 시간

5주

월 일	월 일	월 일	월 일	월 일
101~103쪽	106~111쪽	112~115쪽	116~121쪽	122~124쪽

6주

월 일	월 일
125~127쪽	128~130쪽

7주

월 일	월 일	월 일	월 일	월 일
145~147쪽	148~151쪽	152~154쪽	155~157쪽	160~163쪽

6 규칙 찾기

8주

월 일	월 일
164~169쪽	170~174쪽

MEMO

효과적인 수학 공부 비법

시켜서 억지로   내가 스스로

억지로 하는 일과 즐겁게 하는 일은 결과가 달라요.
목표를 가지고 스스로 즐기면 능률이 배가 돼요.

가끔 한꺼번에   매일매일 꾸준히

급하게 쌓은 실력은 무너지기 쉬워요.
조금씩이라도 매일매일 단단하게 실력을 쌓아가요.

정답을 몰래   개념을 꼼꼼히

모든 문제는 개념을 바탕으로 출제돼요.
쉽게 풀리지 않을 땐, 개념을 펼쳐 봐요.

채점하면 끝   틀린 문제는 다시

왜 틀렸는지 알아야 다시 틀리지 않겠죠?
틀린 문제와 어림짐작으로 맞힌 문제는
꼭 다시 풀어 봐요.

수학 좀 한다면

디딤돌

초등수학
기본+유형

상위권으로 가는 유형반복 학습서

2
2

1 단계

교과서 **핵심 개념**을
자세히 살펴보고

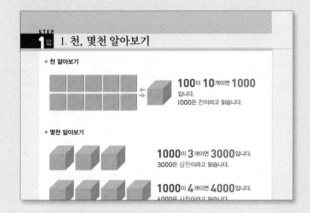

필수 문제를
반복 연습합니다.

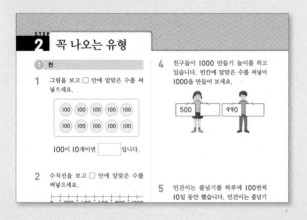

2 단계

문제를 이해하고
실수를 줄이는 연습을 통해

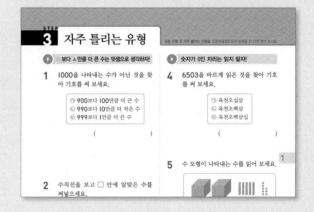

3 단계

문제해결력과 사고력을
높일 수 있습니다.

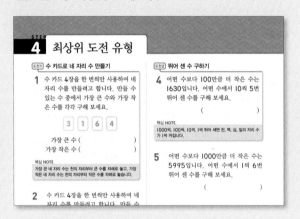

STEP 4 최상위 도전 유형

도전1 **수 카드로 네 자리 수 만들기**

1 수 카드 4장을 한 번씩만 사용하여 네 자리 수를 만들려고 합니다. 만들 수 있는 수 중에서 가장 큰 수와 가장 작은 수를 각각 구해 보세요.

| 3 | 1 | 6 | 4 |

가장 큰 수 ( )
가장 작은 수 ( )

핵심 NOTE
가장 큰 네 자리 수는 천의 자리부터 큰 수를 차례로 놓고, 가장 작은 네 자리 수는 천의 자리부터 작은 수를 차례로 놓습니다.

2 수 카드 4장을 한 번씩만 사용하여 네 자리 수를 만들려고 합니다. 만들 수

도전2 **뛰어 센 수 구하기**

4 어떤 수보다 100만큼 더 작은 수는 1630입니다. 어떤 수에서 10씩 5번 뛰어 센 수를 구해 보세요.

( )

핵심 NOTE
1000씩, 100씩, 10씩, 1씩 뛰어 세면 천, 백, 십, 일의 자리 수가 1씩 커집니다.

5 어떤 수보다 1000만큼 더 작은 수는 5995입니다. 어떤 수에서 1씩 6번 뛰어 센 수를 구해 보세요.

( )

4 단계

수시평가를
완벽하게 대비합니다.

수시 평가 대비 Level 1

1. 네 자리 수

점수
확인

1 □ 안에 알맞은 수를 써넣으세요.

(1) ├─┼─┼─┼─┼─┤
   996 997 □ 999 □

(2) ├─┼─┼─┼─┼─┤
   960 □ 980 990 □

2 빈칸에 알맞은 수를 써넣으세요.

(1) 1000 → 300 □
(2) 940 → □ 1000

5 □ 안에 알맞은 수를 써넣으세요.

(1) 1000이 □ 개인 수는 6000입니다.

(2) 100이 □ 개인 수는 8000입니다.

(3) 10이 □ 개인 수는 4000입니다.

6 성희는 클립을 7상자 샀습니다. 한 상자에 클립이 1000개씩 들어 있다면 성희가 산 클립은 모두 몇 개일까요?

수시 평가 대비 Level 2

1. 네 자리 수

점수
확인

1 다음에서 설명하는 수를 써 보세요.

• 999보다 1만큼 더 큰 수입니다.
• 10이 100개인 수입니다.

( )

2 □ 안에 알맞은 수를 써넣으세요.

4923은
1000이 □ 개
100이 □ 개
10이 □ 개

4 알맞은 것끼리 이어 보세요.

2700 • • 이천칠
7020 • • 칠천이십
2007 • • 이천칠백

5 거꾸로 뛰어 세어 보세요.

2149 → 2049 → □ → 1
1849 → □ → □

이 책의 **차례**

1 네 자리 수

이번 단원에서 꼭 짚어야 할 **핵심 개념**을 알아보자.

핵심 1 천, 몇천 알아보기

· 100이 10개이면 ☐ 이다.

· 900보다 100만큼 더 큰 수는 ☐ 이다.

· 1000이 2개이면 ☐ 이다.

핵심 2 네 자리 수 알아보기

1000이 1개, 100이 2개, 10이 5개,
1이 6개이면 ☐ (이)라 쓰고

☐ (이)라고 읽는다.

핵심 3 각 자리의 숫자가 나타내는 수 알아보기

3125에서

천의 자리	백의 자리	십의 자리	일의 자리
3	1	2	5
↓	↓	↓	↓
3000	100	20	5

3125 = 3000 + ☐ + ☐ + 5

핵심 4 뛰어 세기

10씩 뛰어 세면 십의 자리 수가 1씩 커진다.

8230 — 8240 — 8250 — ☐

핵심 5 수의 크기 비교하기

높은 자리 수부터 차례로 비교한다.

1542 ◯ 1267
└ 5>2 ┘

1. 천, 몇천 알아보기

● **천 알아보기**

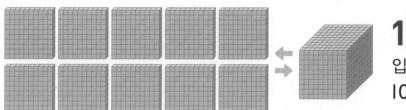

100이 **10**개이면 **1000**입니다.

1000은 천이라고 읽습니다.

● **몇천 알아보기**

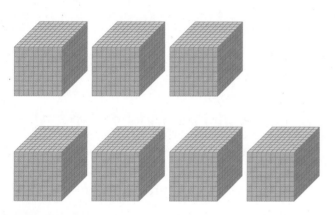

1000이 **3**개이면 **3000**입니다.

3000은 삼천이라고 읽습니다.

1000이 **4**개이면 **4000**입니다.

4000은 사천이라고 읽습니다.

개념 **자세히 보기**

● **1000을 여러 가지로 나타내 보아요!**

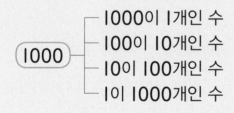

1000 ── 1000이 1개인 수
      ── 100이 10개인 수
      ── 10이 100개인 수
      ── 1이 1000개인 수

1000 ── 999보다 1만큼 더 큰 수
      ── 990보다 10만큼 더 큰 수
      ── 900보다 100만큼 더 큰 수

● **몇백과 몇천 사이의 관계를 알아보아요!**

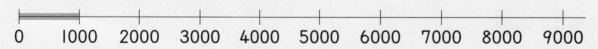

0 1000 2000 3000 4000 5000 6000 7000 8000 9000

0 100 200 300 400 500 600 700 800 900 1000

· 3000은 100이 30개인 수, 300이 10개인 수 등 몇백을 이용하여 여러 가지로 나타낼 수 있습니다.

1 수 모형을 보고 ☐ 안에 알맞은 수를 써넣으세요.

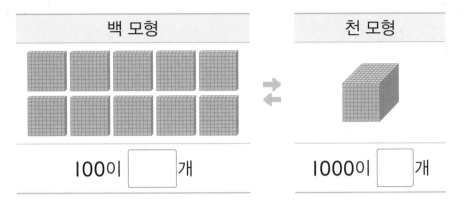

백 모형	천 모형

100이 ☐ 개   1000이 ☐ 개

백 모형 **10**개가 모이면 천 모형 ☐ 개와 같습니다.

100이 10개이면 1000이고, 천이라고 읽어요.

2 주어진 수만큼 묶어 보고 ☐ 안에 알맞은 수를 써넣으세요.

①

4000

1000 1000 1000 1000 1000 1000 1000 1000 1000

1000이 ☐ 개이면 **4000**입니다.

1000이 ★ 개이면 ★000이에요.

②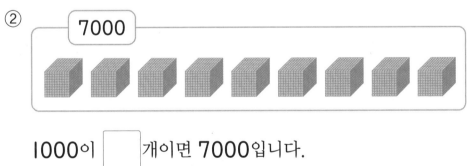

7000

1000이 ☐ 개이면 **7000**입니다.

3 나타내는 수를 쓰고 읽어 보세요.

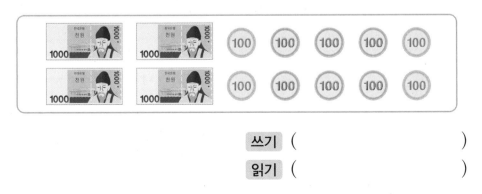

쓰기 (   )

읽기 (   )

2. 네 자리 수 알아보기

● 네 자리 수 알아보기

	천 모형	백 모형	십 모형	일 모형
3457 ➡				
	1000이 3개	100이 4개	10이 5개	1이 7개
	삼천	사백	오십	칠

• 일의 자리는 숫자만 읽습니다.

● 0이 있는 네 자리 수 알아보기

	천 모형	백 모형	십 모형	일 모형
2034 ➡				
	1000이 2개	100이 0개	10이 3개	1이 4개
	이천		삼십	사

• 숫자가 0인 자리는 읽지 않습니다.

	천 모형	백 모형	십 모형	일 모형
1350 ➡				
	1000이 1개	100이 3개	10이 5개	1이 0개
	천	삼백	오십	

개념 자세히 보기

● 네 자리 수를 써 보아요!

읽기	쓰기	
오천이백구십팔	5298	➡ 천, 백, 십, 일이 몇 개인지 숫자만 차례로 씁니다.
삼천백이십사	3124	➡ 천, 백, 십, 일로만 읽는 경우에는 그 자리에 숫자 1을 씁니다.
칠천오백육	7506	➡ 읽지 않은 자리에는 숫자 0을 씁니다.

● 정답과 풀이 1쪽

① 수 모형을 보고 □ 안에 알맞은 수나 말을 써넣으세요.

천 모형	백 모형	십 모형	일 모형
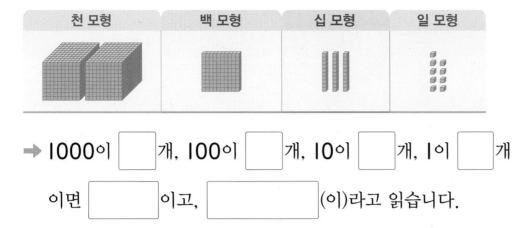			

➡ 1000이 ☐ 개, 100이 ☐ 개, 10이 ☐ 개, 1이 ☐ 개

이면 ☐ 이고, ☐ (이)라고 읽습니다.

② 그림을 보고 □ 안에 알맞은 수나 말을 써넣으세요.

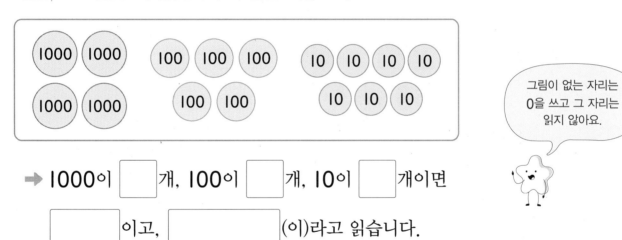

➡ 1000이 ☐ 개, 100이 ☐ 개, 10이 ☐ 개이면

☐ 이고, ☐ (이)라고 읽습니다.

그림이 없는 자리는
0을 쓰고 그 자리는
읽지 않아요.

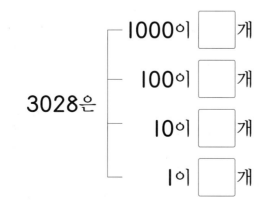

③ □ 안에 알맞은 수를 써넣으세요.

┌ 1000이 ☐ 개
│ 100이 ☐ 개
3028은 ─┤
│ 10이 ☐ 개
└ 1이 ☐ 개

1000이 ■개,
100이 ▲개, 10이 ●개,
1이 ★개이면
■▲●★이에요.

3. 각 자리의 숫자가 나타내는 수

● 각 자리의 숫자가 나타내는 수 알아보기

천 모형	백 모형	십 모형	일 모형
4	2	5	3

4253 →

↓

천의 자리	백의 자리	십의 자리	일의 자리
4	0	0	0
	2	0	0
		5	0
			3

4는 **천**의 자리 숫자이고, **4000**을 나타냅니다.

2는 **백**의 자리 숫자이고, **200**을 나타냅니다.

5는 **십**의 자리 숫자이고, **50**을 나타냅니다.

3은 **일**의 자리 숫자이고, **3**을 나타냅니다.

$$4253 = 4000 + 200 + 50 + 3$$

개념 자세히 보기

● 숫자가 같더라도 자리에 따라 나타내는 수가 달라요!

3333

↓

자리	천의 자리	백의 자리	십의 자리	일의 자리
숫자	3	3	3	3
나타내는 수	3000	300	30	3

$$3333 = 3000 + 300 + 30 + 3$$

1000이 3개 →

3	0	0	0
	3	0	0
		3	0
			3
3	3	3	3

100이 3개 →

10이 3개 →

1이 3개 →

1 ☐ 안에 알맞은 수를 써넣으세요.

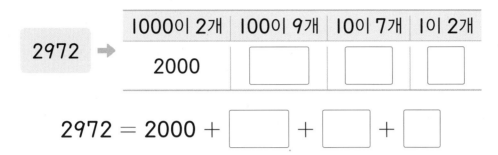

1000이 2개	100이 9개	10이 7개	1이 2개
2000	☐	☐	☐

2972 ➡

2972 = 2000 + ☐ + ☐ + ☐

숫자가 같더라도 자리에 따라 나타내는 수가 달라요.

2 ☐ 안에 알맞은 수를 써넣으세요.

7246 ➡

7은 ☐ 을/를 나타냅니다.

2는 ☐ 을/를 나타냅니다.

4는 ☐ 을/를 나타냅니다.

6은 ☐ 을/를 나타냅니다.

1

3 밑줄 친 숫자는 얼마를 나타내는지 써 보세요.

① 5̲703

② 308̲5

(   )   (   )

밑줄 친 숫자가 어느 자리 숫자인지 알아보아요.

4 각 자리의 숫자가 나타내는 수를 이용하여 ☐ 안에 알맞은 수를 써넣으세요.

① 4092 = ☐ + 0 + ☐ + 2

② 8507 = 8000 + ☐ + 0 + ☐

~의 자리 숫자와 ~가 나타내는 수를 구분해요.

4. 뛰어 세기

● **뛰어 세기**

・1000씩 뛰어 세기

0	1000	2000	3000	4000	5000	6000	7000	8000	9000	

➡ 천의 자리 수가 1씩 커집니다.

・100씩 뛰어 세기

9000	9100	9200	9300	9400	9500	9600	9700	9800	9900	

➡ 백의 자리 수가 1씩 커집니다.

・10씩 뛰어 세기

9900	9910	9920	9930	9940	9950	9960	9970	9980	9990	

➡ 십의 자리 수가 1씩 커집니다.

・1씩 뛰어 세기

9990	9991	9992	9993	9994	9995	9996	9997	9998	9999	

➡ 일의 자리 수가 1씩 커집니다.

9999 다음의 수는 10000입니다.

개념 자세히 보기

● **뛰어 세는 규칙을 찾아보아요!**

・어느 자리 수가 몇씩 커지는지 알아봅니다.

6210 ― 6310 ― 6410 ― 6510 ― 6610 ― 6710 ― 6810

➡ 백의 자리 수가 1씩 커지므로 100씩 뛰어 센 것입니다.

5430 ― 5440 ― 5450 ― 5460 ― 5470 ― 5480 ― 5490

➡ 십의 자리 수가 1씩 커지므로 10씩 뛰어 센 것입니다.

◐ 정답과 풀이 1쪽

① 1000씩 뛰어 세어 보세요.

① | 2360 | 3360 | 4360 | | | |

② | 4051 | | | 7051 | 8051 | |

② 10씩 뛰어 세어 보세요.

① | 7542 | 7552 | | 7572 | | |

② | 3460 | | 3480 | | | 3510 |

10씩 뛰어 셀 때 십의 자리 수가 9이면 다음 수는 십의 자리 수가 0이 되고 백의 자리 수가 1 커져요.

③ 뛰어 센 것을 보고 □ 안에 알맞은 수나 말을 써넣으세요.

① | 5316 | 5416 | 5516 | 5616 | 5716 | 5816 |

➡ ☐ 의 자리 수가 1씩 커지므로 ☐ 씩 뛰어 센 것 입니다.

② | 8641 | 8642 | 8643 | 8644 | 8645 | 8646 |

➡ 일의 자리 수가 ☐ 씩 커지므로 ☐ 씩 뛰어 센 것입 니다.

어느 자리 수가 몇씩 커지는지 알아보아요.

④ 거꾸로 뛰어 세어 보세요.

① | 6840 | 6740 | 6640 | | 6440 | |

② | 4287 | 4286 | | | 4283 | |

어느 자리 수가 몇씩 작아지는지 알아보아요.

5. 수의 크기 비교하기

● **수의 크기 비교하기**

• 천의 자리 수가 다르면 천의 자리 수를 비교합니다.

	천의 자리	백의 자리	십의 자리	일의 자리
2574 →	2	5	7	4
4269 →	4	2	6	9

2574 ⓒ 4269

• 천의 자리 수가 같으면 백의 자리 수를 비교합니다.

	천의 자리	백의 자리	십의 자리	일의 자리
3950 →	3	9	5	0
3781 →	3	7	8	1

3950 ⓢ 3781

• 천의 자리, 백의 자리 수가 각각 같으면 십의 자리 수를 비교합니다.

	천의 자리	백의 자리	십의 자리	일의 자리
5612 →	5	6	1	2
5604 →	5	6	0	4

5612 ⓢ 5604

• 천의 자리, 백의 자리, 십의 자리 수가 각각 같으면 일의 자리 수를 비교합니다.

	천의 자리	백의 자리	십의 자리	일의 자리
9476 →	9	4	7	6
9478 →	9	4	7	8

9476 ⓒ 9478

개념 **자세히 보기**

● **수직선으로 두 수의 크기를 비교해 보아요!**

수직선에서는 오른쪽에 있는 수가 더 큽니다.

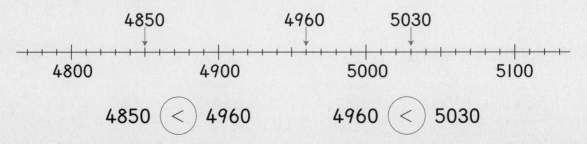

4850 ⓒ 4960   4960 ⓒ 5030

● 정답과 풀이 2쪽

① 수 모형을 보고 두 수의 크기를 비교하여 ○ 안에 > 또는 <를 알맞게 써넣으세요.

천 모형의 수부터 차례로 비교해 보아요.

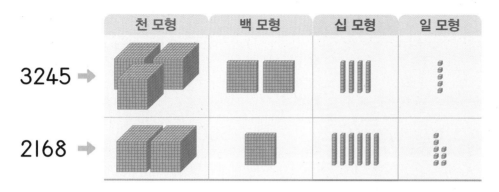

천 모형	백 모형	십 모형	일 모형
3245 →			
2168 →			

3245 ◯ 2168

② 빈칸에 알맞은 수를 써넣고 두 수의 크기를 비교하여 ○ 안에 > 또는 <를 알맞게 써넣으세요.

천의 자리 수부터 차례로 비교해 보아요.

	천의 자리	백의 자리	십의 자리	일의 자리
4876 →	4	8	7	6
4892 →				

4876 ◯ 4892

③ 주어진 수를 수직선에 표시하고 두 수의 크기를 비교하여 ○ 안에 > 또는 <를 알맞게 써넣으세요.

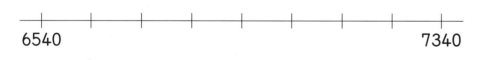

6540   7340

① 6640 ◯ 6840   ② 7240 ◯ 6940

④ 알맞은 말에 ○표 하세요.

① 3007은 2999보다 (큽니다 , 작습니다).

② 5363은 5365보다 (큽니다 , 작습니다).

1 천

1 그림을 보고 □ 안에 알맞은 수를 써넣으세요.

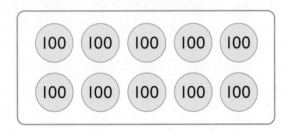

100이 10개이면 □ 입니다.

2 수직선을 보고 □ 안에 알맞은 수를 써넣으세요.

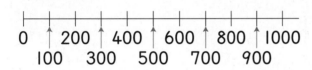

(1) 1000은 900보다 □ 만큼 더 큰 수입니다.

(2) 700보다 □ 만큼 더 큰 수는 1000입니다.

3 □ 안에 알맞은 수를 써넣으세요.

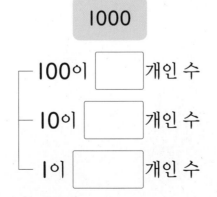

```
        1000
  ┌ 100이 □ 개인 수
  ├ 10이  □ 개인 수
  └ 1이   □ 개인 수
```

4 친구들이 1000 만들기 놀이를 하고 있습니다. 빈칸에 알맞은 수를 써넣어 1000을 만들어 보세요.

5 민건이는 줄넘기를 하루에 100번씩 10일 동안 했습니다. 민건이는 줄넘기를 모두 몇 번 했을까요?

( )

6 왼쪽과 오른쪽을 연결하여 1000이 되도록 이어 보세요.

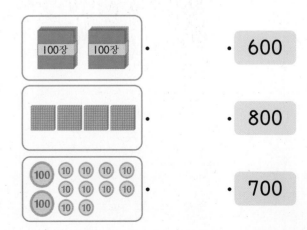

600

800

700

2 몇천

7 다음이 나타내는 수를 쓰고 읽어 보세요.

> 1000이 4개인 수

쓰기 ( )

읽기 ( )

😊 내가 만드는 문제

8 내가 나타내고 싶은 수만큼 색칠하고, 색칠한 수를 쓰고 읽어 보세요.

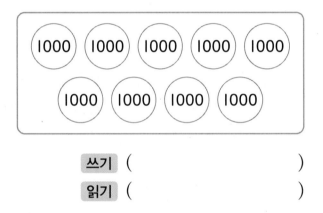

쓰기 ( )

읽기 ( )

9 ☐ 안에 알맞은 수를 써넣으세요.

(1) 1000이 ☐ 개이면 5000입니다.

(2) 7000은 1000이 ☐ 개입니다.

10 ☐ 안에 알맞은 수를 써넣으세요.

11 ☐ 안에 알맞은 수를 써넣으세요.

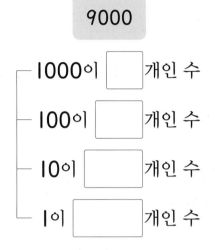

12 종이컵이 한 상자에 1000개씩 들어 있습니다. 3상자에 들어 있는 종이컵은 모두 몇 개일까요?

( )

서술형

13 문구점에서 1000원짜리 지폐 3장과 100원짜리 동전 20개를 내고 필통을 샀습니다. 필통의 가격은 얼마인지 풀이 과정을 쓰고 답을 구해 보세요.

풀이

답

3 **네 자리 수**

14 ☐ 안에 알맞은 수나 말을 써넣으세요.

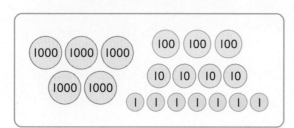

1000이 ☐ 개, 100이 ☐ 개,

10이 ☐ 개, 1이 ☐ 개이면

☐ 이고, ☐ (이)
라고 읽습니다.

15 수를 읽거나 수로 써 보세요.

(1)

2564

( )

(2)

오천이십구

( )

16 은호가 고른 수 카드를 찾아 색칠해 보세요.

내가 고른 수 카드의 수를 읽으면 '사천'으로 시작하고 '사'로 끝나.

2440	4014
4340	2404

은호

17 네 자리 수를 만든 후 1000, 100, 10, 1 을 이용하여 그림으로 나타내 보세요.

만든 네 자리 수: ☐

서술형

18 민호는 소라빵과 도넛을 각각 한 개씩 사고 다음과 같이 돈을 냈습니다. 민호가 낸 돈에서 소라빵 한 개의 가격만큼 묶어 보고 도넛의 가격은 얼마인지 풀이 과정을 쓰고 답을 구해 보세요.

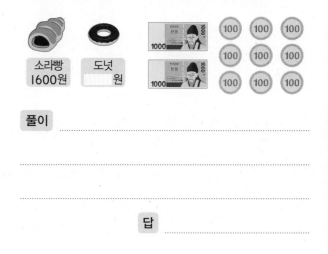

소라빵 1600원   도넛 ☐ 원

풀이 ....

....

....

답 ☐

19 ☐ 안에 알맞은 수를 써넣으세요.

· 1736 = 1730 + ☐

· 1736 = 1700 + ☐

· 1736 = 1000 + ☐

4 **각 자리의 숫자가 나타내는 수**

20 □ 안에 알맞은 수나 말을 써넣으세요.

5268

(1) 5는 천의 자리 숫자이고 [ ]

을/를 나타냅니다.

(2) 2는 [ ] 의 자리 숫자이고

[ ] 을/를 나타냅니다.

(3) 6은 [ ] 의 자리 숫자이고 [ ]

을/를 나타냅니다.

(4) 8은 [ ] 의 자리 숫자이고 [ ]

을/를 나타냅니다.

21 백의 자리 숫자가 7인 수는 어느 것일까요? ( )

① 1578   ② 7328   ③ 6720
④ 5147   ⑤ 7809

22 수로 썼을 때 십의 자리 숫자가 0인 것에 ○표 하세요.

삼천백팔십   이천구십오   칠천구백이

( ) ( ) ( )

23 보기 와 같이 빈칸에 알맞은 수를 써넣으세요.

보기

4 6 1 7

= 4000 + 600 + 10 + 7

(1) 3 2 9 4

= [ ] + [ ] + [ ] + 4

(2) 1 0 4 5

= 1000 + [ ] + [ ] + [ ]

24 숫자 8이 80을 나타내는 수를 찾아 기호를 써 보세요.

㉠ 6817   ㉡ 9248
㉢ 8430   ㉣ 5086

( )

25 숫자 3이 나타내는 수가 가장 큰 수에 ○표, 가장 작은 수에 △표 하세요.

6530   5273   4381   3529

26 ㉠이 나타내는 수와 ㉡이 나타내는 수의 합을 구해 보세요.

7525
㉠㉡

( )

1

27 수 카드를 한 번씩만 사용하여 백의 자리 숫자가 600을 나타내는 네 자리 수를 2개 만들어 보세요.

(   )

5 **뛰어 세기**

28 1000씩 뛰어 세어 보세요.

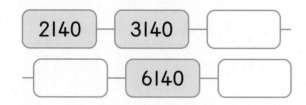

29 대화를 읽고 물음에 답하세요.

> 영호: 9800에서 출발하여 10씩 뛰어 세었어.
>
> 선미: 9800에서 출발하여 100씩 거꾸로 뛰어 세었어.

(1) 영호의 방법으로 뛰어 세어 보세요.

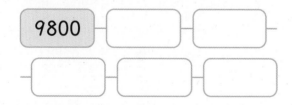

(2) 선미의 방법으로 뛰어 세어 보세요.

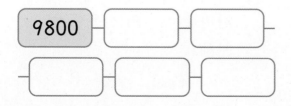

30 수 배열표를 보고 물음에 답하세요.

6300	6400	6500	6600	6700
7300	7400	7500	7600	★
8300	8400	8500	8600	8700
9300	9400	9500	9600	9700

(1) ↓, →는 각각 몇씩 뛰어 센 것일까요?

↓ (   )

→ (   )

(2) ★에 들어갈 수는 얼마일까요?

(   )

31 2158에서 시작하여 10씩 거꾸로 뛰어 센 수들을 차례로 이어 보세요.

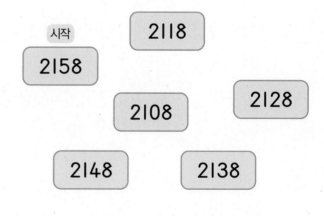

32 3760에서 10씩 4번 뛰어 센 수를 구해 보세요.

(   )

☺ 내가 만드는 문제

33 4856에서 몇씩 뛰어 셀지 정하고 빈 칸에 알맞은 수를 써넣으세요.

씩 뛰어 세기

34 민지와 지수는 같은 방법으로 뛰어 세 었습니다. ♥에 알맞은 수를 구해 보세 요.

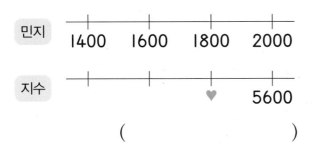

(   )

6 수의 크기 비교하기

35 빈칸에 알맞은 수를 써넣고 두 수의 크기를 비교하여 ○ 안에 > 또는 < 를 알맞게 써넣으세요.

	천의 자리	백의 자리	십의 자리	일의 자리
4562 ➡				
4739 ➡				

4562 ◯ 4739

36 수의 크기를 비교하는 방법을 바르게 말한 사람을 찾아 ○표 하세요.

(   )   (   )

37 두 수의 크기를 비교하여 ○ 안에 > 또는 <를 알맞게 써넣으세요.

(1) 3915 ◯ 4002

(2) 8647 ◯ 8619

38 더 큰 수를 찾아 기호를 써 보세요.

> ㉠ 오천육백칠십이
> ㉡ 1000이 5개, 100이 2개, 10이 9개인 수

(   )

서술형
39 저금을 민정이는 4320원, 현정이는 4380원 했습니다. 누가 저금을 더 많이 했는지 풀이 과정을 쓰고 답을 구해 보세요.

풀이 _____

_____

답 _____

40 수직선에 두 수를 표시하고 크기를 비교하여 ○ 안에 > 또는 <를 알맞게 써넣으세요.

5427 ─┼───┼───┼───┼───┼───┼─ 5432

5429 ◯ 5431

41 □ 안에 알맞은 수를 써넣으세요.

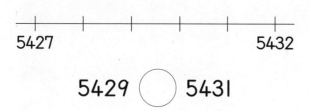

	천의 자리	백의 자리	십의 자리	일의 자리
2589 ➡	2	5	8	9
3092 ➡				
2708 ➡				

• 가장 큰 수는 ☐ 입니다.

• 가장 작은 수는 ☐ 입니다.

42 수의 크기를 비교하여 가장 큰 수에 ○표 하세요.

(1)

| 2100 | 4128 | 4071 |

(2)

| 7603 | 6990 | 7612 |

43 산의 높이를 나타낸 표입니다. 가장 낮은 산은 어느 산일까요?

산	높이
한라산	1950 m
지리산	1915 m
백두산	2744 m

(   )

44 큰 수부터 차례로 기호를 써 보세요.

| ㉠ 6345 | ㉡ 6376 | ㉢ 6319 |

(   )

😊 내가 만드는 문제

45 □ 안에 수를 써넣어 네 자리 수를 만든 후 다음 조건을 만족하는 수를 **3개** 써 보세요.

4 ☐ ☐ ☐ 보다 크고

8 ☐ ☐ ☐ 보다 작습니다.

(   )

46 얼룩이 묻어 일부가 잘 보이지 않는 네 자리 수가 있습니다. 두 수의 크기를 비교하여 ○ 안에 > 또는 <를 알맞게 써넣으세요.

74▮2 ◯ 719▮

응용 유형 중 자주 틀리는 유형을 집중학습함으로써 실력을 한 단계 높여 보세요.

⚡ ●보다 ▲만큼 더 큰 수는 덧셈으로 생각하자!

1 1000을 나타내는 수가 아닌 것을 찾아 기호를 써 보세요.

> ㉠ 900보다 100만큼 더 큰 수
> ㉡ 990보다 10만큼 더 작은 수
> ㉢ 999보다 1만큼 더 큰 수

( )

2 수직선을 보고 □ 안에 알맞은 수를 써넣으세요.

910 ↑ 930 ↑ 950 ↑ 970 ↑ 990 ↑
920 940 960 980 1000

• 1000은 950보다 □ 만큼 더 큰 수입니다.

• 1000은 □ 보다 30만큼 더 큰 수입니다.

3 탁구공 1000개를 한 상자에 100개씩 담으려고 합니다. 상자가 8개 있다면 상자는 몇 개 더 필요할까요?

( )

⚡ 숫자가 0인 자리는 읽지 말자!

4 6503을 바르게 읽은 것을 찾아 기호를 써 보세요.

> ㉠ 육천오십삼
> ㉡ 육천오백삼
> ㉢ 육천오백삼십

( )

5 수 모형이 나타내는 수를 읽어 보세요.

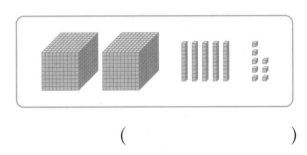

( )

6 1000이 4개, 100이 7개, 10이 2개인 수를 읽어 보세요.

( )

7 수로 썼을 때 숫자 0이 가장 많은 수를 찾아 기호를 써 보세요.

> ㉠ 삼천사십이
> ㉡ 천이백팔
> ㉢ 칠천오

( )

8 천 원짜리 지폐 한 장을 모두 백 원짜리 동전으로 바꾸면 동전은 몇 개일까요?

(   )

9 천 원짜리 지폐 3장을 모두 백 원짜리 동전으로 바꾸면 동전은 몇 개일까요?

(   )

10 동규는 천 원짜리 지폐 5장을 가지고 있고, 민정이는 동규와 같은 금액만큼 백 원짜리 동전으로 가지고 있습니다. 민정이가 가지고 있는 동전은 몇 개일까요?

(   )

11 천 원짜리 지폐 2장을 모두 십 원짜리 동전으로 바꾸면 동전은 몇 개일까요?

(   )

12 뛰어 세는 규칙을 찾아 빈칸에 알맞은 수를 써넣으세요.

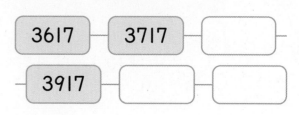

13 뛰어 세는 규칙을 찾아 ㉠, ㉡에 알맞은 수를 각각 구해 보세요.

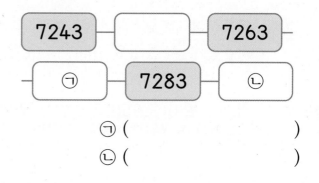

㉠ (   )

㉡ (   )

14 지호는 1328부터 일정하게 커지는 규칙으로 수 카드를 놓았습니다. 빈칸에 들어갈 수를 차례로 써 보세요.

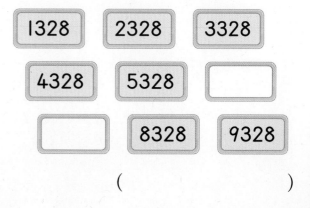

(   )

⚡ 몇씩 뛰어 세기를 해야 하는지 알자!

15 형석이는 장난감을 사기 위해 돈을 모으려고 합니다. 8월 현재 3150원이 있습니다. 9월부터 한 달에 1000원씩 계속 모으면 9월, 10월, 11월에는 각각 얼마가 되는지 써 보세요.

8월	9월	10월	11월
3150원			

16 미주는 4600원을 가지고 있습니다. 내일부터 5일 동안 하루에 100원씩 저금을 한다면 5일 후 미주가 가진 돈은 얼마가 될까요?

(   )

17 민수는 집안일을 도와 용돈을 모으려고 합니다. 다음은 집안일을 1번 할 때 받을 수 있는 용돈을 나타낸 것입니다. 방 청소를 2번, 신발 정리를 4번 하면 민수가 받을 수 있는 용돈은 모두 얼마일까요?

집안일	용돈
방 청소	2000원
재활용 버리기	1000원
신발 정리	500원

(   )

⚡ 구하려는 자리 아래 숫자도 비교하자!

18 네 자리 수의 크기를 비교했습니다. □ 안에 들어갈 수 있는 수를 모두 찾아 ○표 하세요.

$$3\square52 > 3690$$

(1 , 2 , 3 , 4 , 5 , 6 , 7 , 8 , 9)

19 네 자리 수의 크기를 비교했습니다. 1부터 9까지의 수 중에서 □ 안에 들어갈 수 있는 수를 모두 구해 보세요.

$$5017 > \square124$$

(   )

20 네 자리 수의 크기를 비교했습니다. 1부터 9까지의 수 중에서 □ 안에 들어갈 수 있는 가장 작은 수를 구해 보세요.

$$8250 < 82\square4$$

(   )

21 네 자리 수의 크기를 비교하여 ○ 안에 > 또는 <를 알맞게 써넣으세요.

$$6\square04 \bigcirc 69\square7$$

최상위 도전 유형

도전1 **수 카드로 네 자리 수 만들기**

1 수 카드 4장을 한 번씩만 사용하여 네 자리 수를 만들려고 합니다. 만들 수 있는 수 중에서 가장 큰 수와 가장 작은 수를 각각 구해 보세요.

3 1 6 4

가장 큰 수 (   )

가장 작은 수 (   )

핵심 NOTE
가장 큰 네 자리 수는 천의 자리부터 큰 수를 차례로 놓고, 가장 작은 네 자리 수는 천의 자리부터 작은 수를 차례로 놓습니다.

2 수 카드 4장을 한 번씩만 사용하여 네 자리 수를 만들려고 합니다. 만들 수 있는 수 중에서 가장 큰 수와 가장 작은 수를 각각 구해 보세요.

2 8 5 0

가장 큰 수 (   )

가장 작은 수 (   )

3 수 카드 4장을 한 번씩만 사용하여 네 자리 수를 만들려고 합니다. 만들 수 있는 수 중에서 십의 자리 숫자가 7인 가장 큰 수를 구해 보세요.

7 6 9 2

(   )

도전2 **뛰어 센 수 구하기**

4 어떤 수보다 100만큼 더 작은 수는 1630입니다. 어떤 수에서 10씩 5번 뛰어 센 수를 구해 보세요.

(   )

핵심 NOTE
1000씩, 100씩, 10씩, 1씩 뛰어 세면 천, 백, 십, 일의 자리 수가 1씩 커집니다.

5 어떤 수보다 1000만큼 더 작은 수는 5995입니다. 어떤 수에서 1씩 6번 뛰어 센 수를 구해 보세요.

(   )

6 3419에서 몇씩 3번 뛰어 세었더니 3719가 되었습니다. 몇씩 뛰어 센 것일까요?

(   )

7 어떤 수에서 100씩 4번 뛰어 세었더니 7631이 되었습니다. 어떤 수는 얼마인지 구해 보세요.

(   )

도전3 **조건을 만족하는 네 자리 수 구하기**

8 조건을 모두 만족하는 네 자리 수를 구해 보세요.

> • 2100보다 크고 2200보다 작습니다.
> • 백의 자리 숫자와 일의 자리 숫자가 같습니다.
> • 십의 자리 숫자와 일의 자리 숫자의 합은 7입니다.

(   )

핵심 NOTE
네 자리 수 ■▲●★에서 천의 자리 숫자는 ■, 백의 자리 숫자는 ▲, 십의 자리 숫자는 ●, 일의 자리 숫자는 ★입니다.

9 천의 자리 숫자가 6, 백의 자리 숫자가 8인 네 자리 수 중에서 6895보다 큰 수는 모두 몇 개일까요?

(   )

10 조건을 모두 만족하는 네 자리 수 중에서 가장 큰 수를 구해 보세요.

> • 4000보다 크고 5000보다 작습니다.
> • 십의 자리 숫자는 30을 나타냅니다.
> • 백의 자리 숫자는 8입니다.

(   )

도전4 **네 자리 수를 여러 가지 방법으로 나타내기**

11 1243을 수 모형으로 나타낸 것입니다. 다른 방법으로 나타내 보세요.

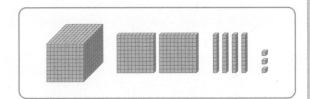

천 모형	백 모형	십 모형	일 모형
1개	2개	4개	3개
0개	12개	3개	☐개
☐개	☐개	☐개	☐개

핵심 NOTE
천 모형 1개는 백 모형 10개, 백 모형 1개는 십 모형 10개, 십 모형 1개는 일 모형 10개와 같습니다.

도전 최상위

12 3158을 수 모형으로 나타낸 것입니다. 다른 방법으로 나타내 보세요.

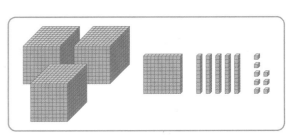

천 모형	백 모형	십 모형	일 모형
3개	1개	5개	8개
2개	11개	4개	☐개
☐개	☐개	☐개	☐개

1 □ 안에 알맞은 수를 써넣으세요.

(1)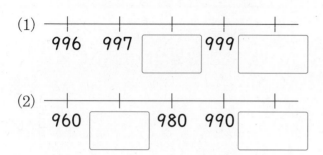

996 997 ☐ 999 ☐

(2)

960 ☐ 980 990 ☐

2 빈칸에 알맞은 수를 써넣으세요.

(1)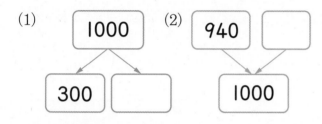

1000 → 300, ☐

(2) 940, ☐ → 1000

3 수 모형이 나타내는 수를 쓰고 읽어 보세요.

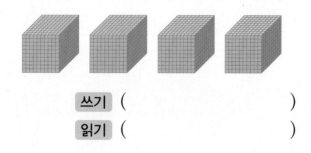

쓰기 (   )

읽기 (   )

4 다음 중 1000에 가장 가까운 수를 찾아 기호를 써 보세요.

┌─────────────────────────────┐
│ ㉠ 900   ㉡ 919   ㉢ 909 │
└─────────────────────────────┘

(   )

5 □ 안에 알맞은 수를 써넣으세요.

(1) 1000이 ☐ 개인 수는 6000입니다.

(2) 100이 ☐ 개인 수는 8000입니다.

(3) 10이 ☐ 개인 수는 4000입니다.

6 성희는 클립을 7상자 샀습니다. 한 상자에 클립이 1000개씩 들어 있다면 성희가 산 클립은 모두 몇 개일까요?

(   )

7 보기 와 같이 □ 안에 알맞은 수를 써넣으세요.

┌──────────────────────────────────┐
│ 보기 │
│ 4538 = 4000 + 500 + 30 + 8 │
└──────────────────────────────────┘

(1) 7194

= ☐ + 100 + ☐ + 4

(2) 5107

= ☐ + ☐ + 0 + ☐

8 다음은 몇씩 뛰어 센 것일까요?

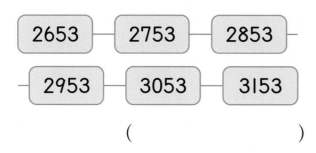

( )

9 다음은 강호의 저금통에 들어 있는 지폐와 동전입니다. 모두 얼마일까요?

( )

10 숫자 5가 나타내는 수가 가장 작은 수는 어느 것일까요? ( )

① 2751 ② 8509 ③ 1165
④ 5073 ⑤ 6532

11 □ 안에 알맞은 수를 써넣으세요.

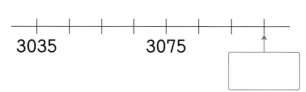

12 수로 썼을 때 숫자 0이 가장 적게 있는 수를 찾아 기호를 써 보세요.

> ㉠ 팔천육백 ㉡ 사천일
> ㉢ 육천삼백구 ㉣ 오천칠십

( )

13 현우는 크레파스를 사고 5000원짜리 지폐 한 장과 1000원짜리 지폐 3장을 냈습니다. 크레파스는 얼마일까요?

( )

14 두 수의 크기를 비교하여 ○ 안에 > 또는 <를 알맞게 써넣으세요.

⑴ 8150 ◯ 8105

⑵ 7233 ◯ 7332

⑶ 4456 ◯ 4459

15 네 자리 수의 크기를 비교한 것입니다. 1부터 9까지의 수 중에서 □ 안에 들어갈 수 있는 수는 모두 몇 개일까요?

6073 < 60□1

( )

🔴 정답과 풀이 6쪽

16 뛰어 세는 규칙을 찾아 ㉠에 알맞은 수를 구해 보세요.

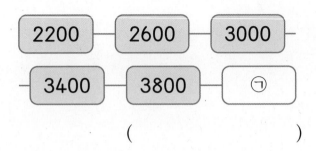

( )

17 뛰어 세어 주어진 수가 들어갈 칸의 글자를 찾아 숨겨진 낱말을 완성해 보세요.

• 1000씩 뛰어 세어 보세요.

① | 2396 | 3396 | 너 | 개 | 기 |

• 100씩 뛰어 세어 보세요.

② | 3245 | 3345 | 구 | 러 | 나 |

• 10씩 뛰어 세어 보세요.

③ | 5773 | 5783 | 기 | 리 | 이 |

①	②	③
5396	3645	5803
↓	↓	↓

18 ㉠이 나타내는 수는 ㉡이 나타내는 수보다 얼마만큼 더 클까요?

9 1 1 8
㉠ ㉡

( )

19 민규는 오늘까지 종이배를 1170개 접었습니다. 내일부터 4일 동안 하루에 10개씩 접는다면 4일 후 종이배는 모두 몇 개가 되는지 풀이 과정을 쓰고 답을 구해 보세요.

풀이

답

20 천의 자리 숫자가 3, 백의 자리 숫자가 9, 일의 자리 숫자가 1인 네 자리 수 중에서 4000보다 작은 수는 모두 몇 개인지 풀이 과정을 쓰고 답을 구해 보세요.

풀이

답

1 다음에서 설명하는 수를 써 보세요.

> • *999*보다 *1*만큼 더 큰 수입니다.
> • *10*이 *100*개인 수입니다.

( )

2 □ 안에 알맞은 수를 써넣으세요.

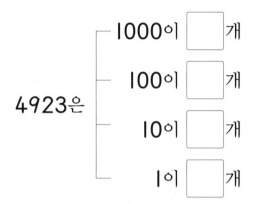

4923은
- 1000이 □개
- 100이 □개
- 10이 □개
- 1이 □개

3 수 모형이 나타내는 수를 쓰고 읽어 보세요.

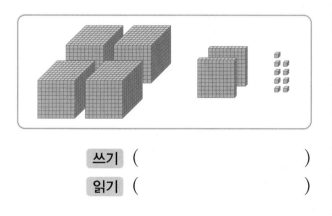

쓰기 ( )
읽기 ( )

4 알맞은 것끼리 이어 보세요.

2700 •   • 이천칠

7020 •   • 칠천이십

2007 •   • 이천칠백

5 거꾸로 뛰어 세어 보세요.

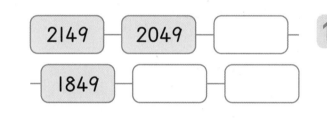

2149 — 2049 — □ —
□ 1849 — □ — □

6 숫자 2가 200을 나타내는 수를 찾아 기호를 써 보세요.

| ㉠ 5372 | ㉡ 2840 |
| ㉢ 1264 | ㉣ 7021 |

( )

7 숫자 6이 나타내는 수가 가장 큰 수를 찾아 써 보세요.

| 7316 | 9630 | 6713 | 3968 |

( )

8 두 수의 크기를 비교하여 ○ 안에 >
또는 <를 알맞게 써넣으세요.

(1) 4167 ◯ 7203

(2) 6025 ◯ 6022

9 박물관에 어른은 3876명, 어린이는
3950명 입장했습니다. 어른과 어린이
중에서 누가 박물관에 더 많이 입장했
을까요?

(   )

10 수 배열표를 보고 물음에 답하세요.

5104	5105	5106	5107	5108
5114	5115	5116	5117	5118
5124	5125	5126	5127	5128
5134	5135	5136		★

(1) ↓, →는 각각 얼마씩 뛰어 센 것일
까요?

↓ (   )
→ (   )

(2) ★에 알맞은 수는 얼마일까요?

(   )

11 가장 큰 수에 ○표, 가장 작은 수에
△표 하세요.

5184   6091   5273

12 천 원짜리 지폐 7장을 모두 백 원짜리
동전으로 바꾸면 동전은 몇 개일까요?

(   )

13 현서는 6800원을 가지고 있습니다.
내일부터 3일 동안 하루에 1000원씩
용돈을 받는다면 3일 후 현서가 가진
돈은 얼마가 될까요?

(   )

14 가장 큰 수를 찾아 기호를 써 보세요.

> ㉠ 1000이 6개인 수
> ㉡ 육천삼백사
> ㉢ 1000이 6개, 10이 20개인 수

(   )

15 8000보다 크고 9000보다 작은 네
자리 수 중에서 백의 자리 숫자가 9,
일의 자리 숫자가 4인 가장 작은 수를
구해 보세요.

(   )

🖉 서술형 문제   ➲ 정답과 풀이 8쪽

16 수 카드 4장을 한 번씩만 사용하여 네 자리 수를 만들려고 합니다. 만들 수 있는 수 중에서 가장 큰 수와 가장 작은 수를 각각 구해 보세요.

> 6 0 3 4

가장 큰 수 (   )

가장 작은 수 (   )

17 네 자리 수의 크기를 비교했습니다. 0부터 9까지의 수 중에서 □ 안에 들어갈 수 있는 수는 모두 몇 개일까요?

> 73□6 < 7345

(   )

18 조건에 맞는 네 자리 수를 구해 보세요.

> • 5000보다 크고 6000보다 작습니다.
> • 백의 자리 숫자는 2보다 크고 4보다 작습니다.
> • 십의 자리 숫자는 일의 자리 숫자보다 큽니다.
> • 일의 자리 숫자는 8입니다.

(   )

19 2341에서 몇씩 5번 뛰어 세었더니 2391이 되었습니다. 몇씩 뛰어 센 것인지 풀이 과정을 쓰고 답을 구해 보세요.

풀이

답

20 건전지 1000개를 한 상자에 50개씩 담으려고 합니다. 상자가 15개 있다면 상자는 몇 개 더 필요한지 풀이 과정을 쓰고 답을 구해 보세요.

풀이

답

사고력이 반짝

● 다음과 같이 가위로 밧줄을 자르면 몇 도막이 될까요?

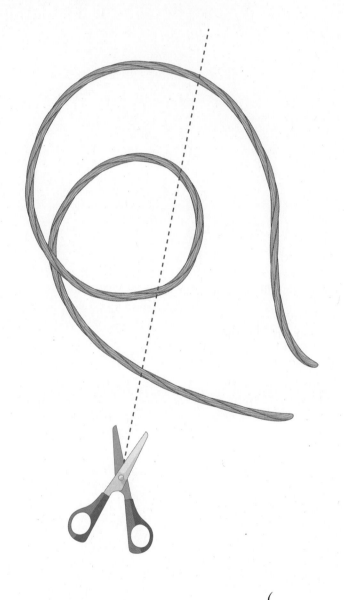

(   )

2 곱셈구구

이번 단원에서
꼭 짚어야 할
핵심 개념을 알아보자.

핵심 1   2단, 5단 곱셈구구

×	1	2	3	4	5	6	7	8	9
2	2	4	6	8	10	12	14	16	18

• 2단 곱셈구구는 곱이 ☐ 씩 커진다.

×	1	2	3	4	5	6	7	8	9
5	5	10	15	20	25	30	35	40	45

• 5단 곱셈구구는 곱이 ☐ 씩 커진다.

핵심 2   3단, 6단 곱셈구구

×	1	2	3	4	5	6	7	8	9
3	3	6	9	12	15	18	21	24	27

• 3단 곱셈구구는 곱이 ☐ 씩 커진다.

×	1	2	3	4	5	6	7	8	9
6	6	12	18	24	30	36	42	48	54

• 6단 곱셈구구는 곱이 ☐ 씩 커진다.

핵심 3   4단, 8단 곱셈구구

×	1	2	3	4	5	6	7	8	9
4	4	8	12	16	20	24	28	32	36

• 4단 곱셈구구는 곱이 ☐ 씩 커진다.

×	1	2	3	4	5	6	7	8	9
8	8	16	24	32	40	48	56	64	72

• 8단 곱셈구구는 곱이 ☐ 씩 커진다.

핵심 4   7단, 9단 곱셈구구

×	1	2	3	4	5	6	7	8	9
7	7	14	21	28	35	42	49	56	63

• 7단 곱셈구구는 곱이 ☐ 씩 커진다.

×	1	2	3	4	5	6	7	8	9
9	9	18	27	36	45	54	63	72	81

• 9단 곱셈구구는 곱이 ☐ 씩 커진다.

핵심 5   1단 곱셈구구, 0의 곱

• $1 \times$ (어떤 수) = (어떤 수)

  (어떤 수) $\times$ ☐ = (어떤 수)

• $0 \times$ (어떤 수) = 0

  (어떤 수) $\times$ ☐ = 0

1. 2단 곱셈구구 알아보기

● **체리의 수 알아보기**

 🍒	2씩 **1**묶음	$2 \times \textbf{1} = 2$
 🍒🍒	2씩 **2**묶음	$2 \times \textbf{2} = 4$
 🍒🍒🍒	2씩 **3**묶음	$2 \times \textbf{3} = 6$
 🍒🍒🍒🍒	2씩 **4**묶음	$2 \times \textbf{4} = 8$
 🍒🍒🍒🍒🍒	2씩 **5**묶음	$2 \times \textbf{5} = 10$

⌐• 2씩 ■묶음은
  2의 ■배입니다.

● **2단 곱셈구구 알아보기**

×	1	2	3	4	5	6	7	8	9
2	2	4	6	8	10	12	14	16	18

+2 +2 +2 +2 +2 +2 +2 +2

➡ 2단 곱셈구구에서는 곱하는 수가 1씩 커지면 곱은 2씩 커집니다.

개념 자세히 보기

● **2×6을 계산하는 방법을 알아보아요!**

방법 1 2씩 6번 더합니다.

$2 \times 6 = 2 + 2 + 2 + 2 + 2 + 2 = 12$
　　　　　└──── 6번 ────┘

방법 2 2×5에 2를 더합니다.

$2 \times 5 = 10$ ⌐
　　　　　　　│ +2
$2 \times 6 = 12$ ◄

→ 정답과 풀이 **9**쪽

1 □ 안에 알맞은 수를 써넣으세요.

$$2 + 2 + 2 + 2 + 2 = \boxed{}$$

$$\rightarrow 2 \times 5 = \boxed{}$$

같은 수를 여러 번
더한 것은 곱셈식으로
나타낼 수 있어요.

2 그림을 보고 □ 안에 알맞은 수를 써넣으세요.

👟👟	$2 \times 2 = \boxed{}$
👟👟👟	$2 \times 3 = \boxed{}$
👟👟👟👟	$2 \times 4 = \boxed{}$

$+ \boxed{}$

$+ \boxed{}$

2단 곱셈구구에서
곱하는 수가 1씩 커지면
곱은 2씩 커져요.

3 주사위의 눈의 수는 모두 몇인지 곱셈식으로 나타내 보세요.

⚁⚁⚁⚁	$2 \times 4 = \boxed{}$
⚁⚁⚁⚁⚁⚁	$2 \times \boxed{} = \boxed{}$
⚁⚁⚁⚁⚁⚁⚁⚁	$2 \times \boxed{} = \boxed{}$

4 □ 안에 알맞은 수를 써넣으세요.

① $2 \times 7 = \boxed{}$ ② $2 \times 9 = \boxed{}$

2. 5단 곱셈구구 알아보기

● **구슬의 수 알아보기**

	5씩 **1**묶음	$5 \times \boxed{1} = 5$
	5씩 **2**묶음	$5 \times \boxed{2} = 10$
	5씩 **3**묶음	$5 \times \boxed{3} = 15$
	5씩 **4**묶음	$5 \times \boxed{4} = 20$
	5씩 **5**묶음	$5 \times \boxed{5} = 25$

● **5단 곱셈구구 알아보기**

×	1	2	3	4	5	6	7	8	9
5	5	10	15	20	25	30	35	40	45

+5 +5 +5 +5 +5 +5 +5 +5

➡ 5단 곱셈구구에서는 곱하는 수가 1씩 커지면 곱은 5씩 커집니다.

개념 자세히 보기

● **5 × 6을 계산하는 방법을 알아보아요!**

방법 1   5씩 6번 더합니다.

$$5 \times 6 = 5 + 5 + 5 + 5 + 5 + 5 = 30$$
6번

방법 2   5 × 5에 5를 더합니다.

$5 \times 5 = 25$
$5 \times 6 = 30$ +5

◆ 정답과 풀이 **9**쪽

1 그림을 보고 □ 안에 알맞은 수를 써넣으세요.

✿	$5 \times 1 = \boxed{}$
✿ ✿	$5 \times 2 = \boxed{}$
✿ ✿ ✿	$5 \times 3 = \boxed{}$

$+ \boxed{}$

$+ \boxed{}$

5단 곱셈구구에서 곱하는 수가 1씩 커지면 곱은 5씩 커져요.

2 5개씩 묶어 보고 곱셈식으로 나타내 보세요.

① $5 \times \boxed{} = \boxed{}$

② $5 \times \boxed{} = \boxed{}$

5개씩 ●묶음은 5×●예요.

3 주사위의 눈의 수는 모두 몇인지 곱셈식으로 나타내 보세요.

⚃⚃⚃⚃	$5 \times 4 = \boxed{}$
⚄⚄⚄⚄⚄	$5 \times \boxed{} = \boxed{}$
⚅⚅⚅⚅⚅⚅	$5 \times \boxed{} = \boxed{}$

3. 3단, 6단 곱셈구구 알아보기

● 3단 곱셈구구 알아보기

🎈	3씩 1묶음	$3 \times 1 = 3$
🎈 🎈	3씩 2묶음	$3 \times 2 = 6$
🎈 🎈 🎈	3씩 3묶음	$3 \times 3 = 9$
🎈 🎈 🎈 🎈	3씩 4묶음	$3 \times 4 = 12$

×	1	2	3	4	5	6	7	8	9
3	3	6	9	12	15	18	21	24	27

+3 +3 +3 +3 +3 +3 +3 +3

➡ 3단 곱셈구구에서는 곱하는 수가 1씩 커지면 곱은 3씩 커집니다.

● 6단 곱셈구구 알아보기

▦	6씩 1묶음	$6 \times 1 = 6$
▦ ▦	6씩 2묶음	$6 \times 2 = 12$
▦ ▦ ▦	6씩 3묶음	$6 \times 3 = 18$
▦ ▦ ▦ ▦	6씩 4묶음	$6 \times 4 = 24$

×	1	2	3	4	5	6	7	8	9
6	6	12	18	24	30	36	42	48	54

+6 +6 +6 +6 +6 +6 +6 +6

➡ 6단 곱셈구구에서는 곱하는 수가 1씩 커지면 곱은 6씩 커집니다.

⊙ 정답과 풀이 **10**쪽

1 그림을 보고 ☐ 안에 알맞은 수를 써넣으세요.

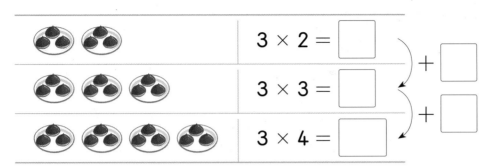

🍡🍡	$3 \times 2 = \boxed{}$
🍡🍡🍡	$3 \times 3 = \boxed{}$
🍡🍡🍡🍡	$3 \times 4 = \boxed{}$

$+\boxed{}$
$+\boxed{}$

3단 곱셈구구에서 곱하는 수가 1씩 커지면 곱은 3씩 커져요.

2 6×3을 계산하는 방법을 설명하려고 합니다. ☐ 안에 알맞은 수를 써넣으세요.

① 6을 3번 더합니다.

$6 \times 3 = 6 + \boxed{} + \boxed{} = \boxed{}$

② 6×2에 6을 더합니다.

$6 \times 2 = 12$
$6 \times 3 = \boxed{} \, + \boxed{}$

6씩 3묶음은 3씩 6묶음과 같으므로 3단 곱셈구구로 계산할 수도 있어요.

3 ②와 같은 방법으로 3×5를 계산해 보세요.

① $3 \times 5 = 3 + \boxed{} + \boxed{} + \boxed{} + \boxed{}$

$= \boxed{}$

② $3 \times 4 = 12$
$3 \times 5 = \boxed{} \, + \boxed{}$

4 마카롱은 모두 몇 개인지 곱셈식으로 나타내 보세요.

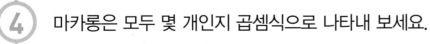
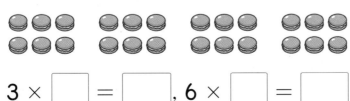

$3 \times \boxed{} = \boxed{}, \, 6 \times \boxed{} = \boxed{}$

같은 수라도 묶는 방법에 따라 곱셈식이 달라져요.

4. 4단, 8단 곱셈구구 알아보기

● 4단 곱셈구구 알아보기

	4씩 1묶음	$4 \times 1 = 4$
4씩 2묶음	$4 \times 2 = 8$
4씩 3묶음	$4 \times 3 = 12$
4씩 4묶음	$4 \times 4 = 16$

×	1	2	3	4	5	6	7	8	9
4	4	8	12	16	20	24	28	32	36

+4 +4 +4 +4 +4 +4 +4 +4

➡ 4단 곱셈구구에서는 곱하는 수가 1씩 커지면 곱은 4씩 커집니다.

● 8단 곱셈구구 알아보기

	8씩 1묶음	$8 \times 1 = 8$
8씩 2묶음	$8 \times 2 = 16$
8씩 3묶음	$8 \times 3 = 24$
8씩 4묶음	$8 \times 4 = 32$

×	1	2	3	4	5	6	7	8	9
8	8	16	24	32	40	48	56	64	72

+8 +8 +8 +8 +8 +8 +8 +8

➡ 8단 곱셈구구에서는 곱하는 수가 1씩 커지면 곱은 8씩 커집니다.

→ 정답과 풀이 10쪽

1 그림을 보고 □ 안에 알맞은 수를 써넣으세요.

🍌🍌	$4 \times 2 = \boxed{}$
🍌🍌🍌	$4 \times 3 = \boxed{}$
🍌🍌🍌🍌	$4 \times 4 = \boxed{}$

$+ \boxed{}$

$+ \boxed{}$

4단 곱셈구구에서
곱하는 수가 1씩 커지면
곱은 4씩 커져요.

2 8×6을 계산하는 방법을 설명하려고 합니다. □ 안에 알맞은 수를 써넣으세요.

① 8을 6번 더합니다.

$8 \times 6 = 8 + \boxed{} + \boxed{} + \boxed{} + \boxed{} + \boxed{}$

$= \boxed{}$

② 8×5에 8을 더합니다.

$8 \times 5 = 40$

$8 \times 6 = \boxed{} + \boxed{}$

8×6은 8×3을
두 번 더해서
구할 수도 있어요.

3 우유는 모두 몇 개인지 구하려고 합니다. □ 안에 알맞은 수를 써넣으세요.

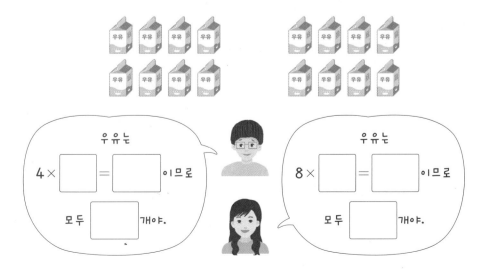

우유는

$4 \times \boxed{} = \boxed{}$ 이므로

모두 $\boxed{}$ 개야.

우유는

$8 \times \boxed{} = \boxed{}$ 이므로

모두 $\boxed{}$ 개야.

묶는 방법에 따라
다른 곱셈식으로
나타낼 수 있어요.

5. 7단 곱셈구구 알아보기

● **어묵의 수 알아보기**

	7씩 1묶음	$7 \times 1 = 7$
	7씩 2묶음	$7 \times 2 = 14$
	7씩 3묶음	$7 \times 3 = 21$
	7씩 4묶음	$7 \times 4 = 28$
	7씩 5묶음	$7 \times 5 = 35$

● **7단 곱셈구구 알아보기**

×	1	2	3	4	5	6	7	8	9
7	7	14	21	28	35	42	49	56	63

+7 +7 +7 +7 +7 +7 +7 +7

➡ 7단 곱셈구구에서는 곱하는 수가 1씩 커지면 곱은 7씩 커집니다.

개념 자세히 보기

● **7×6을 계산하는 방법을 알아보아요!**

방법 1 7×5에 7을 더합니다.

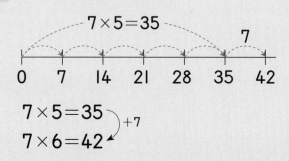

$7 \times 5 = 35$
$7 \times 6 = 42$ +7

방법 2 7×3을 2번 더합니다.

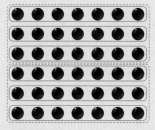

$7 \times 3 = 21$
$7 \times 6 = 21 + 21 = 42$

● 정답과 풀이 **10**쪽

① 그림을 보고 □ 안에 알맞은 수를 써넣으세요.

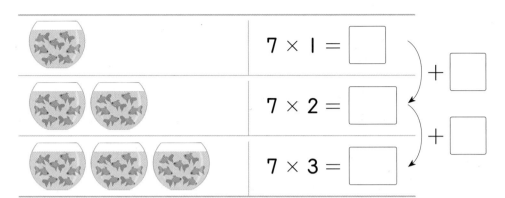

$7 \times 1 = \boxed{}$

$7 \times 2 = \boxed{}$

$7 \times 3 = \boxed{}$

$+\boxed{}$

$+\boxed{}$

7단 곱셈구구에서 곱하는 수가 1씩 커지면 곱은 7씩 커져요.

② 7개씩 묶어 보고 곱셈식으로 나타내 보세요.

①

②

$7 \times \boxed{} = \boxed{}$

$7 \times \boxed{} = \boxed{}$

7개씩 ●묶음은 7×●예요.

③ 토마토는 모두 몇 개인지 곱셈식으로 나타내 보세요.

🍅🍅🍅	$7 \times 3 = \boxed{}$
🍅🍅🍅🍅	$7 \times \boxed{} = \boxed{}$
🍅🍅🍅🍅🍅	$7 \times \boxed{} = \boxed{}$

6. 9단 곱셈구구 알아보기

● 사과의 수 알아보기

	9씩 **1**묶음	$9 \times 1 = 9$
	9씩 **2**묶음	$9 \times 2 = 18$
	9씩 **3**묶음	$9 \times 3 = 27$
	9씩 **4**묶음	$9 \times 4 = 36$
	9씩 **5**묶음	$9 \times 5 = 45$

● 9단 곱셈구구 알아보기

×	1	2	3	4	5	6	7	8	9
9	9	18	27	36	45	54	63	72	81

+9 +9 +9 +9 +9 +9 +9 +9

➡ 9단 곱셈구구에서는 곱하는 수가 1씩 커지면 곱은 9씩 커집니다.

개념 자세히 보기

● 9×6을 계산하는 방법을 알아보아요!

방법 1 9×5에 9를 더합니다.

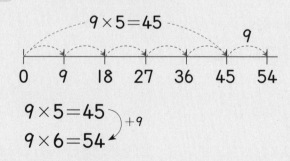

$$9 \times 5 = 45$$
$$9 \times 6 = 54$$
$+9$

방법 2 9×2와 9×4를 더합니다.

$9 \times 2 = 18$, $9 \times 4 = 36$
$9 \times 6 = 18 + 36 = 54$

1 그림을 보고 □ 안에 알맞은 수를 써넣으세요.

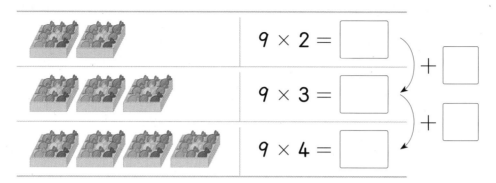

9단 곱셈구구에서
곱하는 수가 1씩 커지면
곱은 9씩 커져요.

2 □ 안에 알맞은 수를 써넣으세요.

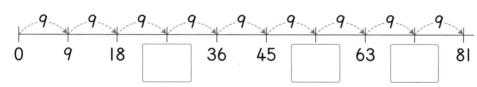

9씩 뛰어 세어
보아요.

3 구슬은 모두 몇 개인지 곱셈식으로 나타내 보세요.

[그림]	$9 \times 4 =$ □
[그림]	$9 \times$ □ $=$ □
[그림]	$9 \times$ □ $=$ □

4 □ 안에 알맞은 수를 써넣으세요.

① $9 \times 7 =$ □   ② $9 \times 9 =$ □

7. 1단 곱셈구구, 0의 곱 알아보기

● **1단 곱셈구구 알아보기**

🐟🐟	1씩 2묶음	$1 \times 2 = 2$
🐟🐟🐟	1씩 3묶음	$1 \times 3 = 3$
🐟🐟🐟🐟	1씩 4묶음	$1 \times 4 = 4$
🐟🐟🐟🐟🐟	1씩 5묶음	$1 \times 5 = 5$

×	1	2	3	4	5	6	7	8	9
1	1	2	3	4	5	6	7	8	9

+1 +1 +1 +1 +1 +1 +1 +1

➡ 1단 곱셈구구에서는 곱하는 수가 1씩 커지면 곱은 1씩 커집니다.

● **0의 곱 알아보기**

⬭⬭	0씩 2묶음	$0 \times 2 = 0$
⬭⬭⬭	0씩 3묶음	$0 \times 3 = 0$
⬭⬭⬭⬭	0씩 4묶음	$0 \times 4 = 0$
⬭⬭⬭⬭⬭	0씩 5묶음	$0 \times 5 = 0$

개념 자세히 보기

● **1과 어떤 수의 곱, 0과 어떤 수의 곱을 알아보아요!**

・1과 어떤 수의 곱은 항상 어떤 수입니다.
➡ 1×(어떤 수)=(어떤 수)
　 (어떤 수)×1=(어떤 수)

・0과 어떤 수의 곱은 항상 0입니다.
➡ 0×(어떤 수)=0
　 (어떤 수)×0=0

○ 정답과 풀이 11쪽

1 그림을 보고 ☐ 안에 알맞은 수를 써넣으세요.

🍰 🍰	1 × 2 = ☐
🍰 🍰 🍰	1 × 3 = ☐
🍰 🍰 🍰 🍰	1 × 4 = ☐

} + ☐

} + ☐

1단 곱셈구구에서
곱하는 수가 1씩 커지면
곱은 1씩 커져요.

2 연필꽂이에 꽂혀 있는 연필은 모두 몇 자루인지 곱셈식으로 나타
내 보세요.

0 × ☐ = ☐

3 ☐ 안에 알맞은 수를 써넣으세요.

① 1 × 2 = ☐   ② 9 × 1 = ☐

③ 0 × 5 = ☐   ④ 3 × 0 = ☐

1 × (어떤 수) = 1
0 × (어떤 수) = 0

4 현수가 화살 10개를 쏘았습니다. 빈칸에
알맞은 곱셈식을 써넣고, 현수가 얻은 점수
를 알아보세요.

과녁에 적힌 수	0	1	2	3
맞힌 화살 수(개)	3	4	3	0
점수(점)	0 × 3 = 0		2 × 3 = 6	

현수가 얻은 점수: 0 + ☐ + 6 + ☐ = ☐ (점)

8. 곱셈표 만들기

● **곱셈표 만들기** —— • 세로줄과 가로줄의 수가 만나는 칸에 두 수의 곱을 써넣은 표입니다.

×	0	1	2	3	4	5	6	7	8	9
0	0	0	0	0	0	0	0	0	0	0
1	0	1	2	3	4	5	6	7	8	9
2	0	2	4	6	8	10	12	14	16	18
3	0	3	6	9	12	15	18	21	24	27
4	0	4	8	12	16	20	24	28	32	36
5	0	5	10	15	20	25	30	35	40	45
6	0	6	12	18	24	30	36	42	48	54
7	0	7	14	21	28	35	42	49	56	63
8	0	8	16	24	32	40	48	56	64	72
9	0	9	18	27	36	45	54	63	72	81

• 곱이 2씩 커집니다.
2단 곱셈구구입니다.

• 5단 곱셈구구에서 곱의 일의 자리 숫자는 0, 5가 반복됩니다.

• ■단 곱셈구구에서는 곱이 ■씩 커집니다.
  例 2단 곱셈구구에서는 곱이 2씩 커집니다.

• ■씩 커지는 곱셈구구는 ■단 곱셈구구입니다.
  例 5씩 커지는 곱셈구구는 5단 곱셈구구입니다.

• 빨간 선 위의 수들은 같은 수를 두 번 곱한 수입니다. ➡ $1 \times 1 = 1$, $2 \times 2 = 4$, $3 \times 3 = 9$, ...

• 빨간 선을 따라 곱셈표를 접었을 때 만나는 곱셈구구의 곱이 같습니다.

• 곱하는 두 수의 순서를 서로 바꾸어도 곱은 같습니다.

  例 $5 \times 8 =$ 40
     $8 \times 5 =$ 40
  • 서로 같습니다.

• 곱이 같은 곱셈구구를 여러 가지 찾을 수 있습니다.

  例 $2 \times 8 =$ 16
     $4 \times 4 =$ 16
     $8 \times 2 =$ 16

● 정답과 풀이 11쪽

1 곱셈표를 보고 물음에 답하세요.

×	2	3	4	5	6	7	8	9
2	4	6	8	10	12			18
3				15	18	21	24	
4	8	12			24		32	36
5	10	15	20	25	30		40	45
6			24	30	36	42		
7	14	21	28				56	63
8	16	24	32		48	56		72
9				45	54			

■단 곱셈구구는 곱이 ■씩 커져요.

① 빈칸에 알맞은 수를 써넣어 곱셈표를 완성해 보세요.

② 7단 곱셈구구는 곱이 얼마씩 커질까요?

(   )

③ 9씩 커지는 곱셈구구는 몇 단 곱셈구구일까요?

(   )

④ 알맞은 말에 ○표 하세요.

4×5와 5×4의 곱은 (같습니다 , 다릅니다).

⑤ 곱셈표에서 8×6과 곱이 같은 곱셈구구를 찾아 써 보세요.

(   )

2 곱셈표를 완성해 보세요.

①

×	4	6	8
3			
5			

②

×	7	8	9
7			
8			

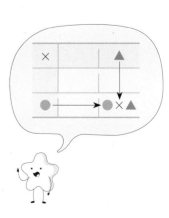

9. 곱셈구구를 이용하여 문제 해결하기

● **곱셈구구를 이용하여 의자의 수 구하기**

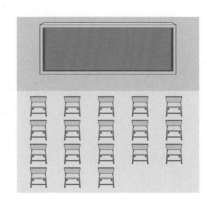

방법 1 3×4 와 2×3 을 더합니다.

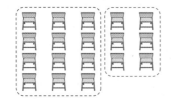

$3 \times 4 = 12$, $2 \times 3 = 6$ 이므로
의자는 $12 + 6 = 18$ (개)입니다.

방법 2 5×4 에서 2를 뺍니다.

$5 \times 4 = 20$ 이므로
의자는 $20 - 2 = 18$ (개)입니다.

개념 자세히 보기

● **곱셈과 덧셈을 이용하여 문제를 해결해 보아요!**

> 과일 가게에서 복숭아는 한 상자에 8개씩, 배는 한 상자에 7개씩 담아서 팔고 있습니다.
> 현수는 복숭아 2상자와 배 3상자를 샀습니다. 현수가 산 과일은 모두 몇 개일까요?

• 복숭아의 수 구하기

(한 상자에 들어 있는 복숭아의 수) (상자의 수)

$$\boxed{8} \times \boxed{2} = \mathbf{16}(개)$$

• 배의 수 구하기

(한 상자에 들어 있는 배의 수) (상자의 수)

$$\boxed{7} \times \boxed{3} = \mathbf{21}(개)$$

➡ 현수가 산 과일의 수 구하기

(복숭아의 수) (배의 수)

$$\boxed{16} + \boxed{21} = \mathbf{37}(개)$$

정답과 풀이 11쪽

1 연필꽂이 한 개에 연필이 6자루씩 꽂혀 있습니다. 연필꽂이 7개에 꽂혀 있는 연필은 모두 몇 자루일까요?

$$6 \times \boxed{} = \boxed{} \text{(자루)}$$

곱셈구구로 문제 해결
① 구하려는 것 찾기
② ■씩 ▲묶음(배) 찾기
③ 곱셈식으로 나타내기

2 연석이는 한 묶음에 8권씩 묶여 있는 공책을 5묶음 샀습니다. 연석이가 산 공책은 모두 몇 권일까요?

(한 묶음의 공책의 수)　(묶음의 수)

$$\boxed{} \times \boxed{} = \boxed{} \text{(권)}$$

■씩 ▲묶음
➡ ■×▲

3 민규의 나이는 9살입니다. 민규 어머니의 나이는 민규 나이의 4배입니다. 민규 어머니의 나이는 몇 살인지 구해 보세요.

곱셈식 ....

답 ....

■의 ▲배
➡ ■×▲

4 곱셈구구를 이용하여 과자는 모두 몇 개인지 구해 보세요.

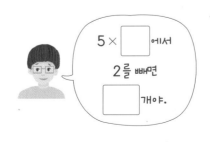

5 × □ 에서

2를 빼면

□ 개야.

1 2단 곱셈구구

1 □ 안에 알맞은 수를 써넣으세요.

$$2+2+2+2+2+2+2 = \boxed{}$$

$$\rightarrow 2 \times \boxed{} = \boxed{}$$

2 □ 안에 알맞은 수를 써넣으세요.

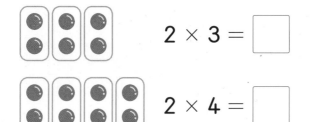

$$2 \times 3 = \boxed{}$$

$$2 \times 4 = \boxed{}$$

3 수직선을 보고 □ 안에 알맞은 수를 써넣으세요.

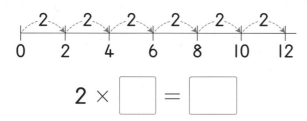

$$2 \times \boxed{} = \boxed{}$$

4 2단 곱셈구구의 값을 찾아 이어 보세요.

2×5 ·	· 18
2×9 ·	· 14
2×7 ·	· 10

5 오리의 다리는 2개입니다. 오리 4마리의 다리는 모두 몇 개일까요?

(   )

6 2×8은 2×6보다 얼마나 더 큰지 ○를 그려서 나타내고, □ 안에 알맞은 수를 써넣으세요.

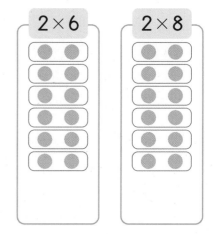

$2 \times 6 = \boxed{}$ 입니다. 2×8은

2×6보다 $\boxed{}$씩 $\boxed{}$묶음이 더

많으므로 $\boxed{}$만큼 더 큽니다.

7 □ 안에 알맞은 수를 써넣으세요.

(1) $2 \times 5 = 5 \times \boxed{}$

(2) $2 \times 9 = 9 \times \boxed{}$

😊 내가 만드는 문제

2 **5단 곱셈구구**

8 사탕은 몇 개인지 곱셈식으로 나타내
보세요.

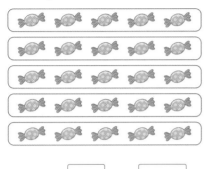

$$5 \times \boxed{} = \boxed{}$$

9 ☐ 안에 알맞은 수를 써넣으세요.

$$5 + 5 + 5 + 5 = \boxed{}$$

$$\rightarrow 5 \times \boxed{} = \boxed{}$$

10 5단 곱셈구구의 곱을 모두 찾아 색칠
해 보세요.

1	2	3	4	5	6
7	8	9	10	11	12
13	14	15	16	17	18
19	20	21	22	23	24

11 ☐ 안에 알맞은 수를 써넣으세요.

(1) $5 \times 2 = \boxed{}$

(2) $5 \times 9 = \boxed{}$

12 ☐ 안에 한 자리 수를 써넣어 곱셈식을
만들고, 곱셈식에 맞게 ○를 그려 보세요.

$$5 \times \boxed{} = \boxed{}$$

서술형
13 상자 한 개의 길이는 5 cm입니다. 상자
7개의 길이는 몇 cm인지 풀이 과정을
쓰고 답을 구해 보세요.

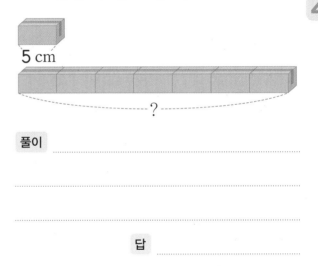

풀이

답

14 ☐ 안에 알맞은 수를 써넣으세요.

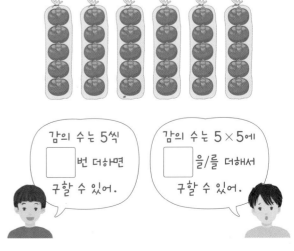

감의 수는 5씩
☐ 번 더하면
구할 수 있어.

감의 수는 5×5에
☐ 을/를 더해서
구할 수 있어.

15 연결 모형은 모두 몇 개인지 곱셈식으로 나타내 보세요.

(1)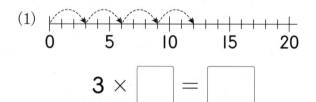

$3 \times \boxed{} = \boxed{}$

(2)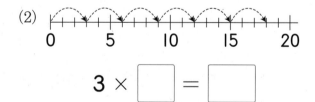

$3 \times \boxed{} = \boxed{}$

16 수직선을 보고 ☐ 안에 알맞은 수를 써넣으세요.

(1)

0 ⎯ 5 ⎯ 10 ⎯ 15 ⎯ 20

$3 \times \boxed{} = \boxed{}$

(2)

0 ⎯ 5 ⎯ 10 ⎯ 15 ⎯ 20

$3 \times \boxed{} = \boxed{}$

17 ☐ 안에 알맞은 수를 써넣으세요.

(1) $3 \times 5 = \boxed{}$

(2) $3 \times 8 = \boxed{}$

18 3×7을 계산하는 방법입니다. ☐ 안에 알맞은 수를 써넣으세요.

방법 1 3×7은 3씩 $\boxed{}$ 번 더해서 구할 수 있습니다.

방법 2 3×7은 3×6에 $\boxed{}$ 을/를 더해서 구할 수 있습니다.

19 과자는 모두 몇 개인지 곱셈식으로 나타내 보세요.

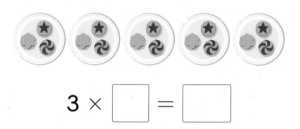

$3 \times \boxed{} = \boxed{}$

20 곱셈식이 옳게 되도록 이어 보세요.

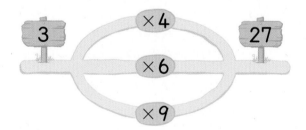

21 곱의 크기를 비교하여 ○ 안에 >, =, <를 알맞게 써넣으세요.

$3 \times 5 \bigcirc 2 \times 6$

4 6단 곱셈구구

22 □ 안에 알맞은 수를 써넣으세요.

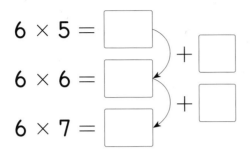

$6 \times 5 =$ ☐
$6 \times 6 =$ ☐ $+$ ☐
$6 \times 7 =$ ☐ $+$ ☐

23 빈칸에 알맞은 수를 써넣으세요.

×	1	3	6	8
6				

24 귤은 모두 몇 개인지 곱셈식으로 나타내 보세요.

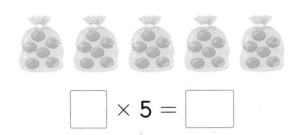

☐ $\times 5 =$ ☐

25 □ 안에 알맞은 수를 구해 보세요.

$6 \times$ ☐ $= 48$

(   )

26 학용품을 묶음으로만 판다고 합니다. 어떤 학용품을 몇 묶음 살지 정하고 □ 안에 알맞은 수를 써넣으세요.

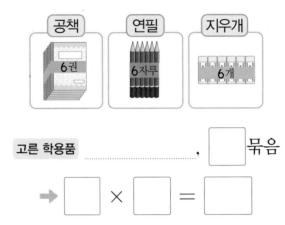

공책	연필	지우개
6권	6자루	6개

고른 학용품 _____ , ☐ 묶음

➡ ☐ $\times$ ☐ $=$ ☐

27 바둑돌의 수를 바르게 구한 것을 모두 찾아 기호를 써 보세요.

> ㉠ 6씩 **4**번 더해서 구합니다.
> ㉡ 3×6의 곱으로 구합니다.
> ㉢ 6×3에 6을 더해서 구합니다.

(   )

서술형
28 구슬을 승우는 **50**개, 민호는 한 봉지에 **6**개씩 **9**봉지 가지고 있습니다. 구슬을 더 많이 가지고 있는 사람은 누구인지 풀이 과정을 쓰고 답을 구해 보세요.

풀이 _____

_____

_____

답 _____

5 4단 곱셈구구

29 □ 안에 알맞은 수를 써넣으세요.

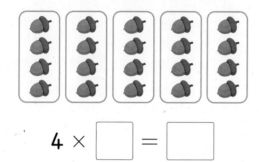

$$4 \times \boxed{} = \boxed{}$$

30 꽃은 모두 몇 송이인지 곱셈식으로 나타내 보세요.

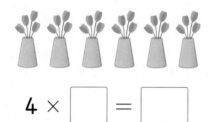

$$4 \times \boxed{} = \boxed{}$$

31 □ 안에 알맞은 수를 써넣으세요.

$$4 \times \boxed{} \text{은/는 } 4 \times 6 \text{보다 } 4 \text{만큼}$$
더 큽니다.

32 ○ 안에 >, =, <를 알맞게 써넣으세요.

(1) 4×5 ○ 18

(2) 4×9 ○ 37

33 □ 안에 한 자리 수를 써넣어 곱셈식을 만들고, 곱셈식에 맞게 ○를 그려 보세요.

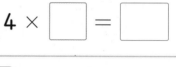

$$4 \times \boxed{} = \boxed{}$$

34 4×8을 계산하는 방법입니다. □ 안에 알맞은 수를 써넣으세요.

(1) 4를 □ 번 더해서 구합니다.

(2) 4×7에 □ 을/를 더해서 구합니다.

(3) 4×4를 □ 번 더해서 구합니다.

35 □ 안에 알맞은 수를 써넣으세요.

$$4 \times \boxed{} = 2 \times 2$$

$$4 \times \boxed{} = 2 \times 4$$

$$4 \times \boxed{} = 2 \times 6$$

6 8단 곱셈구구

36 □ 안에 알맞은 수를 써넣으세요.

$$8 + 8 + 8 + 8 + 8 = \boxed{}$$

➡ $8 \times \boxed{} = \boxed{}$

37 거미의 다리는 모두 몇 개인지 곱셈식으로 나타내 보세요.

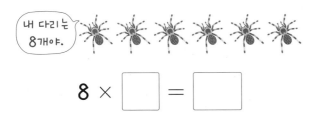

내 다리는 8개야.

$$8 \times \boxed{} = \boxed{}$$

38 4단 곱셈구구의 곱에는 ○표, 8단 곱셈구구의 곱에는 △표 하세요.

1	2	3	4	5	6	7
8	9	10	11	12	13	14
15	16	17	18	19	20	21
22	23	24	25	26	27	28

39 □ 안에 알맞은 수를 써넣으세요.

$$8 \times 2 = \boxed{}$$
$$8 \times 6 = \boxed{}$$
$$+$$
$$8 \times 8 = \boxed{}$$

40 □ 안에 알맞은 수를 써넣으세요.

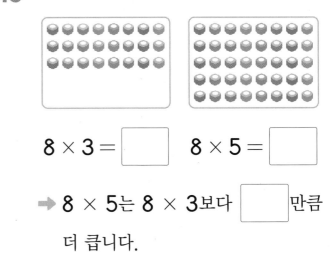

$$8 \times 3 = \boxed{} \qquad 8 \times 5 = \boxed{}$$

➡ 8×5는 8×3보다 $\boxed{}$ 만큼 더 큽니다.

서술형
41 ㉠과 ㉡에 알맞은 수는 얼마인지 풀이 과정을 쓰고 답을 구해 보세요.

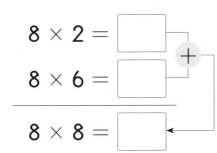

풀이

답 ㉠:   , ㉡:

42 □ 안에 알맞은 수를 써넣으세요.

$$4 \times 2 = 8 \times \boxed{}$$
$$4 \times 4 = 8 \times \boxed{}$$
$$4 \times 6 = 8 \times \boxed{}$$

7 7단 곱셈구구

43 □ 안에 알맞은 수를 써넣으세요.

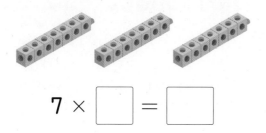

$$7 \times \boxed{} = \boxed{}$$

44 □ 안에 알맞은 수를 써넣으세요.

$$7 \times 4 = \boxed{}$$
$$7 \times 5 = \boxed{} \quad + \boxed{}$$

45 □ 안에 알맞은 수를 써넣으세요.

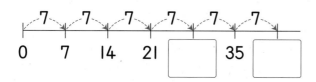

0	7	14	21		35	

46 7단 곱셈구구의 값을 모두 찾아 색칠하여 완성되는 숫자를 써 보세요.

9	14	25	42	27
12	35	48	63	24
47	21	7	49	56
32	52	40	28	18

(   )

😊 내가 만드는 문제

47 □ 안에 1부터 9까지의 수 중에서 한 수를 써넣어 계산해 보세요.

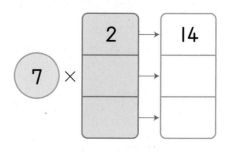

48 7×6을 계산하는 방법입니다. □ 안에 알맞은 수를 써넣으세요.

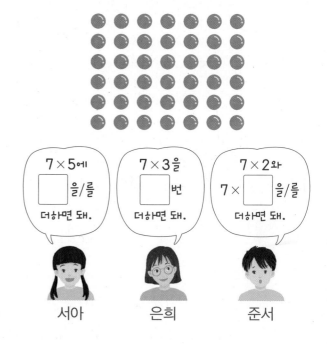

서아   은희   준서

49 1부터 9까지의 수 중에서 □ 안에 알맞은 수를 써넣으세요.

$$7 \times \boxed{} = 49$$

$$7 \times \boxed{} < 49$$

$$7 \times \boxed{} > 49$$

답은 여러 가지가 될 수 있습니다.

8 9단 곱셈구구

50 로봇이 이동한 거리를 곱셈식으로 나타내 보세요.

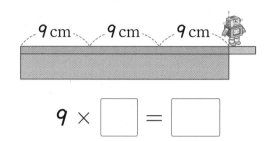

$$9 \times \boxed{} = \boxed{}$$

51 ☐ 안에 알맞은 수를 써넣으세요.

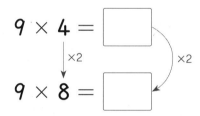

52 9단 곱셈구구의 값을 찾아 이어 보세요.

9 × 3 ·		· 72
9 × 6 ·		· 54
9 × 8 ·		· 27

53 곱셈식을 바르게 나타낸 것을 찾아 기호를 써 보세요.

> ㉠ 9 × 1 = 10 ㉡ 9 × 3 = 24
> ㉢ 9 × 5 = 54 ㉣ 9 × 7 = 63

(   )

54 9단 곱셈식으로 나타내 보세요.

$$45 = \boxed{} \times \boxed{}$$

$$81 = \boxed{} \times \boxed{}$$

55 수 카드 중 **3**장을 한 번씩만 사용하여 곱셈식을 만들어 보세요.

| 3 | 7 | 6 | 4 | 5 |

$$9 \times \boxed{} = \boxed{}\boxed{}$$

56 어떤 수에 9를 곱했더니 18이 되었습니다. 어떤 수는 얼마일까요?

(   )

서술형
57 구슬이 모두 몇 개인지 여러 가지 방법으로 알아보려고 합니다. 9단 곱셈구구를 이용하여 설명해 보세요.

방법 1 ....

....

방법 2 ....

....

9 1단 곱셈구구

58 어항에 들어 있는 금붕어는 모두 몇 마리인지 곱셈식으로 나타내 보세요.

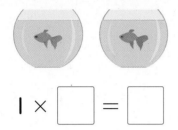

$$1 \times \boxed{} = \boxed{}$$

59 빈칸에 알맞은 수를 써넣으세요.

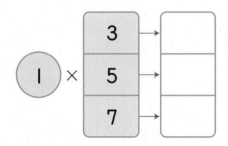

60 □ 안에 알맞은 수를 써넣으세요.

(1) $1 \times \boxed{} = 4$

(2) $8 \times \boxed{} = 8$

61 □ 안에 +, ×를 알맞게 써넣으세요.

$$1 \boxed{} 5 = 6$$

$$1 \boxed{} 5 = 5$$

10 0의 곱

62 꽃병에 꽂혀 있는 꽃은 모두 몇 송이인지 곱셈식으로 나타내 보세요.

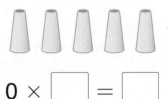

$$0 \times \boxed{} = \boxed{}$$

63 □ 안에 알맞은 수를 써넣으세요.

(1) $0 \times 2 = \boxed{}$

(2) $7 \times \boxed{} = 0$

64 □ 안에 공통으로 들어갈 수 있는 수를 구해 보세요.

$$3 \times \boxed{} = 0 \qquad \boxed{} \times 9 = 0$$

(   )

65 영준이가 고리 던지기 놀이를 했습니다. 고리를 걸면 1점, 걸지 못하면 0점입니다. □ 안에 알맞은 수를 써넣으세요.

영준이는 고리 5개를 걸었고, 4개는 걸지 못했습니다. 영준이가 받은 점수는

$$\boxed{} \times 5 = \boxed{}, \quad \boxed{} \times 4 = \boxed{}$$

이므로 총 $\boxed{}$ 점입니다.

11 곱셈표 만들기

[66~67] 곱셈표를 보고 물음에 답하세요.

×	2	3	4	5	6	7	8	9
2	4	6	8	10	12	14	16	18
3	6	9	12	15	18	21	24	27
4	8	12	16	20	24	28	32	36
5	10	15	20	25	30	35	40	45
6	12	18	24	30	36	42	48	54
7	14	21	28	35	42	49	56	63
8	16	24	32	40	48	56	64	72
9	18	27	36	45	54	63	72	81

☺ 내가 만드는 문제

66 ◯ 안에 **2**부터 **9**까지의 수 중 한 수를 써넣고 ☐ 안에 알맞은 수를 써넣으세요.

(1) ◯ 단 곱셈구구는 곱이 ☐ 씩 커집니다.

(2) ◯ 씩 커지는 곱셈구구는 ☐ 단 곱셈구구입니다.

67 곱셈표에서 **3 × 8**과 곱이 같은 곱셈구구를 찾아 곱셈식을 써 보세요.

☐ × ☐ = ☐

☐ × ☐ = ☐

☐ × ☐ = ☐

68 곱셈표에서 ♥와 곱이 같은 칸을 찾아 ★표 하세요.

×	2	3	4	5	6	7
2						
3						♥
4						
5						
6						
7						

69 곱셈표를 완성하고 곱이 **20**보다 큰 칸에 색칠해 보세요.

×	1	2	3	4	5	6	7
3							
4							
5							

70 설명하는 수는 어떤 수인지 구해 보세요.

> • **7**단 곱셈구구의 곱입니다.
> • 짝수입니다.
> • 십의 자리 숫자는 **50**을 나타냅니다.

( )

12 곱셈구구를 이용하여 문제 해결하기

71 크레파스 한 자루의 길이는 **6** cm입니다. 크레파스 **3**자루의 길이는 얼마일까요?

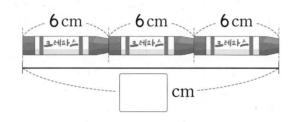

6 cm   6 cm   6 cm

☐ cm

72 면봉 **3**개로 삼각형 모양 한 개를 만들었습니다. 삼각형 모양 **4**개를 만들려면 면봉은 모두 몇 개 필요할까요?

곱셈식 _____

답 _____

73 가위바위보를 하여 이기면 **8**점을 얻는 놀이를 했습니다. 해수가 얻은 점수를 구해 보세요.

해수	✊	✊	✋	✌	✊
은기	✋	✌	✊	✋	✊

곱셈식 _____

답 _____

서술형
74 현석이의 나이는 **7**살입니다. 현석이 아버지의 나이는 현석이 나이의 **5**배보다 **4**살 더 많다고 합니다. 현석이 아버지의 나이는 몇 살인지 풀이 과정을 쓰고 답을 구해 보세요.

풀이 _____

_____

_____

답 _____

75 똑같은 동화책을 연주는 하루에 **5**쪽씩 **4**일 동안 읽었고, 민영이는 하루에 **6**쪽씩 **3**일 동안 읽었습니다. 누가 동화책을 더 많이 읽었을까요?

(_____)

76 연결 모형이 모두 몇 개인지 두 가지 방법으로 구해 보세요.

방법 1

$3 \times 3 =$ ☐ , $2 \times$ ☐ $=$ ☐

➡ ☐ $+$ ☐ $=$ ☐ (개)입니다.

방법 2

$5 \times 4 =$ ☐ 이므로

☐ $-$ ☐ $=$ ☐ (개)입니다.

⚡ 묶어 세는 방법은 여러 가지야!

1 호두가 18개 있습니다. □ 안에 알맞은 수를 써넣으세요.

$3 \times \boxed{} = \boxed{}$

$6 \times \boxed{} = \boxed{}$

2 물고기는 모두 몇 마리인지 두 가지 곱셈식으로 나타내 보세요.

$4 \times \boxed{} = \boxed{}$

$6 \times \boxed{} = \boxed{}$

3 젤리는 모두 몇 개인지 두 가지 곱셈식으로 나타내 보세요.

$\boxed{} \times \boxed{} = \boxed{}$

$\boxed{} \times \boxed{} = \boxed{}$

⚡ 각 단에서 곱의 일의 자리 숫자의 규칙을 찾자!

4 곱의 일의 자리 숫자가 0, 5가 반복되는 단은 몇 단일까요?

( )

5 0부터 시작하여 9단 곱셈구구의 곱의 일의 자리 숫자를 차례로 이어 보세요.

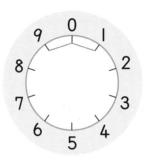

6 0부터 시작하여 8단 곱셈구구의 곱의 일의 자리 숫자를 차례로 이어 보세요.

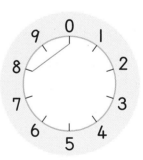

7 0부터 시작하여 6단 곱셈구구의 곱의 일의 자리 숫자를 차례로 이어 보세요.

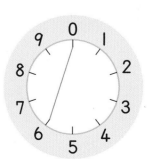

⚡ ■가 없는 곱셈구구의 곱을 먼저 구하자!

8 ■에 알맞은 수를 구해 보세요.

$$4 \times ■ = 2 \times 8$$

(   )

9 ■에 알맞은 수를 구해 보세요.

$$9 \times 2 = ■ \times 3$$

(   )

10 ☐ 안에 알맞은 수를 써넣으세요.

$$☐ \times 6 = 4 \times 9$$

11 0부터 9까지의 수 중에서 ☐ 안에 들어갈 수 있는 수를 모두 구해 보세요.

$$6 \times ☐ < 3 \times 5$$

(   )

⚡ ● × ▲는 ●를 ▲번 더하자!

12 ☐ 안에 알맞은 수를 써넣으세요.

(1) $2 \times 5 = 2 \times 4 + \boxed{}$

$= \boxed{}$

(2) $2 \times 9 = 2 \times 7 + \boxed{}$

$= \boxed{}$

13 ☐ 안에 알맞은 수를 써넣으세요.

(1) $9 \times 4 = 9 \times 5 - \boxed{}$

$= \boxed{}$

(2) $9 \times 7 = 9 \times 9 - \boxed{}$

$= \boxed{}$

14 보기 와 같은 방법으로 곱셈식을 만들어 보세요.

보기
$$8 \times 2 + 8 \Rightarrow 8 \times 3 = 24$$

(1) $8 \times 5 + 8$

➡ _____

(2) $8 \times 9 - 8$

➡ _____

최상위 도전 유형

도전1 ■ × ▲보다 크고 ● × ★보다 작은 수 구하기

1 2 × 7의 곱보다 크고 3 × 6의 곱보다 작은 수를 모두 구해 보세요.

( )

핵심 NOTE
① ■ × ▲와 ● × ★의 곱 구하기
② ①에서 구한 곱 사이에 있는 수 모두 구하기

2 4 × 6의 곱보다 크고 9 × 3의 곱보다 작은 수를 모두 구해 보세요.

( )

3 6 × 6의 곱보다 크고 8 × 5의 곱보다 작은 수는 모두 몇 개일까요?

( )

4 ㉠과 ㉡ 사이에 있는 수는 모두 몇 개일까요?

7 × 6 = ㉠   9 × 5 = ㉡

( )

도전2 수 카드를 이용하여 가장 큰 곱, 가장 작은 곱 구하기

5 수 카드 3장 중에서 2장을 뽑아 두 수의 곱을 구하려고 합니다. 가장 큰 곱은 얼마인지 구해 보세요.

2 6 4

( )

핵심 NOTE
• 두 수의 곱이 가장 큰 경우: (가장 큰 수)×(둘째로 큰 수)
• 두 수의 곱이 가장 작은 경우:
  (가장 작은 수)×(둘째로 작은 수)

6 수 카드 4장 중에서 2장을 뽑아 두 수의 곱을 구하려고 합니다. 가장 작은 곱은 얼마인지 구해 보세요.

7 3 9 5

( )

7 수 카드 5장 중에서 2장을 뽑아 두 수의 곱을 구하려고 합니다. 가장 큰 곱과 가장 작은 곱을 각각 구해 보세요.

8 5 0 9 6

가장 큰 곱 ( )
가장 작은 곱 ( )

8 보기 와 같은 규칙으로 빈칸에 알맞은 수를 써넣으세요.

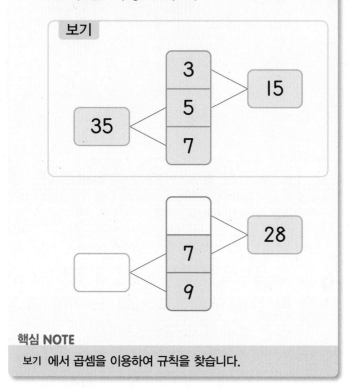

핵심 NOTE
보기 에서 곱셈을 이용하여 규칙을 찾습니다.

9 보기 와 같은 규칙으로 빈칸에 알맞은 수를 써넣으세요.

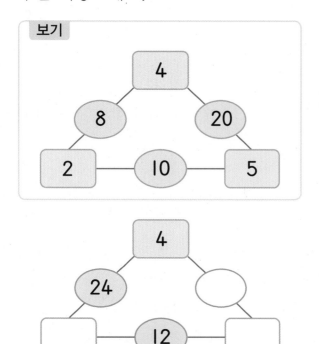

10 상자에서 공을 꺼내어 공에 적힌 수만큼 점수를 얻는 놀이를 하였습니다. 승우가 공을 다음과 같이 꺼냈을 때 승우가 얻은 점수는 모두 몇 점일까요?

꺼낸 공	0	1	2
꺼낸 횟수(번)	2	3	1

( )

핵심 NOTE
(승우가 얻은 점수)
=(0이 적힌 공을 꺼내어 얻은 점수)+(1이 적힌 공을 꺼내어 얻은 점수)+(2가 적힌 공을 꺼내어 얻은 점수)

11 화살을 쏘아서 맞힌 점수판에 적힌 수만큼 점수를 얻는 놀이를 하였습니다. 동원이가 화살을 쏘아 다음과 같이 점수판을 맞혔을 때 동원이가 얻은 점수는 모두 몇 점일까요?

점수판에 적힌 수	1	2	4
맞힌 횟수(번)	5	2	0

( )

12 달리기 경기에서 1등은 3점, 2등은 2점, 3등은 1점을 얻습니다. 지호네 모둠은 1등이 2명, 2등이 4명, 3등이 1명입니다. 지호네 모둠이 달리기 경기에서 얻은 점수는 모두 몇 점일까요?

( )

도전5 **곱셈구구의 활용**

13 현주는 수수깡 **43**개를 가지고 있었습니다. 그중에서 동생 **2**명에게 **5**개씩, 친구 **7**명에게 **2**개씩 나누어 주었습니다. 남은 수수깡은 몇 개일까요?

( )

핵심 NOTE

(남은 수수깡의 수)
=(전체 수수깡의 수)−(동생에게 나누어 준 수수깡의 수)
　　−(친구에게 나누어 준 수수깡의 수)

14 민서는 가지고 있는 리본을 **8 cm**씩 **7** 도막을 잘라서 사용했더니 **30 cm**가 남았습니다. 민서가 처음에 가지고 있던 리본의 길이는 몇 cm일까요?

( )

도전 최상위

15 길이가 **6 cm**인 막대로 **2**번 잰 길이와 길이가 같은 철사가 있습니다. 이 철사로 다음과 같은 삼각형을 몇 개까지 만들 수 있을까요?

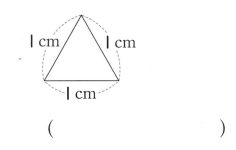

( )

도전6 **조건을 만족하는 수 구하기**

16 조건을 모두 만족하는 수를 구해 보세요.

> • **7**단 곱셈구구의 곱입니다.
> • **5** × **6**의 곱보다 작습니다.
> • **3**단 곱셈구구의 곱입니다.

( )

핵심 NOTE

① 7단 곱셈구구의 곱 모두 구하기
② ①에서 구한 수 중에서 나머지 조건을 만족하는 수 찾기

17 조건을 모두 만족하는 수를 구해 보세요.

6단 곱셈구구의 곱이야.

7×5의 곱보다 커.

8단 곱셈구구의 곱도 돼.

( )

18 조건을 모두 만족하는 수를 모두 구해 보세요.

> • **4**단 곱셈구구의 곱입니다.
> • **3** × **7**의 곱보다 작습니다.
> • 서로 같은 수의 곱입니다.

( )

2

2. 곱셈구구

1 수직선을 보고 □ 안에 알맞은 수를 써 넣으세요.

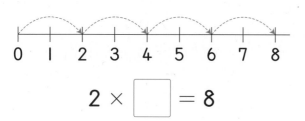

$$2 \times \boxed{} = 8$$

2 □ 안에 알맞은 수를 써넣으세요.

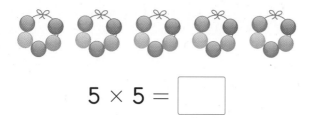

$$5 \times 5 = \boxed{}$$

3 달팽이가 이동한 거리를 곱셈식으로 나타내 보세요.

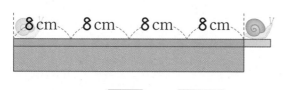

$$8 \times \boxed{} = \boxed{}$$

4 □ 안에 알맞은 수를 써넣으세요.

$$3 \times 7 = \boxed{}$$

$$3 \times 8 = \boxed{}$$

$$3 \times 9 = \boxed{}$$

5 □ 안에 알맞은 수를 써넣으세요.

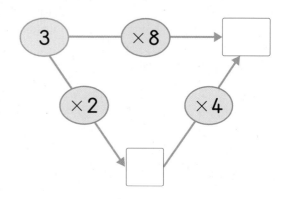

$$8 \times 5 = \boxed{}$$

$$8 \times 6 = \boxed{} \quad + \boxed{}$$

6 □ 안에 알맞은 수를 써넣으세요.

③ ─ ×8 ─ □
×2 ×4
□

7 □ 안에 알맞은 수를 써넣으세요.

$$7 \times 3 = \boxed{}$$

$$7 \times 5 = \boxed{} \quad +$$

$$7 \times 8 = \boxed{}$$

8 4단 곱셈구구의 값이 아닌 것은 어느 것일까요? (　　　)

① 16　　② 20　　③ 8
④ 24　　⑤ 18

9 빈칸에 알맞은 수를 써넣으세요.

×	4	6	
6		42	54

10 곱의 크기를 비교하여 ○ 안에 >, =, <를 알맞게 써넣으세요.

(1) 5×4 ◯ 6×3

(2) 7×6 ◯ 6×9

11 6×7은 6×5보다 얼마나 더 큰지 ○를 그려서 나타내고, □ 안에 알맞은 수를 써넣으세요.

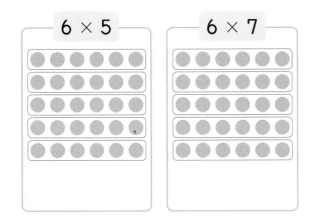

6×7은 6×5보다 □ 만큼 더 큽니다.

12 곱셈을 이용하여 빈칸에 알맞은 수를 써넣으세요.

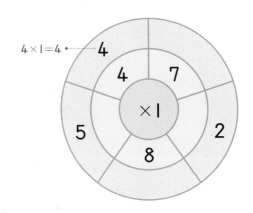

$4 \times 1 = 4$

13 □ 안에 공통으로 들어갈 수 있는 수를 구해 보세요.

$$8 \times \square = 0$$
$$\square \times 3 = 0$$

( )

14 곱셈표에서 점선을 따라 접었을 때 ★과 만나는 칸의 수를 구해 보세요.

×	5	6	7	8	9
5	25	30	35	40	45
6	30	36	42	★	54
7	35	42	49	56	63
8	40	48	56	64	72
9	45	54	63	72	81

( )

15 ㉠보다 크고 ㉡보다 작은 수를 모두 구해 보세요.

$$9 \times 5 = ㉠ \qquad 7 \times 7 = ㉡$$

(   )

16 리본의 길이는 **4** cm입니다. 종이테이프의 길이는 리본의 길이의 **4**배보다 **3** cm 더 깁니다. 종이테이프의 길이는 몇 cm일까요?

(   )

17 현석이는 **1**점짜리 과녁을 **3**번 맞혔고, 지민이는 **0**점짜리 과녁을 **5**번 맞혔습니다. 점수가 더 높은 사람은 누구일까요?

(   )

18 설명하는 수는 어떤 수인지 구해 보세요.

- **6**단 곱셈구구의 곱입니다.
- **4** × **8**의 곱보다 크고 **7** × **7**의 곱보다 작습니다.
- **9**단 곱셈구구의 곱도 됩니다.

(   )

19 연결 모형의 수를 잘못 구한 사람을 찾아 이름을 쓰려고 합니다. 풀이 과정을 쓰고 답을 구해 보세요.

> 동주: **7** + **7** + **7** + **7** + **7**로 **7**을 다섯 번 더해서 구할 수 있어.
> 지석: **7** × **4**에 **5**를 더해서 구할 수 있어.
> 현진: **7** × **5**의 곱으로 구할 수 있어.

풀이 _____

_____

_____

답 _____

20 지우개가 한 줄에 **9**개씩 **2**줄로 놓여 있습니다. 이 지우개를 한 줄에 **6**개씩 놓으면 몇 줄이 되는지 풀이 과정을 쓰고 답을 구해 보세요.

풀이 _____

_____

_____

답 _____

2. 곱셈구구

점수

확인

1 ☐ 안에 알맞은 수를 써넣으세요.

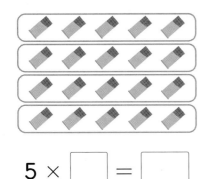

$$5 \times \boxed{} = \boxed{}$$

2 ☐ 안에 알맞은 수를 써넣으세요.

$$7 + 7 + 7 + 7 + 7 + 7 = \boxed{}$$

➡ $7 \times \boxed{} = \boxed{}$

3 ☐ 안에 알맞은 수를 써넣으세요.

$$4 \times 3 = \boxed{}$$

$$4 \times 5 = \boxed{}$$

$$+$$

$$4 \times 8 = \boxed{}$$

4 6단 곱셈구구의 곱을 모두 고르세요.

(   )

① 15   ② 18   ③ 28
④ 30   ⑤ 44

5 ☐ 안에 알맞은 수를 써넣으세요.

$$2 \times 8 = \boxed{} \times 2$$

6 $3 \times 3 = 9$입니다. 3×5는 9보다 얼마나 더 큰지 ○를 그려서 나타내고, ☐ 안에 알맞은 수를 써넣으세요.

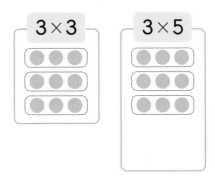

3×5는 9보다 $\boxed{}$ 만큼 더 큽니다.

7 곱이 같은 것끼리 이어 보세요.

2×6 ·	· 4×2
1×8 ·	· 3×4
9×4 ·	· 6×6

8 곱의 크기를 비교하여 ○ 안에 >, =, <를 알맞게 써넣으세요.

$$5 \times 9 \bigcirc 8 \times 8$$

9 9×0과 곱이 같은 것을 모두 찾아 기호를 써 보세요.

㉠ 1×1	㉡ 0×2
㉢ 1×7	㉣ 4×0

( )

10 수 카드를 한 번씩만 사용하여 □ 안에 알맞은 수를 써넣으세요.

2	7	9

$$8 \times \boxed{} = \boxed{}\,\boxed{}$$

11 곱셈표를 완성하고 곱이 12보다 작은 칸에 색칠해 보세요.

×	2	3	4	5	6	7	8	9
2								
3								
4								

12 농구공이 한 상자에 6개씩 들어 있습니다. 7상자에 들어 있는 농구공은 모두 몇 개일까요?

( )

13 곱이 큰 것부터 차례로 기호를 써 보세요.

㉠ 9×2	㉡ 7×5
㉢ 6×4	㉣ 4×4

( )

14 □ 안에 알맞은 수가 가장 큰 것을 찾아 기호를 써 보세요.

㉠ $2 \times \boxed{} = 14$	㉡ $4 \times \boxed{} = 24$
㉢ $\boxed{} \times 5 = 40$	㉣ $\boxed{} \times 7 = 35$

( )

15 형수는 구슬을 50개 가지고 있었습니다. 그중에서 친구 7명에게 3개씩 나누어 주었습니다. 남은 구슬은 몇 개일까요?

( )

정답과 풀이 19쪽

서술형 문제

16 연결 모형이 모두 몇 개 인지 두 가지 방법으로 구해 보세요.

방법 1

$7 \times$ ☐ $=$ ☐ 이므로

☐ $+$ ☐ $=$ ☐ (개)입니다.

방법 2

$7 \times$ ☐ $=$ ☐ 이므로

☐ $-$ ☐ $=$ ☐ (개)입니다.

17 조건을 모두 만족하는 수를 구해 보세요.

• 8단 곱셈구구의 곱입니다.
• 9×6의 곱보다 큽니다.
• 7×9의 곱보다 작습니다.

( )

18 다음과 같이 길이가 8 cm인 색 테이프 3장을 1 cm씩 겹치게 이어 붙였습니다. 이어 붙인 색 테이프의 전체 길이는 몇 cm일까요?

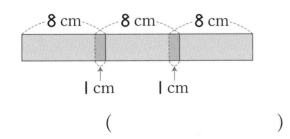

( )

19 ●와 ★의 곱을 구하려고 합니다. 풀이 과정을 쓰고 답을 구해 보세요.

$3 \times$ ● $= 15$ ★ $\times 4 = 32$

풀이

답

20 학생 7명이 가위바위보를 합니다. 1명은 가위를 내고, 4명은 바위를 내고, 2명은 보를 냈습니다. 7명의 펼친 손가락은 모두 몇 개인지 풀이 과정을 쓰고 답을 구해 보세요.

풀이

답

사고력이 반짝

● 똑같은 크기의 색종이 5장이 쌓여 있습니다. 위에 있는 것부터 한 장씩
들어낼 때 어떤 순서로 들어내야 하는지 써 보세요.

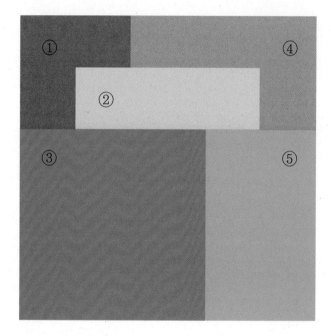

(   )

3 길이 재기

이번 단원에서
꼭 짚어야 할
핵심 개념을 알아보자.

핵심 1 cm보다 더 큰 단위 알아보기

· 100 cm는 1 m와 같고 1 m는 1 미터라고 읽는다.

$$100 \text{ cm} = \boxed{} \text{ m}$$

· 1 m보다 20 cm 더 긴 것을 1 m 20 cm라 쓰고 1 미터 20 센티미터라고 읽는다.

$$1 \text{ m } 20 \text{ cm} = \boxed{} \text{ cm}$$

핵심 2 자로 길이 재기

```
0  10 20 30 40 50 60 70 80 90 100 110
                              (1m)
```

밧줄의 길이: 110 cm = $\boxed{}$ m $\boxed{}$ cm

핵심 3 길이의 합 구하기

m는 m끼리, cm는 cm끼리 더한다.

$$\begin{array}{r} 1 \text{ m} \quad 30 \text{ cm} \\ + \quad 2 \text{ m} \quad 40 \text{ cm} \\ \hline \boxed{} \text{ m} \quad \boxed{} \text{ cm} \end{array}$$

핵심 4 길이의 차 구하기

m는 m끼리, cm는 cm끼리 뺀다.

$$\begin{array}{r} 3 \text{ m} \quad 80 \text{ cm} \\ - \quad 2 \text{ m} \quad 50 \text{ cm} \\ \hline \boxed{} \text{ m} \quad \boxed{} \text{ cm} \end{array}$$

핵심 5 길이 어림하기

걸음으로 1 m를 재어 보니 약 2걸음이다.

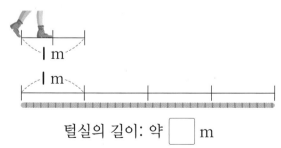

털실의 길이: 약 $\boxed{}$ m

1. cm보다 더 큰 단위 알아보기

● l m **알아보기**

100 cm는 l m와 같습니다. l m는 l 미터라고 읽습니다.

$$100 \text{ cm} = 1 \text{ m}$$

	m	cm		쓰기	읽기
	일	십	일		
100 cm	l	0	0	l m	l 미터

● l m**보다 긴 길이 알아보기**

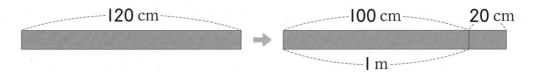

120 cm는 l m보다 20 cm 더 깁니다.
120 cm를 l m 20 cm라고도 쓰고 l 미터 20 센티미터라고 읽습니다.

$$120 \text{ cm} = 1 \text{ m } 20 \text{ cm}$$

• 120 cm = 100 cm + 20 cm = 1 m + 20 cm = 1 m 20 cm

	m	cm		쓰기	읽기
	일	십	일		
120 cm	l	2	0	l m 20 cm	l 미터 20 센티미터
235 cm	2	3	5	2 m 35 cm	2 미터 35 센티미터
408 cm	4	0	8	4 m 8 cm	4 미터 8 센티미터

• 4 m 08 cm라고 쓰지 않도록 주의합니다.

개념 자세히 보기

● l m**가 어느 정도인지 알아보아요!**

l m＝100 cm이므로
· l m는 l cm를 100번 이은 것과 같습니다. → l m는 1 cm의 100배인 길이입니다.
· l m는 10 cm를 10번 이은 것과 같습니다. → l m는 10 cm의 10배인 길이입니다.

● 정답과 풀이 20쪽

1 주어진 길이를 써 보세요.

① 2 m

② 3 m

 m를 쓰는 순서와 크기에 주의하면서 바르게 쓰는 연습을 해요.

2 막대의 길이가 130 cm일 때 ☐ 안에 알맞은 수를 써넣으세요.

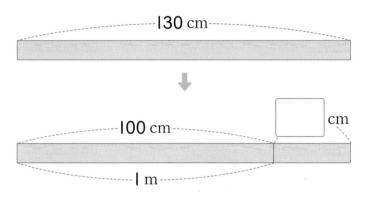

막대는 1 m보다 ☐ cm 더 길므로 ☐ m ☐ cm입니다.

➡ 막대의 길이는 130 cm = ☐ m ☐ cm입니다.

 긴 길이는 m, 짧은 길이는 cm로 나타내면 편리해요.

3 길이를 바르게 읽어 보세요.

① 2 m 70 cm ➡ (   )

② 5 m 36 cm ➡ (   )

4 ☐ 안에 알맞은 수를 써넣으세요.

① 300 cm = ☐ m   ② 6 m = ☐ cm

③ 493 cm = ☐ m ☐ cm

④ 8 m 7 cm = ☐ cm

 ● m ▲ cm를 ■ cm로 나타낼 때 십의 자리 숫자에 주의해요.

2 m 3 cm

23 cm   203 cm

2. 자로 길이 재기

● **자 비교하기**

	줄자	곧은 자
모양		
같은 점	• 눈금이 있습니다. • 길이를 잴 때 사용합니다.	
다른 점	• 길이가 긴 물건의 길이를 잴 때 사용합니다. • 접히거나 휘어집니다.	• 길이가 짧은 물건의 길이를 잴 때 사용합니다. • 곧습니다.

● **줄자를 사용하여 길이 재는 방법**

① 책상의 한끝을 줄자의 눈금 0에 맞춥니다.
② 책상의 다른 쪽 끝에 있는 줄자의 눈금을 읽습니다.
➡ 눈금이 130이므로 책상의 길이는 130 cm＝1 m 30 cm입니다.

개념 자세히 보기

• 길이가 긴 물건의 길이를 잴 때 곧은 자를 사용하면 여러 번 재어야 하기 때문에 불편하므로 줄자로 재는 것이 더 편리합니다.
• 줄자는 가지고 다닐 수 있는 작은 것부터 운동장의 길이를 잴 수 있을 만큼 긴 것도 있습니다.

〈여러 종류의 줄자〉

◐ 정답과 풀이 **20**쪽

① 사물함 긴 쪽의 길이를 재려고 합니다. 줄자와 곧은 자 중에서 어떤 자를 사용하면 좋을지 골라 ○표 하세요.

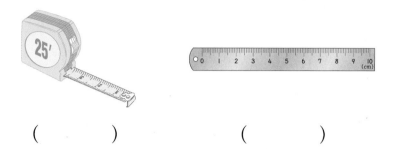

(   )   (   )

길이가 짧은 것은 곧은 자, 길이가 긴 것은 줄자로 재면 편리해요.

② 줄넘기의 길이를 두 가지 방법으로 나타내 보세요.

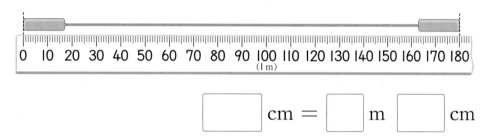

☐ cm = ☐ m ☐ cm

③ 자에서 화살표가 가리키는 눈금을 읽어 보세요.

☐ cm   ☐ m ☐ cm

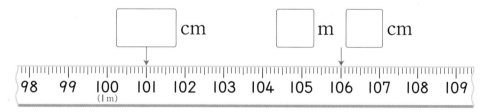

자의 큰 눈금 한 칸의 크기는 1 cm예요.

④ 한 줄로 놓인 물건들의 길이를 자로 재었습니다. 전체 길이는 얼마일까요?

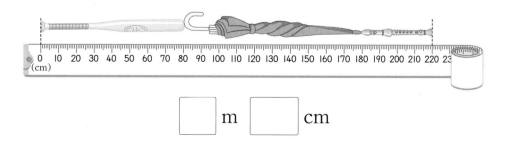

☐ m ☐ cm

3. 길이 재기 **81**

3. 길이의 합 구하기

● **l m 20 cm＋2 m 30 cm 계산하기**

• 그림으로 알아보기

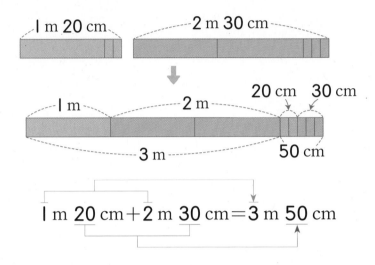

l m 20 cm＋2 m 30 cm＝3 m 50 cm

• m는 m끼리, cm는 cm끼리 더하기

	m	cm	
	일	십	일
	l	2	0
＋	2	3	0

① 같은 단위끼리 자리를 맞추어 씁니다.

	m	cm	
	일	십	일
	l	2	0
＋	2	3	0
		5	0

② cm끼리 더합니다.

	m	cm	
	일	십	일
	l	2	0
＋	2	3	0
	3	5	0

③ m끼리 더합니다.

개념 자세히 보기

● **받아올림이 있는 길이의 합을 구할 때에는 100 cm＝l m임을 이용해요!**

```
   2 m    50 cm            2 m    50 cm            5 m   l20 cm
 ＋ 3 m    70 cm     ➡    ＋ 3 m    70 cm     ➡    ＋l m ◀ －100 cm
 ─────────────           ─────────────           ─────────────
                           5 m   l20 cm            6 m    20 cm
```

100 cm＝l m이므로 100 cm를 l m로 받아올림합니다.

1 그림을 보고 □ 안에 알맞은 수를 써넣으세요.

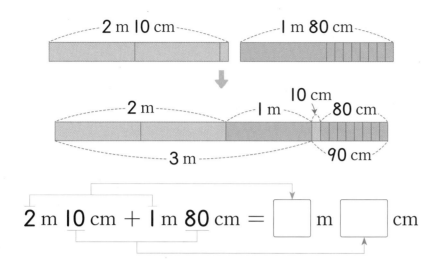

$$2\,\text{m}\,10\,\text{cm} + 1\,\text{m}\,80\,\text{cm} = \boxed{}\,\text{m}\,\boxed{}\,\text{cm}$$

m는 m끼리,
cm는 cm끼리 더해요.

2 빈칸에 알맞은 수를 써넣어 길이의 합을 구해 보세요.

① 　　1 m　53 cm
　+　3 m　24 cm

m	cm	
일	십	일
1	5	3
+		

② 　　4 m　16 cm
　+　3 m　73 cm

m	cm	
일	십	일
+		

3 길이의 합을 구해 보세요.

① $3\,\text{m}\,60\,\text{cm} + 4\,\text{m}\,20\,\text{cm} = \boxed{}\,\text{m}\,\boxed{}\,\text{cm}$

② $5\,\text{m}\,34\,\text{cm} + 1\,\text{m}\,25\,\text{cm} = \boxed{}\,\text{m}\,\boxed{}\,\text{cm}$

③ 　　5 m　40 cm
　+　2 m　 5 cm
　　□ m　□ cm

④ 　　4 m　34 cm
　+　4 m　26 cm
　　□ m　□ cm

같은 단위끼리 자연수의
덧셈과 같은 방법으로
계산해요.

4. 길이의 차 구하기

● **3 m 70 cm − 2 m 30 cm 계산하기**

• 그림으로 알아보기

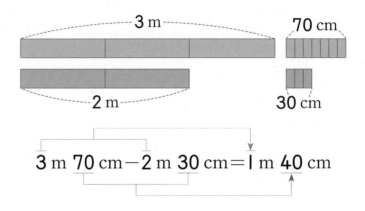

3 m 70 cm − 2 m 30 cm = 1 m 40 cm

• m는 m끼리, cm는 cm끼리 빼기

m	cm	
일	십	일
3	7	0
− 2	3	0

➡

m	cm	
일	십	일
3	7	0
− 2	3	0
	4	0

➡

m	cm	
일	십	일
3	7	0
− 2	3	0
1	4	0

① 같은 단위끼리 자리를 맞추어 씁니다.

② cm끼리 뺍니다.

③ m끼리 뺍니다.

개념 자세히 보기

● **받아내림이 있는 길이의 차를 구할 때에는 1 m = 100 cm임을 이용해요!**

	4 m	10 cm
−	2 m	50 cm

➡

	4 m	10 cm
	−1 m ➡ +100 cm	
	3 m	110 cm

➡

	3 m	110 cm
−	2 m	50 cm
	1 m	60 cm

> 1 m = 100 cm이므로 1 m를 100 cm로 받아내림합니다.

◯ 정답과 풀이 21쪽

1 그림을 보고 □ 안에 알맞은 수를 써넣으세요.

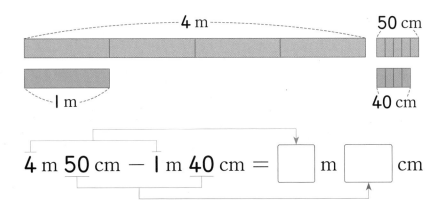

m는 m끼리,
cm는 cm끼리 빼요.

$$4 \text{ m } 50 \text{ cm} - 1 \text{ m } 40 \text{ cm} = \boxed{} \text{ m} \boxed{} \text{ cm}$$

2 빈칸에 알맞은 수를 써넣어 길이의 차를 구해 보세요.

①
$$
\begin{array}{r}
2 \text{ m } 90 \text{ cm} \\
- 1 \text{ m } 50 \text{ cm} \\
\end{array}
$$
⬇

m	cm	
일	십	일
2	9	0
−		

②
$$
\begin{array}{r}
6 \text{ m } 78 \text{ cm} \\
- 3 \text{ m } 51 \text{ cm} \\
\end{array}
$$
⬇

m	cm	
일	십	일
−		

3 길이의 차를 구해 보세요.

① $5 \text{ m } 80 \text{ cm} - 3 \text{ m } 20 \text{ cm} = \boxed{} \text{ m} \boxed{} \text{ cm}$

② $8 \text{ m } 67 \text{ cm} - 7 \text{ m } 42 \text{ cm} = \boxed{} \text{ m} \boxed{} \text{ cm}$

같은 단위끼리 자연수의
뺄셈과 같은 방법으로
계산해요.

③
$$
\begin{array}{r}
9 \text{ m } 45 \text{ cm} \\
- 7 \text{ m } 31 \text{ cm} \\
\end{array}
$$
$\boxed{} \text{ m} \boxed{} \text{ cm}$

④
$$
\begin{array}{r}
4 \text{ m } 93 \text{ cm} \\
- 2 \text{ m } 6 \text{ cm} \\
\end{array}
$$
$\boxed{} \text{ m} \boxed{} \text{ cm}$

5. 길이 어림하기

● 몸의 부분을 이용하여 1 m 재어 보기

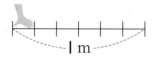

➡ 1 m를 뼘으로 재어 보니
약 6뼘입니다.

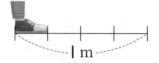

➡ 1 m를 신발 길이로 재어
보니 약 4번입니다.

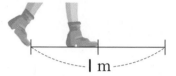

➡ 1 m를 걸음으로 재어 보니
약 2걸음입니다.

● 몸에서 약 1 m 찾아보기

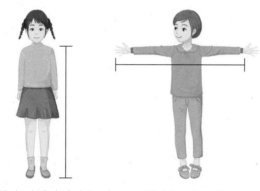

발 끝에서 어깨까지의 높이   양팔을 벌린 길이

- 키에서 약 1 m는 어깨까지의 높이입니다.
- 양팔을 벌린 길이에서 약 1 m는 한쪽 손 끝에서 다른 쪽 손목까지입니다.

● 축구 골대의 길이 어림하기

- 축구 골대 긴 쪽의 길이는 양팔을 벌린 길이로 5번쯤 잰 길이와 비슷합니다.
  ➡ 축구 골대 긴 쪽의 길이는 약 1 m의 5배 정도이므로 약 5 m입니다.

┌······• 어림한 길이를 말할 때에는
           숫자 앞에 약을 붙여서 말합니다.

◯ 정답과 풀이 21쪽

1 몸에서 길이가 약 1 m인 부분을 찾아 ○표 하세요.

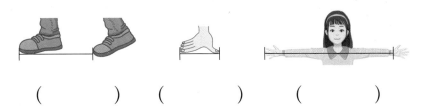

(   )   (   )   (   )

2 지수 동생의 키가 약 1 m일 때 나무의 높이는 약 몇 m일까요?

약 ☐ m

> 나무의 높이는
> 지수 동생의 키의
> 몇 배인지 알아보세요.

3 벽화 긴 쪽의 길이는 약 몇 m일까요?

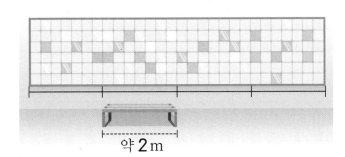

약 2 m

약 ☐ m

4 실제 길이에 가까운 것을 찾아 이어 보세요.

야구 방망이	교실 문의 높이	2층 건물의 높이
•	•	•
•	•	•
6 m	2 m	1 m

> 1 m의 길이를
> 어림한 다음 1 m가
> 몇 번 들어가는지
> 생각해 보세요.

2 꼭 나오는 유형

1 cm보다 더 큰 단위 알아보기

1 길이를 바르게 쓴 것을 찾아 ○표 하세요.

(   ) (   ) (   )

2 □ 안에 알맞은 수를 써넣으세요.

(1) 204 cm = □ m □ cm

(2) 5 m 38 cm = □ cm

3 같은 길이끼리 이어 보세요.

309 cm •	• 9 m 30 cm
390 cm •	• 3 m 9 cm
930 cm •	• 3 m 90 cm

4 □ 안에 알맞은 수를 써넣으세요.

m		cm	
십	일	십	일
1	7	4	0

□ cm, □ m □ cm

5 cm와 m 중 알맞은 단위를 □ 안에 써 넣으세요.

(1) 학교 건물의 높이는 약 13 □ 입니다.

(2) 색연필의 길이는 약 16 □ 입니다.

서술형

6 교실 긴 쪽의 길이는 8 m보다 40 cm 더 깁니다. 교실 긴 쪽의 길이는 몇 cm인지 풀이 과정을 쓰고 답을 구해 보세요.

풀이 _____

_____

_____

답 _____

7 가장 긴 길이를 말한 사람의 이름을 써 보세요.

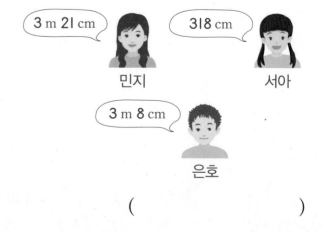

(   )

8 길이를 잘못 나타낸 것에 ×표 하고, 길이를 바르게 고쳐 보세요.

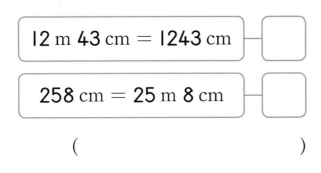

12 m 43 cm = 1243 cm ☐

258 cm = 25 m 8 cm ☐

( )

9 수 카드 **3**장을 한 번씩만 사용하여 가장 긴 길이를 써 보세요.

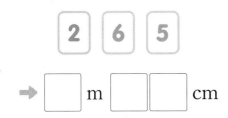

2   6   5

➡ ☐ m ☐ ☐ cm

10 차의 높이가 **3 m 50 cm**보다 높으면 지나갈 수 없는 터널이 있습니다. 이 터널을 지나갈 수 있는 차에 색칠해 보세요.

372 cm   327 cm

2   **자로 길이 재기**

11 밧줄의 길이는 몇 cm일까요?

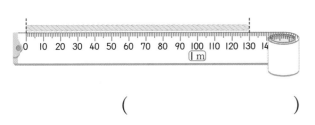

( )

12 책장 긴 쪽의 길이를 두 가지 방법으로 나타내 보세요.

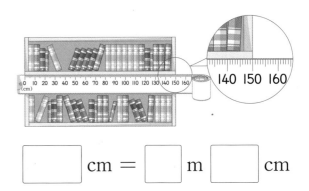

☐ cm = ☐ m ☐ cm

서술형
13 책상의 길이를 **1 m 40 cm**라고 재었습니다. 길이를 잘못 잰 까닭을 써 보세요.

까닭

14 집에서 **1 m**보다 긴 물건의 길이를 자로 잰 것입니다. 빈칸에 알맞게 써넣으세요.

물건	☐cm	☐m ☐cm
방문의 높이	190 cm	
침대의 긴 쪽		2 m 10 cm

3 길이의 합 구하기

15 길이의 합을 구해 보세요.

(1) 5 m 20 cm + 1 m 45 cm

(2)   2 m 63 cm
  + 4 m 35 cm

16 색 테이프의 전체 길이를 구하려고 합니다. ☐ 안에 알맞은 수를 써넣으세요.

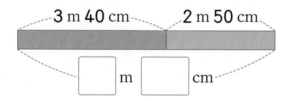

☐ m ☐ cm

17 두 막대의 길이의 합을 구해 보세요.

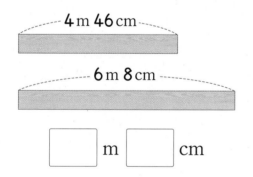

☐ m ☐ cm

18 ○ 안에 >, =, <를 알맞게 써넣으세요.

4 m 63 cm + 2 m 52 cm

○ 7 m

😊 내가 만드는 문제
19 두 길이를 골라 두 길이의 합은 몇 m 몇 cm인지 구해 보세요.

1 m 20 cm	3 m	25 cm
265 cm	4 m 12 cm	

고른 길이 _____

합 _____

서술형
20 털실을 지원이는 10 m 23 cm, 은지는 12 m 45 cm 가지고 있습니다. 두 사람이 가지고 있는 털실의 길이의 합은 몇 m 몇 cm인지 풀이 과정을 쓰고 답을 구해 보세요.

풀이 _____

_____

답 _____

21 달팽이가 선을 따라 기어 가고 있습니다. 출발점에서 도착점까지 달팽이가 기어간 거리는 몇 m 몇 cm일까요?

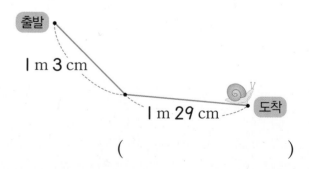

(_____)

22 길이가 더 긴 것을 찾아 기호를 써 보세요.

> ㉠ 20 m 46 cm + 29 m 30 cm
> ㉡ 35 m 57 cm + 14 m 27 cm

(   )

23 □ 안에 알맞은 수를 써넣으세요.

471 cm + 3 m 28 cm

= □ m □ cm

24 가장 긴 길이와 가장 짧은 길이의 합은 몇 m 몇 cm일까요?

| 2 m 32 cm | 206 cm | 2 m 61 cm |

(   )

25 높이가 120 cm인 받침대 위에 높이가 246 cm인 조각상을 올려놓았습니다. 받침대 밑에서부터 조각상 꼭대기까지의 높이는 몇 m 몇 cm일까요?

(   )

4 **길이의 차 구하기**

26 길이의 차를 구해 보세요.

(1) 4 m 56 cm − 1 m 32 cm

(2)
```
    6 m 73 cm
  − 4 m 21 cm
```

27 □ 안에 알맞은 수를 써넣으세요.

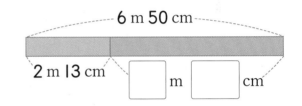

28 두 색 테이프의 길이의 차는 몇 m 몇 cm일까요?

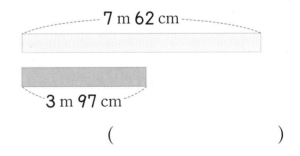

(   )

29 계산이 틀린 곳을 찾아 바르게 계산해 보세요.

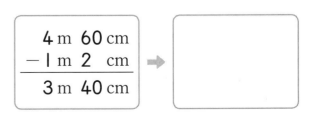

30 길이가 더 짧은 것을 찾아 기호를 써 보세요.

> ㉠ 9 m 63 cm − 4 m 30 cm
> ㉡ 5 m 40 cm

(   )

31 영지와 민우는 탑 쌓기 놀이를 했습니다. 영지가 쌓은 탑의 높이는 1 m 46 cm이고, 민우가 쌓은 탑의 높이는 1 m 14 cm입니다. 영지는 민우보다 탑을 몇 cm 더 높게 쌓았을까요?

(   )

32 선생님과 은수가 멀리뛰기를 하였습니다. 선생님은 2 m 32 cm를 뛰었고, 은수는 1 m 18 cm를 뛰었습니다. 누가 몇 m 몇 cm 더 멀리 뛰었는지 구해 보세요.

	이/가		m		cm

더 멀리 뛰었습니다.

33 도서관과 놀이터 중에서 집에서 더 가까운 곳은 어디이고, 몇 m 몇 cm 더 가까운지 구해 보세요.

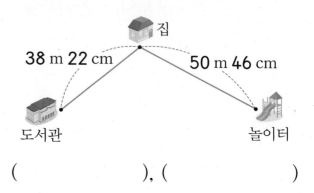

(   ), (   )

서술형
34 길이가 2 m 45 cm인 고무줄이 있습니다. 이 고무줄을 양쪽으로 잡아당겼더니 380 cm가 되었습니다. 고무줄이 늘어난 길이는 몇 m 몇 cm인지 풀이 과정을 쓰고 답을 구해 보세요.

풀이 ....

....

....

답

35 수 카드를 한 번씩만 사용하여 알맞은 길이를 만들어 보세요.

1   4   9

8 m 23 cm와 2 m 5 cm의 차보다 더 긴 길이를 말해 봐.

	m			cm.

5 길이 어림하기

36 길이가 1 m인 색 테이프로 밧줄의 길이를 어림하였습니다. 밧줄의 길이는 약 몇 m일까요?

약 (   )

37 1 m보다 긴 것을 모두 찾아 기호를 써 보세요.

> ㉠ 버스의 길이
> ㉡ 실내화의 길이
> ㉢ 학교 운동장 짧은 쪽의 길이
> ㉣ 젓가락의 길이를 두 번 더한 길이

(   )

38 알맞은 길이를 골라 문장을 완성해 보세요.

> 1 m   2 m   10 m   50 m

• 교실 문의 높이는 약 [   ]입니다.

• 게시판 짧은 쪽의 길이는

  약 [   ]입니다.

• 교실 긴 쪽의 길이는 약 [   ]입니다.

😊 내가 만드는 문제

39 □ 안에 수를 써넣어 길이를 만든 다음, 길이에 맞는 여러 가지 물건을 어림하여 찾아보세요.

길이	찾은 물건
약 [ ] m	

40 5 m보다 긴 것을 찾아 ○표 하세요.

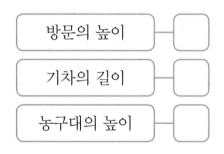

방문의 높이

기차의 길이

농구대의 높이

41 은정이가 뼘으로 창문의 높이를 재어 보았더니 약 10뼘이었습니다. 한 뼘이 12 cm일 때 창문의 높이는 약 몇 m 몇 cm일까요?

약 (   )

42 예지의 두 걸음이 약 1 m라고 합니다. 사물함 긴 쪽의 길이가 예지의 걸음으로 8걸음이라면 사물함 긴 쪽의 길이는 약 몇 m일까요?

약 (   )

3

⚡ 단위를 같게 한 다음 길이를 비교하자!

1 길이를 비교하여 ○ 안에 >, =, < 를 알맞게 써넣으세요.

(1) 185 cm ◯ 2 m

(2) 6 m 6 cm ◯ 660 cm

2 길이가 가장 긴 것은 어느 것일까요?

( )

① 580 cm   ② 5 m 95 cm
③ 508 cm   ④ 5 m 85 cm
⑤ 559 cm

3 서우의 키는 1 m 32 cm이고, 민석이 의 키는 128 cm입니다. 서우와 민석 이 중 키가 더 큰 사람은 누구일까요?

( )

4 길이가 짧은 것부터 차례로 기호를 써 보세요.

㉠ 8 m 40 cm   ㉡ 480 cm
㉢ 4 m 97 cm   ㉣ 835 cm

( )

⚡ 단위를 같게 한 다음 합과 차를 구하자!

5 두 길이의 합은 몇 m 몇 cm인지 구해 보세요.

310 cm   4 m 21 cm

( )

6 사용한 색 테이프의 길이는 몇 m 몇 cm인지 구해 보세요.

5 m 60 cm
처음 길이

245 cm
남은 길이

( )

7 민호의 줄넘기의 길이는 아버지의 줄 넘기의 길이보다 몇 m 몇 cm 더 짧은 지 구해 보세요.

민호의 줄넘기	아버지의 줄넘기
184 cm	2 m 95 cm

( )

⚡ **같은 단위끼리 계산하자!**

8 ☐ 안에 알맞은 수를 써넣으세요.

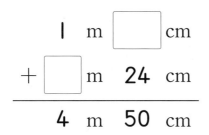

```
  1  m  ☐  cm
+    ☐  m  24  cm
─────────────────
  4  m  50  cm
```

9 ☐ 안에 알맞은 수를 써넣으세요.

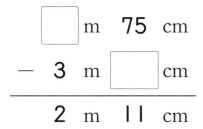

```
  ☐  m  75  cm
−  3  m  ☐  cm
────────────────
  2  m  11  cm
```

10 ☐ 안에 알맞은 수를 써넣으세요.

☐ m 26 cm + 4 m ☐ cm
= 7 m 84 cm

11 ☐ 안에 알맞은 수를 써넣으세요.

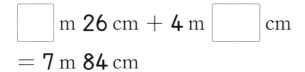
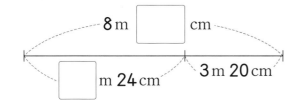

8 m ☐ cm

☐ m 24 cm   3 m 20 cm

⚡ **단위가 되는 길이가 몇 번인지 알아봐!**

12 항아리의 높이가 50 cm일 때 장식장의 높이는 약 몇 m 몇 cm일까요?

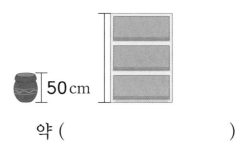

50 cm

약 (   )

13 진수의 신발의 길이가 20 cm일 때 아이스하키 스틱의 길이는 약 몇 m 몇 cm일까요?

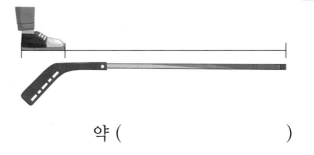

약 (   )

14 아버지의 한 뼘의 길이가 22 cm일 때 액자 긴 쪽의 길이는 약 몇 m 몇 cm일까요?

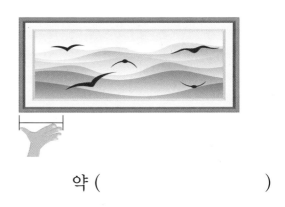

약 (   )

최상위 도전 유형

□ 안에 들어갈 수 있는 수 구하기

1 0부터 9까지의 수 중에서 □ 안에 들어갈 수 있는 수를 모두 구해 보세요.

4□5 cm > 4 m 69 cm

(   )

핵심 NOTE

■ m ▲ cm를 cm 단위로 바꾼 다음 세 자리 수의 크기 비교를 이용하여 □ 안에 들어갈 수 있는 수를 찾습니다.

2 1부터 9까지의 수 중에서 □ 안에 들어갈 수 있는 수를 모두 구해 보세요.

758 cm < 7 m □2 cm

(   )

3 0부터 9까지의 수 중에서 □ 안에 들어갈 수 있는 수는 모두 몇 개일까요?

3 m 45 cm > 3□8 cm

(   )

4 1부터 9까지의 수 중에서 □ 안에 들어갈 수 있는 가장 큰 수를 구해 보세요.

9 m □1 cm < 956 cm

(   )

더 가깝게 어림한 사람 구하기

5 현우와 민서가 각자 어림하여 2 m가 되도록 끈을 자르고 줄자로 재어 보았습니다. 2 m에 더 가깝게 어림한 사람은 누구일까요?

현우: 2 m 10 cm
민서: 1 m 95 cm

(   )

핵심 NOTE

실제 길이와 어림한 길이의 차가 작을수록 더 가깝게 어림한 것입니다.

6 길이가 3 m 50 cm인 철사의 길이를 지후와 영지가 다음과 같이 어림하였습니다. 3 m 50 cm에 더 가깝게 어림한 사람은 누구일까요?

지후	영지
3 m 35 cm	3 m 60 cm

(   )

7 한서, 동영, 유진이가 각자 어림하여 5 m가 되도록 털실을 자르고 줄자로 재어 보았습니다. 5 m에 가장 가깝게 어림한 사람은 누구일까요?

한서	동영	유진
4 m 86 cm	512 cm	5 m 5 cm

(   )

도전3 수 카드로 길이를 만들어 합 또는 차 구하기

8 수 카드의 수를 □ 안에 한 번씩만 써 넣어 가장 긴 길이를 만들고, 그 길이 와 1 m 25 cm의 합을 구해 보세요.

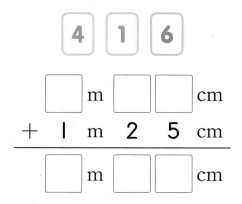

핵심 NOTE
· 가장 긴 길이를 만들려면 m 단위부터 큰 수를 차례로 씁니다.
· 가장 짧은 길이를 만들려면 m 단위부터 작은 수를 차례로 씁니다.

9 수 카드의 수를 □ 안에 한 번씩만 써 넣어 가장 긴 길이와 가장 짧은 길이 를 만들고, 그 차를 구해 보세요.

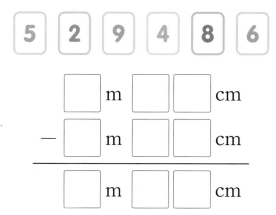

도전4 이어 붙인 색 테이프의 전체 길이 구하기

10 색 테이프 2장을 그림과 같이 겹치게 이어 붙였습니다. 이어 붙인 색 테이 프의 전체 길이는 몇 m 몇 cm일까요?

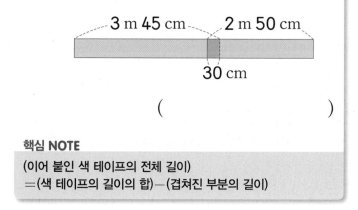

(   )

핵심 NOTE
(이어 붙인 색 테이프의 전체 길이)
=(색 테이프의 길이의 합)−(겹쳐진 부분의 길이)

11 색 테이프 2장을 그림과 같이 겹치게 이어 붙였습니다. 이어 붙인 색 테이 프의 전체 길이는 몇 m 몇 cm일까요?

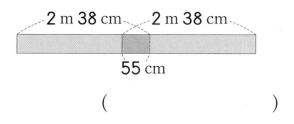

(   )

도전 최상위

12 색 테이프 3장을 그림과 같이 겹치게 이어 붙였습니다. 이어 붙인 색 테이 프의 전체 길이는 몇 m 몇 cm일까요?

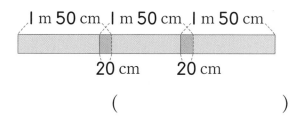

(   )

1 길이를 바르게 읽어 보세요.

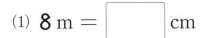

3 m 15 cm

(   )

2 □ 안에 알맞은 수를 써넣으세요.

(1) 8 m = □ cm

(2) 409 cm = □ m □ cm

3 밧줄의 길이는 몇 m 몇 cm일까요?

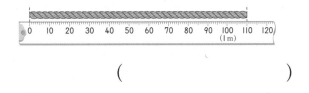

0 10 20 30 40 50 60 70 80 90 100 110 120
(I m)

(   )

4 I m보다 긴 것에 ○표, I m보다 짧은 것에 △표 하세요.

(1) 연필의 길이   (   )

(2) 국기 게양대의 높이   (   )

5 주어진 I m로 끈의 길이를 어림하였습니다. 어림한 끈의 길이는 약 몇 m일까요?

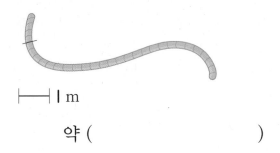

├─┤ I m

약 (   )

6 보기 에서 알맞은 길이를 골라 문장을 완성해 보세요.

보기

10 m   26 cm   175 cm   4 m

(1) 3층 건물의 높이는 약 □ 입니다.

(2) 아빠의 키는 약 □ 입니다.

7 틀린 것을 찾아 기호를 써 보세요.

㉠ 4 m = 400 cm
㉡ 909 cm = 99 m
㉢ 5 m 3 cm = 503 cm
㉣ I m 25 cm = 125 cm

(   )

8 길이를 비교하여 ○ 안에 >, =, <를 알맞게 써넣으세요.

770 cm ◯ 7 m 7 cm

9 길이의 합과 차를 구해 보세요.

(1)
$$\begin{array}{r} 2 \text{ m } 16 \text{ cm} \\ + 7 \text{ m } 6 \text{ cm} \\ \hline \end{array}$$

(2)
$$\begin{array}{r} 5 \text{ m } 60 \text{ cm} \\ - 2 \text{ m } 38 \text{ cm} \\ \hline \end{array}$$

10 ☐ 안에 알맞은 수를 써넣으세요.

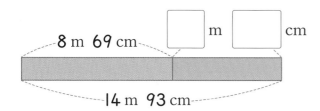

11 더 긴 길이를 어림한 사람의 이름을 써 보세요.

준서　　　　유미

(　　　　　　　)

12 두 길이의 차는 몇 m 몇 cm일까요?

1 m 35 cm　　8 m 52 cm

(　　　　　　　)

13 ☐ 안에 알맞은 수를 써넣으세요.

$$\begin{array}{r} 3 \text{ m } \boxed{} \text{ cm} \\ + \boxed{} \text{ m } 15 \text{ cm} \\ \hline 8 \text{ m } 39 \text{ cm} \end{array}$$

14 재현이가 가지고 있는 리본의 길이는 4 m 15 cm이고 정민이는 재현이보다 2 m 25 cm 더 긴 리본을 가지고 있습니다. 정민이가 가지고 있는 리본의 길이는 몇 m 몇 cm일까요?

(　　　　　　　)

15 길이가 1 m 25 cm인 고무줄이 있습니다. 이 고무줄을 양쪽에서 잡아당겼더니 2 m 32 cm가 되었습니다. 처음보다 더 늘어난 길이는 몇 m 몇 cm일까요?

(　　　　　　　)

➡ 정답과 풀이 26쪽

16 양팔을 벌린 길이가 약 130 cm인 친구 3명이 그림과 같이 물건의 길이를 재었습니다. 이 물건의 길이는 약 몇 m일까요?

약 (   )

17 집에서 문구점을 거쳐 학교까지 가는 거리는 집에서 학교로 바로 가는 거리보다 몇 m 몇 cm 더 멀까요?

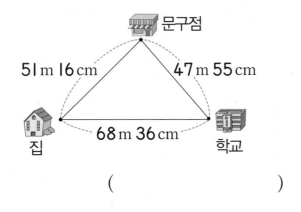

(   )

18 수 카드의 수를 ☐ 안에 한 번씩만 써넣어 가장 긴 길이와 가장 짧은 길이를 만들고 그 차를 구해 보세요.

$$\boxed{3} \quad \boxed{1} \quad \boxed{5} \quad \boxed{4} \quad \boxed{9} \quad \boxed{7}$$

☐ m ☐ ☐ cm
− ☐ m ☐ ☐ cm
─────────────
☐ m ☐ ☐ cm

19 에어컨의 높이는 2 m보다 10 cm 더 높습니다. 에어컨의 높이는 몇 cm인지 풀이 과정을 쓰고 답을 구해 보세요.

풀이

답

20 가장 긴 길이와 가장 짧은 길이의 합은 몇 m 몇 cm인지 풀이 과정을 쓰고 답을 구해 보세요.

$$\boxed{5\ m\ 9\ cm,\ 5\ m\ 90\ cm,\ 519\ cm}$$

풀이

답

1 다음 길이는 몇 m 몇 cm인지 쓰고 읽어 보세요.

> 1 m보다 50 cm 더 긴 길이

쓰기 ( )

읽기 ( )

2 색 테이프의 길이는 몇 m 몇 cm일까요?

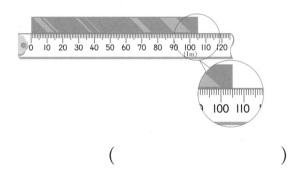

( )

3 cm와 m 중 알맞은 단위를 써 보세요.

(1) 우산의 길이는 약 80 ☐ 입니다.

(2) 트럭의 길이는 약 3 ☐ 입니다.

4 낙타의 키는 2 m 76 cm입니다. 낙타의 키는 몇 cm일까요?

( )

5 길이를 비교하여 ○ 안에 >, =, <를 알맞게 써넣으세요.

718 cm ◯ 7 m 8 cm

6 준희가 양팔을 벌린 길이가 약 1 m일 때 칠판 긴 쪽의 길이는 약 몇 m일까요?

약 ( )

7 소파의 길이를 잴 때 더 여러 번 재어야 하는 것을 찾아 기호를 써 보세요.

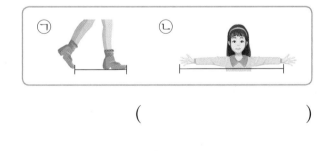

( )

8 길이를 잘못 나타낸 것을 찾아 ○표 하고, 길이를 바르게 써 보세요.

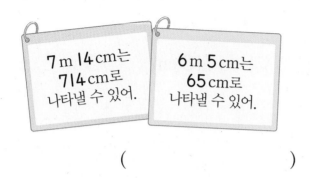

7 m 14 cm는 714 cm로 나타낼 수 있어.

6 m 5 cm는 65 cm로 나타낼 수 있어.

( )

9 길이의 합과 차를 구해 보세요.

(1)
```
    2 m 60 cm
  + 4 m 15 cm
```

(2)
```
    6 m 93 cm
  - 5 m 72 cm
```

10 0부터 9까지의 수 중에서 □ 안에 들어갈 수 있는 수를 모두 구해 보세요.

9 m 32 cm > 9 □ 8 cm

( )

11 한 뼘의 길이는 15 cm입니다. 책상 긴 쪽의 길이는 약 몇 m 몇 cm일까요?

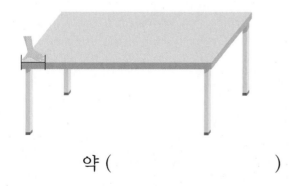

약 ( )

12 □ 안에 알맞은 수를 써넣으세요.

```
     □ m  54 cm
  -  2 m  □ cm
  ─────────────
     6 m  42 cm
```

13 놀이터에서 도서관을 거쳐 문구점까지 가는 거리는 몇 m 몇 cm일까요?

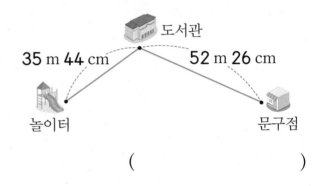

도서관

35 m 44 cm   52 m 26 cm

놀이터   문구점

( )

14 □ 안에 알맞은 수를 써넣으세요.

(1) 5 m 63 cm + 217 cm

= □ m □ cm

(2) 697 cm − 4 m 38 cm

= □ m □ cm

정답과 풀이 27쪽

서술형 문제

15 영민이가 창문 긴 쪽의 길이를 뼘으로 재었더니 18뼘이었습니다. 영민이의 9 뼘이 약 1 m일 때 창문 긴 쪽의 길이는 약 몇 m일까요?

약 (   )

16 색 테이프 2장을 그림과 같이 겹치게 이어 붙였습니다. 이어 붙인 색 테이프의 전체 길이는 몇 m 몇 cm일까요?

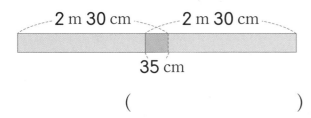

(　　　　　　　)

17 길이가 더 짧은 것을 찾아 기호를 써 보세요.

> ㉠ 1 m 47 cm + 4 m 25 cm
> ㉡ 8 m 90 cm − 3 m 14 cm

(　　　　　　　)

18 우주 어머니의 키는 1 m 64 cm이고 우주는 어머니보다 36 cm 더 작습니다. 아버지는 우주보다 49 cm 더 클 때 아버지의 키는 몇 m 몇 cm일까요?

(　　　　　　　)

19 높이가 135 cm인 받침대 위에 높이가 3 m 20 cm인 조각상을 올려놓았습니다. 받침대 밑에서부터 조각상 꼭대기까지의 높이는 몇 m 몇 cm인지 풀이 과정을 쓰고 답을 구해 보세요.

풀이 _____

_____

_____

답 _____

20 다음 중 키가 가장 큰 나무는 키가 가장 작은 나무보다 몇 m 몇 cm 더 큰지 풀이 과정을 쓰고 답을 구해 보세요.

소나무	3 m 29 cm
은행나무	453 cm
단풍나무	4 m 35 cm

풀이 _____

_____

_____

답 _____

사고력이 반짝

● 목걸이 일부분을 나타내는 그림이 아닌 것을 찾아 기호를 써 보세요.

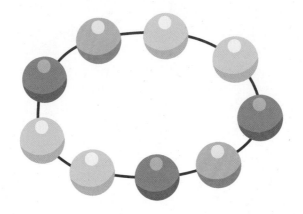

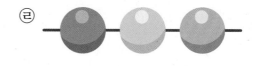

(   )

4. 시각과 시간

이번 단원에서 꼭 짚어야 할 **핵심 개념**을 알아보자.

핵심 1 **몇 시 몇 분 읽기**

5시 [ ]분

핵심 2 **여러 가지 방법으로 시각 읽기**

7시 55분
8시 [ ]분 전

핵심 3 **1시간 알아보기**

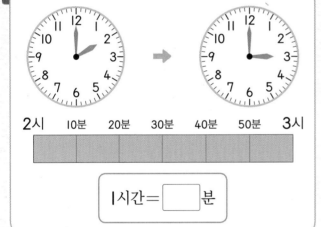

2시 10분 20분 30분 40분 50분 3시

1시간 = [ ]분

핵심 4 **하루의 시간 알아보기**

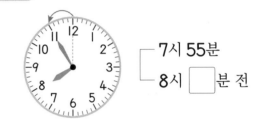

오전
12 1 2 3 4 5 6 7 8 9 10 11 12(시)   밤
밤   낮 1 2 3 4 5 6 7 8 9 10 11 12(시)
오후

1일 = [ ]시간

핵심 5 **달력 알아보기**

• 1주일은 [ ]일이다.

• 1년은 [ ]개월이다.

1. 몇 시 몇 분 읽기

● 몇 시 몇 분 알아보기

- 시계의 긴바늘이 가리키는 작은 눈금 한 칸은 1분을 나타냅니다.
- 시계의 긴바늘이 가리키는 숫자가 1이면 5분, 2이면 10분, 3이면 15분, ...입니다.

7시 1분

7시 5분

● 시각 읽기

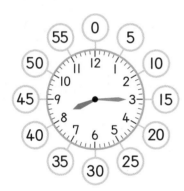

┌ 짧은바늘: 8과 9 사이 ➡ 8시
└ 긴바늘: 3 ➡ 15분

└ ● ■와 ● 사이일 때
　 앞의 수를 시로 읽습니다.

8시 15분

┌ 짧은바늘: 9와 10 사이 ➡ 9시
└ 긴바늘: 2(10분)에서 작은 눈금 2칸 더 간 곳을 가리키므로
　　　　10분+1분+1분=12분 ➡ 12분

└ ● 3(15분)에서 작은 눈금 3칸
　 덜 간 곳을 가리키므로
　 15분−1분−1분−1분=12분임을
　 알 수도 있습니다.

9시 12분

개념 자세히 보기

● 같은 숫자를 가리켜도 시곗바늘의 길이에 따라 나타내는 시각이 달라요!

3시

12시 15분

1 시계를 보고 ☐ 안에 알맞은 수를 써넣으세요.

① 짧은바늘은 ☐ 와/과 ☐ 사이를 가리키고 있습니다.

② 긴바늘은 ☐ 을/를 가리키고 있습니다.

③ 시계가 나타내는 시각은 ☐ 시 ☐ 분입니다.

> 짧은바늘은 지나온 숫자로 시각을 읽어요.

2 시계를 보고 ☐ 안에 알맞은 수를 써넣으세요.

① 짧은바늘은 ☐ 와/과 ☐ 사이를 가리키고 있습니다.

② 긴바늘은 ☐ 에서 작은 눈금 ☐ 칸 더 간 곳을 가리키고 있습니다.

③ 시계가 나타내는 시각은 ☐ 시 ☐ 분입니다.

> 긴바늘이 가리키는 작은 눈금 한 칸은 1분을 나타내요.

3 시계를 보고 몇 시 몇 분인지 써 보세요.

①

☐ 시 ☐ 분

②

☐ 시 ☐ 분

③

3:47

☐ 시 ☐ 분

④

8:06

☐ 시 ☐ 분

> 디지털시계에서 ':'의 왼쪽은 시, 오른쪽은 분을 나타내요.

2. 여러 가지 방법으로 시각 읽기

● **몇 시 몇 분 전으로 나타내기**

| 6시 50분 | 6시 55분 | 7시 |

7시 10분 전   **7시 5분 전**

● **여러 가지 방법으로 시각 읽기**

① 2시 55분입니다.
② 3시가 되려면 5분이 더 지나야 합니다.
③ 이 시각은 3시 5분 전입니다.

2시 55분 = **3시 5분 전**

개념 자세히 보기

● **시계의 긴바늘이 이동하는 방향을 알아보아요!**

■시를 기준으로 하여 시계의 긴바늘이 작은 눈금 ●칸을
┌ 시계 반대 방향으로 이동하면: ■시 ●분 전
└ 시계 방향으로 이동하면: ■시 ●분

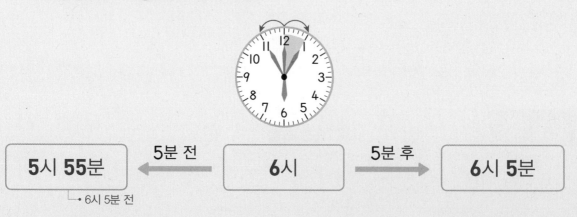

5시 55분 ←5분 전— **6시** —5분 후→ **6시 5분**

└→ 6시 5분 전

1 여러 가지 방법으로 시계의 시각을 읽어 보려고 합니다. ☐ 안에 알맞은 수를 써넣으세요.

① 시계가 나타내는 시각은 ☐시 ☐분 입니다.

② 8시가 되려면 ☐분이 더 지나야 합니다.

③ 이 시각은 ☐시 ☐분 전입니다.

긴바늘이 12에서 시계 반대 방향으로 작은 눈금 몇 칸을 가면 되는지 세면 몇 분 전 시각으로 나타낼 수 있어요.

2 시각을 두 가지 방법으로 읽어 보세요.

①

☐시 ☐분

☐시 ☐분 전

②

☐시 ☐분

☐시 ☐분 전

5분 전

6시 55분 =7시 5분전

3 시계에 시각을 나타내 보세요.

2시 10분 전

4 주어진 시각의 10분 전과 10분 후의 시각을 각각 시계에 나타내 보세요.

10분 전   10분 후

4

● **I시간 알아보기**

긴바늘이 12에서 한 바퀴 도는 동안 짧은바늘은 6에서 7로 숫자 눈금을 한 칸 움직입니다.

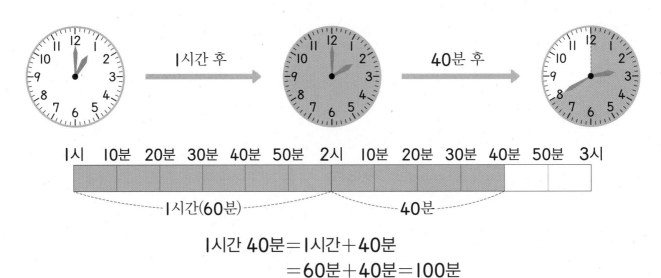

| 6시 | 10분 | 20분 | 30분 | 40분 | 50분 | 7시 |

• 시계의 긴바늘이 한 바퀴 도는 데 걸린 시간은 60분입니다.
• 60분은 I시간입니다.

$$60분 = 1시간$$

● **걸린 시간 알아보기**

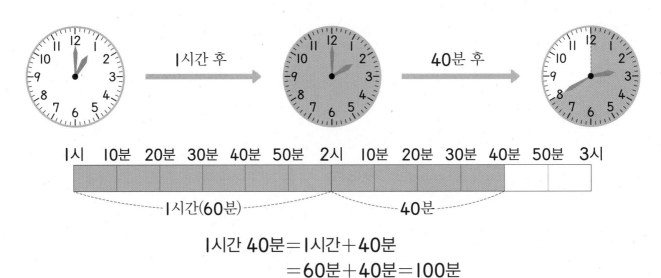

| I시 | 10분 | 20분 | 30분 | 40분 | 50분 | 2시 | 10분 | 20분 | 30분 | 40분 | 50분 | 3시 |

I시간(60분)   40분

I시간 40분 = I시간 + 40분
= 60분 + 40분 = 100분

개념 자세히 보기

● **어떤 시각에서 어떤 시각까지의 사이를 시간이라고 해요!**

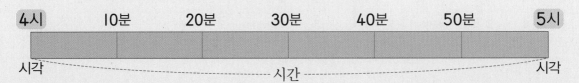

| 4시 | 10분 | 20분 | 30분 | 40분 | 50분 | 5시 |

시각 ---- 시간 ---- 시각

정답과 풀이 29쪽

1 영화를 보는 데 걸린 시간을 시간 띠에 색칠하고 구해 보세요.

시작한 시각   끝낸 시각

2시 10분 20분 30분 40분 50분 3시 10분 20분 30분 40분 50분 4시

영화를 보는 데 걸린 시간은 ☐ (분 , 시간)입니다.

2 ☐ 안에 알맞은 수를 써넣으세요.

① 2시간 = ☐ 분   ② 60분 = ☐ 시간

③ 1시간 50분   ④ 130분

= ☐ 분   = ☐ 시간 ☐ 분

예 90분=60분+30분
=1시간+30분
=1시간 30분

3 기차를 타고 이동하는 데 걸린 시간을 시간 띠에 색칠하고 구해 보세요.

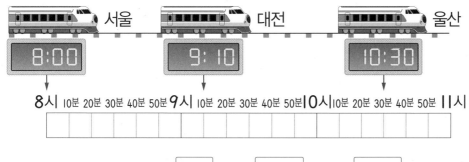

8시 10분 20분 30분 40분 50분 9시 10분 20분 30분 40분 50분 10시 10분 20분 30분 40분 50분 11시

• 서울에서 대전까지: ☐ 시간 ☐ 분 = ☐ 분

• 대전에서 울산까지: ☐ 시간 ☐ 분 = ☐ 분

시간 띠 한 칸의 크기는 10분이므로 칸 수를 세어 보면 걸린 시간을 알 수 있어요.

4. 하루의 시간 알아보기

● 오전과 오후 알아보기

- 오전: 전날 밤 12시부터 낮 12시까지
- 오후: 낮 12시부터 밤 12시까지

● 하루의 시간 알아보기

• 1일 = 오전 + 오후
= 12시간 + 12시간
= 24시간

- 하루는 **24**시간입니다.
- 시계의 짧은바늘은 하루 동안 **2**바퀴 돕니다.
- 시계의 긴바늘은 하루 동안 **24**바퀴 돕니다.

$$1일 = 24시간$$

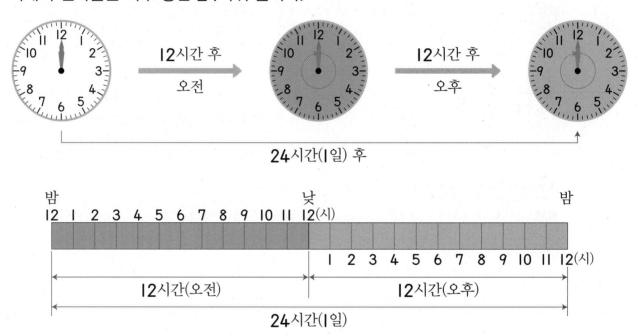

24시간(1일) 후

개념 자세히 보기

● 오후 시각을 두 가지로 나타낼 수 있어요!

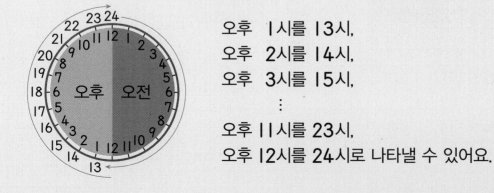

오후 **1**시를 **13**시,
오후 **2**시를 **14**시,
오후 **3**시를 **15**시,
⋮
오후 **11**시를 **23**시,
오후 **12**시를 **24**시로 나타낼 수 있어요.

◎ 정답과 풀이 30쪽

① □ 안에 오전과 오후를 알맞게 써넣으세요.

① 새벽 **3**시 ➡ ▢   ② 낮 **2**시 ➡ ▢

② □ 안에 알맞은 수를 써넣으세요.

① **24**시간 = ▢ 일   ② **2**일 = ▢ 시간

③ **1**일 **5**시간 = ▢ 시간   ④ **33**시간 = ▢ 일 ▢ 시간

> (예) **30**시간
> = **24**시간 + **6**시간
> = **1**일 + **6**시간
> = **1**일 **6**시간

③ 민수가 놀이공원에 있었던 시간을 구하려고 합니다. 물음에 답하세요.

들어간 시각   나온 시각

오전    오후

① 민수가 놀이공원에 있었던 시간을 시간 띠에 색칠해 보세요.

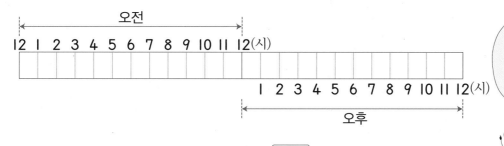

> 시간 띠 한 칸의 크기는 **1**시간이므로 칸 수를 세어 보면 놀이공원에 있었던 시간을 알 수 있어요.

② 민수가 놀이공원에 있었던 시간은 ▢ 시간입니다.

④ 은미네 가족이 여행한 시간을 구해 보세요.

첫날 출발한 시각   다음날 도착한 시각

오전 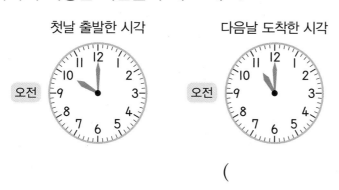   오전

> 오늘 오전 **10**시부터 내일 오전 **10**시까지는 **24**시간이야.

(   )

5. 달력 알아보기

● 달력 알아보기

8월

일	월	화	수	목	금	토
		1	2	3	4	5
6	7	8	9	10	11	12
13	14	15	16	17	18	19
20	21	22	23	24	25	26
27	28	29	30	31	1	2

+7일
+7일
+7일
+7일

• 9월 1일은 금요일입니다.

• 같은 요일은 7일마다 반복됩니다.
• 8월 26일은 넷째 토요일입니다.
• 주황색으로 색칠된 기간은 1주일입니다.

일요일부터 토요일까지만 1주일인 것이 아니라
화요일부터 그다음 주 월요일까지도 1주일입니다.

$$1주일 = 7일$$

● 1년 알아보기

• 1년은 1월부터 12월까지 있습니다.

1월부터 12월까지만 1년인 것이
아니라 2월부터 다음 해 1월까지
도 1년입니다.

$$1년 = 12개월$$

● 각 월의 날수 알아보기

월	1	2	3	4	5	6	7	8	9	10	11	12
날수(일)	31	28(29)	31	30	31	30	31	31	30	31	30	31

• 2월 29일은 4년에 한 번씩 돌아옵니다.

개념 자세히 보기

● 주먹을 이용하여 각 월의 날수를 쉽게 알 수 있어요!

주먹을 쥐었을 때 높은 곳은 31일,
낮은 곳은 30일 또는 28일로 생각합니다.

— 30일까지 있는 월: 4월, 6월, 9월, 11월
— 31일까지 있는 월: 1월, 3월, 5월, 7월, 8월, 10월, 12월
— 28일(29일)까지 있는 월: 2월

1 어느 해의 5월 달력입니다. ☐ 안에 알맞은 수나 말을 써넣으세요.

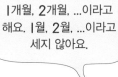
같은 세로줄에 있는 날짜는 같은 요일이에요.

5월

일	월	화	수	목	금	토
		1	2	3	4	5
6	7	8	9	10	11	12
13	14	15	16	17	18	19
20	21	22	23	24	25	26
27	28	29	30	31		

① 월요일이 ☐ 번 있습니다.

② 5월 5일 어린이날은 ☐ 요일입니다.

③ 어린이날로부터 1주일 후는 ☐ 일입니다.

2 각 월은 며칠로 이루어져 있는지 알아보세요.

월	1	2	3	4	5	6	7	8	9	10	11	12
날수 (일)	31	28 (29)		30	31		31		30			31

3 ☐ 안에 알맞은 수를 써넣으세요.

① 2주일 = 1주일 + 1주일 = 7일 + ☐ 일 = ☐ 일

② 2년 = 1년 + 1년 = 12개월 + ☐ 개월 = ☐ 개월

1년의 월수를 셀 때는 1개월, 2개월, ...이라고 해요. 1월, 2월, ...이라고 세지 않아요.

③ 15일 = 7일 + 7일 + ☐ 일

= ☐ 주일 + ☐ 일 = ☐ 주일 ☐ 일

④ 28개월 = 12개월 + 12개월 + ☐ 개월

= ☐ 년 + ☐ 개월 = ☐ 년 ☐ 개월

1 몇 시 몇 분 읽기 (1)

1 시계의 긴바늘이 각 숫자를 가리킬 때 몇 분을 나타내는지 써넣으세요.

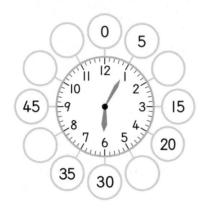

2 시계를 보고 몇 시 몇 분인지 써 보세요.

☐ 시 ☐ 분

3 8시 10분을 바르게 나타낸 사람은 누구일까요?

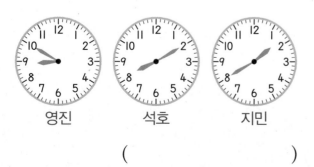

영진　　　석호　　　지민

(　　　　　　　)

4 시각에 맞게 긴바늘을 그려 넣으세요.

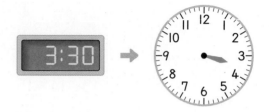

5 설명을 보고 알맞은 시각을 써 보세요.

- 시계의 짧은바늘이 10과 11 사이를 가리키고 있습니다.
- 시계의 긴바늘이 3을 가리킵니다.

(　　　　　　　)

6 현지가 읽은 시각이 맞으면 ➡, 틀리면 ⬇로 가서 만나는 친구의 이름을 써 보세요.

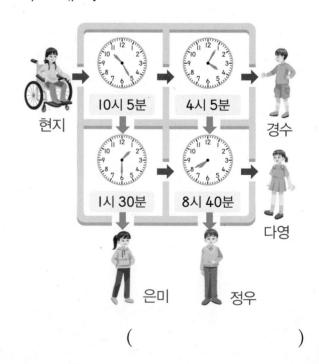

현지
10시 5분　　4시 5분　　경수
1시 30분　　8시 40분　　다영
은미　　정우

(　　　　　　　)

2 **몇 시 몇 분 읽기 (2)**

7 ☐ 안에 알맞은 수를 써넣으세요.

> 시계의 긴바늘이 가리키는 작은 눈금
> 한 칸은 ☐ 분을 나타냅니다.

8 시계를 보고 몇 시 몇 분인지 써 보세요.

(1)

☐ 시 ☐ 분

(2)

☐ 시 ☐ 분

9 같은 시각끼리 이어 보세요.

10 시각에 맞게 긴바늘을 그려 넣으세요.

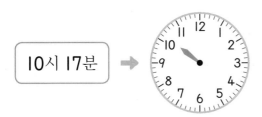

10시 17분 ➡

11 은서가 한 일과 시각을 써 보세요.

은서

😊 내가 만드는 문제

12 보기 와 같이 시계에 시각을 나타내고, 그 시각에 내가 한 일을 써 보세요.

> 보기
>
> 8시 53분에 교실로 들어와서 친구들과 인사를 했어.

13 시계의 짧은바늘은 2와 3 사이를 가리키고 긴바늘은 10에서 작은 눈금 2칸 더 간 곳을 가리키고 있습니다. 시계가 나타내는 시각은 몇 시 몇 분일까요?

( )

3 여러 가지 방법으로 시각 읽기

14 ☐ 안에 알맞은 수를 써넣으세요.

(1) 1시 55분은 2시 ☐분 전입니다.

(2) 6시 10분 전은 ☐시 ☐분
입니다.

15 같은 시각끼리 이어 보세요.

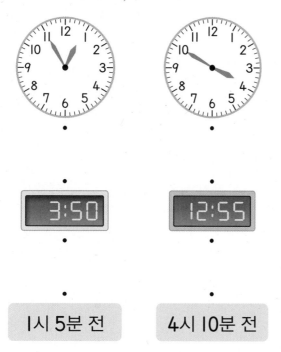

1시 5분 전   4시 10분 전

16 다음 시각에서 5분 전은 몇 시 몇 분
일까요?

(   )

17 시각에 맞게 긴바늘을 그려 넣으세요.

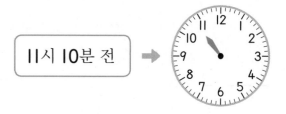

11시 10분 전 ➡

18 시계를 보고 바르게 고쳐 보세요.

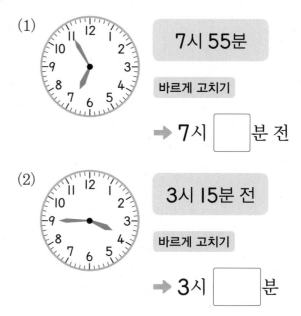

(1) 7시 55분

바르게 고치기

➡ 7시 ☐분 전

(2) 3시 15분 전

바르게 고치기

➡ 3시 ☐분

서술형
19 주아와 규리가 오늘 아침에 일어난 시각
입니다. 더 일찍 일어난 사람은 누구인
지 풀이 과정을 쓰고 답을 구해 보세요.

주아	7시 50분
규리	8시 15분 전

풀이
....
....
....
....

답 ....

4 1시간, 걸린 시간 알아보기

20 시간이 얼마나 흘렀는지 시간 띠에 색칠하고 구해 보세요.

2시 10분 20분 30분 40분 50분 3시 10분 20분 30분 40분 50분 4시

( )

21 진영이가 수영을 시작한 시각과 끝낸 시각입니다. 진영이가 수영을 한 시간은 몇 시간 몇 분일까요?

시작한 시각　　　끝낸 시각

( )

☺ 내가 만드는 문제

22 □ 안에 1부터 9까지의 수 중에서 한 수를 써넣고 몇 시간 후의 시각을 오른쪽 시계에 나타내 보세요.

□ 시간 후

23 소미는 45분 동안 피아노 연습을 했습니다. 피아노 연습을 시작한 시각이 다음과 같을 때 피아노 연습을 마친 시각은 몇 시 몇 분일까요?

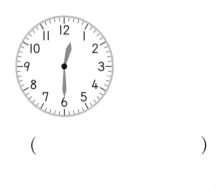

( )

24 준희는 1시에 시작하여 다음 두 가지 체험을 쉬지 않고 차례로 하였습니다. 체험을 마친 시각은 몇 시 몇 분일까요?

① 방송국 체험	30분
② 소방서 체험	40분

( )

25 건우는 뮤지컬을 보러 공연장에 갔습니다. 건우가 공연장에서 보낸 시간은 몇 시간 몇 분인지 구해 보세요.

공연 시간표	
1부	4:00 ~ 5:20
쉬는 시간	20분
2부	5:40 ~ 6:30

( )

하루의 시간 알아보기

26 (   ) 안에 오전과 오후를 알맞게 써 넣으세요.

(1) 아침 **7**시   (   )

(2) 저녁 **9**시   (   )

(3) 낮 **4**시   (   )

27 다음 시각에서 시계의 바늘을 움직였을 때 나타내는 시각을 구해 보세요.

(1) 긴바늘이 한 바퀴 돌았을 때

➡ (오전 , 오후) ☐ 시 ☐ 분

(2) 짧은바늘이 한 바퀴 돌았을 때

➡ (오전 , 오후) ☐ 시 ☐ 분

☺ 내가 만드는 문제

28 박물관에서 나온 시각을 자유롭게 나타내고 박물관에 있었던 시간을 구해 보세요.

박물관에 들어간 시각   박물관에서 나온 시각

오전   오후

(   )

[29~30] 은수네 가족의 여행 일정표를 보고 물음에 답하세요.

시간	일정
8:00 ~ 10:10	바닷가로 이동
10:10 ~ 12:00	조개 캐기
12:00 ~ 1:30	점심 식사
1:30 ~ 5:30	물놀이
5:30 ~ 8:00	집으로 이동

29 틀리게 말한 사람을 찾아 이름을 써 보세요.

민수   이서

(   )

30 은수네 가족이 여행하는 데 걸린 시간은 모두 몇 시간일까요?

(   )

31 서울에서 전주행 버스의 첫차는 오전 6시 30분에 출발합니다. 첫차가 출발한 후 1시간마다 전주행 버스가 출발한다면 오전에 출발하는 전주행 버스는 모두 몇 대일까요?

(   )

6 달력 알아보기

32 □ 안에 알맞은 수를 써넣으세요.

(1) 3년은 □개월입니다.

(2) 14일은 □주일입니다.

33 날수가 같은 월끼리 짝 지은 것을 모두 색칠해 보세요.

| 1월, 10월 | 2월, 4월 |

| 3월, 6월 | 5월, 7월 |

34 연지의 생일은 11월 7일입니다. 달력을 보고 물음에 답하세요.

11월

일	월	화	수	목	금	토
					1	2
3	4	5	6	7 연지 생일	8	9
10	11	12	13	14	15	16

(1) 우진이의 생일은 연지 생일의 일주일 전입니다. 몇 월 며칠일까요?

( )

(2) 남현이의 생일은 연지 생일의 8일 후입니다. 몇 월 며칠이고 무슨 요일일까요?

( ), ( )

[35~36] 어느 해의 4월 달력을 보고 물음에 답하세요.

4월

일	월	화	수	목	금	토
1	2	3	4	5	6	7
8	9	10	11	12	13	14
15	16	17	18	19	20	21
22	23	24	25	26	27	28
29	30					

35 찬호는 매주 월요일과 수요일에 태권도 학원에 간다고 합니다. 4월 한 달 동안 찬호가 태권도 학원에 가는 날은 모두 며칠일까요?

( )

36 4월 넷째 토요일에 태권도 발표회를 합니다. 태권도 발표회를 하는 날은 몇 월 며칠일까요?

( )

서술형
37 어느 해의 8월 달력의 일부분입니다. 8월 24일은 무슨 요일인지 풀이 과정을 쓰고 답을 구해 보세요.

8월

일	월	화	수	목	금	토
					1	2	3

풀이

답

자주 틀리는 유형

⚡ 1시간＝60분, 1일＝24시간, 1년＝12개월이야!

1 틀린 것을 찾아 기호를 써 보세요.

> ㉠ 1시간 15분 = 75분
> ㉡ 140분 = 1시간 40분
> ㉢ 3시간 = 180분

(   )

2 다음 중 틀린 것은 어느 것일까요?

(   )

① 1년 6개월 = 18개월
② 25개월 = 2년 3개월
③ 2주일 5일 = 19일
④ 12일 = 1주일 5일
⑤ 3년 3개월 = 39개월

3 옳은 것을 찾아 기호를 써 보세요.

> ㉠ 1시간 35분 = 85분
> ㉡ 23개월 = 1년 11개월
> ㉢ 1일 8시간 = 30시간
> ㉣ 50시간 = 2일 5시간

(   )

⚡ 작은 눈금이 몇 칸 있는지 세어야지!

4 태하는 시각을 잘못 읽었습니다. 잘못 읽은 까닭을 쓰고 바르게 읽어 보세요.

9시 3분입니다.

태하

까닭 _____

_____

바르게 읽기 _____

5 소희는 시계가 나타내는 시각을 3시 11분이라고 잘못 읽었습니다. 잘못 읽은 까닭을 쓰고 바르게 읽어 보세요.

까닭 _____

_____

바르게 읽기 _____

⚡ **단위를 같게 한 다음 비교하자!**

6 농구를 승우는 1시간 10분 동안 하고, 동원이는 80분 동안 했습니다. 농구를 더 오랫동안 한 사람은 누구일까요?

(   )

7 태현이와 준호가 공부한 시간입니다. 공부를 더 오랫동안 한 사람은 누구일까요?

태현	95분
준호	1시간 40분

(   )

8 서연, 지우, 민경이가 피아노를 배운 기간입니다. 피아노를 가장 오랫동안 배운 사람은 누구일까요?

서연	38개월
지우	3년 5개월
민경	42개월

(   )

⚡ **짧은바늘과 긴바늘이 가리키는 곳을 찾아야지!**

9 거울에 비친 시계의 모습입니다. 이 시계가 나타내는 시각은 몇 시 몇 분일까요?

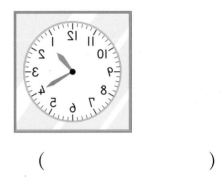

(   )

10 거울에 비친 시계의 모습입니다. 이 시계가 나타내는 시각은 몇 시 몇 분일까요?

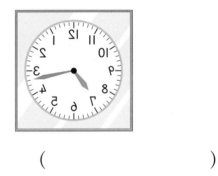

(   )

11 거울에 비친 시계의 모습입니다. 이 시계가 나타내는 시각은 몇 시 몇 분 전일까요?

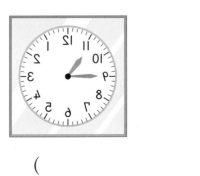

(   )

⚡ ■시간 동안 긴바늘은 ■바퀴를 돌아!

12 다음과 같이 시간이 흐르는 동안 시계의 긴바늘은 몇 바퀴 돌까요?

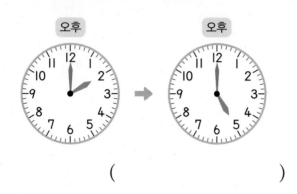

오후   오후

(   )

13 오전 1시부터 오전 4시까지 시계의 긴바늘은 몇 바퀴 돌까요?

(   )

14 오전 11시부터 오후 5시까지 시계의 긴바늘은 몇 바퀴 돌까요?

(   )

15 시계의 짧은바늘이 3에서 10까지 가는 동안에 긴바늘은 몇 바퀴 돌까요?

(   )

⚡ **7일마다 같은 요일이 반복돼!**

16 어느 해의 2월 날짜입니다. 같은 요일끼리 짝 지어지지 않은 것을 찾아 기호를 써 보세요.

┌─────────────────────────────────┐
│ ㉠ 1일, 15일   ㉡ 10일, 17일   │
│ ㉢ 5일, 25일   ㉣ 7일, 28일   │
└─────────────────────────────────┘

(   )

17 어느 해의 12월 날짜입니다. 같은 요일끼리 짝 지어지지 않은 것은 어느 것일까요? (   )

① 2일, 30일   ② 4일, 18일
③ 10일, 31일   ④ 15일, 23일
⑤ 21일, 28일

18 민유와 지후의 생일을 보고 매년 두 사람의 생일이 같은 요일이 되는 까닭을 써 보세요.

┌─────────────────────────────┐
│ 민유의 생일: 10월 18일   │
│ 지후의 생일: 10월 25일   │
└─────────────────────────────┘

까닭 _____

_____

최상위 도전 유형

도전1 ■분 후의 시각 구하기

1 민주는 2시 40분에 줄넘기 연습을 시작하여 30분 동안 했습니다. 민주가 줄넘기 연습을 끝낸 시각은 몇 시 몇 분일까요?

( )

핵심 NOTE
1시간은 60분이므로 분 단위의 합이 60이 되도록 연습한 시간을 나누어 봅니다.

2 4시에 농구 경기를 시작하였습니다. 후반전이 시작된 시각은 몇 시 몇 분일까요?

전반전 경기 시간	20분
휴식 시간	15분
후반전 경기 시간	20분

( )

3 세아네 학교는 오전 9시에 1교시 수업을 시작하여 40분 동안 수업을 하고 10분 동안 쉽니다. 2교시 수업이 끝나는 시각은 오전 몇 시 몇 분일까요?

( )

도전2 시작 시각 구하기

4 도윤이는 1시간 30분 동안 영화를 보았습니다. 영화가 끝난 시각이 4시 50분이라면 영화가 시작된 시각은 몇 시 몇 분일까요?

( )

핵심 NOTE
영화가 시작된 시각은 영화가 끝난 시각에서 1시간 30분 전입니다.

5 영재는 2시간 40분 동안 봉사 활동을 하였습니다. 봉사 활동을 끝낸 시각이 5시 10분이라면 봉사 활동을 시작한 시각은 몇 시 몇 분일까요?

( )

6 해상이는 100분 동안 공연을 보았습니다. 공연이 끝난 시각이 다음과 같다면 공연이 시작된 시각은 몇 시 몇 분일까요?

( )

도전3 걸린 시간 비교하기

7 태석이와 진수가 야구를 시작한 시각과 끝낸 시각입니다. 야구를 더 오랫동안 한 사람은 누구일까요?

	시작한 시각	끝낸 시각
태석	10시	12시 30분
진수	9시 30분	11시 50분

(   )

핵심 NOTE
① 태석이가 야구를 한 시간 구하기
② 진수가 야구를 한 시간 구하기
③ 두 사람이 야구를 한 시간 비교하기

8 민주와 형석이가 공부를 시작한 시각과 끝낸 시각입니다. 공부를 더 오랫동안 한 사람은 누구일까요?

	시작한 시각	끝낸 시각
민주	6:30	8:10
형석		

(   )

도전4 기간 구하기

9 지후는 3월 25일부터 4월 18일까지 장수풍뎅이를 관찰하였습니다. 지후가 장수풍뎅이를 관찰한 기간은 며칠일까요?

(   )

핵심 NOTE
3월은 31일까지 있습니다.

10 환경 사진전이 9월 10일부터 10월 28일까지 열립니다. 사진전이 열리는 기간은 며칠일까요?

(   )

11 어린이 미술 작품 전시회가 6월 15일부터 8월 10일까지 열립니다. 전시회가 열리는 기간은 며칠일까요?

(   )

도전5 **찢어진 달력의 활용**

12 어느 해의 1월 달력의 일부분입니다. 이 달의 금요일인 날짜를 모두 써 보세요.

( )

핵심 NOTE
같은 요일은 7일마다 반복됩니다. 이때 각 월의 날수에 주의합니다.

13 어느 해의 9월 달력의 일부분입니다. 이 달에는 화요일이 모두 몇 번 있을까요?

( )

도전 최상위
14 어느 해의 4월 달력의 일부분입니다. 이 해의 어린이날은 무슨 요일일까요?

( )

도전6 **빨라지는 시계의 시각 구하기**

15 1시간에 1분씩 빨라지는 시계가 있습니다. 이 시계의 시각을 오늘 오전 6시에 정확하게 맞추었습니다. 내일 오전 6시에 이 시계가 가리키는 시각은 오전 몇 시 몇 분일까요?

( )

핵심 NOTE
오늘 오전 ■시부터 내일 오전 ■시까지는 하루입니다.

16 1시간에 2분씩 빨라지는 시계가 있습니다. 이 시계의 시각을 오늘 오전 9시에 정확하게 맞추었습니다. 오늘 오후 3시에 이 시계가 가리키는 시각은 오후 몇 시 몇 분일까요?

( )

17 찬우의 시계는 하루에 4분씩 빨라집니다. 찬우 시계의 시각을 오늘 오전 8시에 정확하게 맞추었습니다. 오늘부터 5일 후 오전 8시에 찬우의 시계가 가리키는 시각은 오전 몇 시 몇 분일까요?

( )

1 12시 30분을 바르게 나타낸 것에 ○ 표 하세요.

(   )   (   )

2 시계를 보고 몇 시 몇 분인지 써 보세요.

☐시 ☐분

3 ☐ 안에 알맞은 수를 써넣으세요.

(1) 1시간은 ☐분입니다.

(2) 100분은 ☐시간 ☐분입니다.

4 시계를 보고 ☐ 안에 알맞은 수를 써넣으세요.

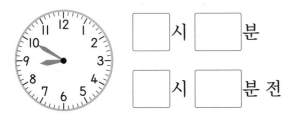

☐시 ☐분

☐시 ☐분 전

5 ☐ 안에 오전 또는 오후를 알맞게 써넣으세요.

> 서하는 저녁 식사 후 ☐ 9시 30분에 잠자리에 들었습니다.

6 어느 해의 7월 달력입니다. ☐ 안에 알맞은 수나 말을 써넣으세요.

7월

일	월	화	수	목	금	토
					1	2	3
4	5	6	7	8	9	10
11	12	13	14	15	16	17
18	19	20	21	22	23	24
25	26	27	28	29	30	31

(1) 넷째 금요일은 ☐일입니다.

(2) 26일의 8일 전은 ☐요일입니다.

7 지선이가 한 일과 시각을 써 보세요.

지선

8 □ 안에 알맞은 수를 써넣으세요.

(1) 3일 = □ 시간

(2) 38시간 = □ 일 □ 시간

9 다음 시각에서 5분 전은 몇 시 몇 분일까요?

( )

10 선우가 시각을 잘못 읽었습니다. 잘못 읽은 까닭을 쓰고 올바른 시각을 써 보세요.

지금 시각은 9시 5분입니다.

선우

까닭

( )

11 다음 중 날수가 나머지 넷과 다른 달은 어느 것일까요? ( )

① 3월 ② 5월 ③ 6월

④ 7월 ⑤ 12월

12 다음 시각에서 60분이 지나면 몇 시 몇 분일까요?

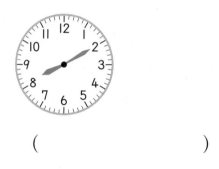

( )

13 경후와 진아가 학교가 끝난 후 집에 도착한 시각입니다. 더 일찍 도착한 사람은 누구일까요?

경후   진아

( )

14 민지는 집에서 출발하여 15분 동안 걸은 후 시계를 보니 6시였습니다. 민지가 집에서 출발한 시각은 몇 시 몇 분일까요?

( )

정답과 풀이 **35**쪽

서술형 문제

15 준서는 오전 **8**시부터 오후 **3**시까지 등산을 하였습니다. 준서가 등산을 한 시간은 몇 시간일까요?

( )

16 ☐ 안에 알맞은 수를 써넣으세요.

> 희주는 오전 ⏰ 에 도서관에 도착하여 오후 **2**시 **40**분에 도서관에서 나왔습니다. 희주가 오늘 도서관에 있었던 시간은 ☐ 시간 ☐ 분입니다.

17 음악회에서 **50**분 동안 **1**부 공연을 하고 **15**분 쉰 후 바로 **2**부 공연을 합니다. **5**시에 **1**부 공연을 시작하였다면 **2**부 공연은 몇 시 몇 분에 시작할까요?

( )

18 민구의 생일은 몇 월 며칠인지 구해 보세요.

> 송희: 내 생일은 **5**월 마지막 날이야.
> 민구: 내 생일은 네 생일의 **9**일 전이야.

( )

19 지현이가 운동을 시작한 시각과 끝낸 시각입니다. 지현이가 운동을 한 시간은 몇 시간 몇 분인지 풀이 과정을 쓰고 답을 구해 보세요.

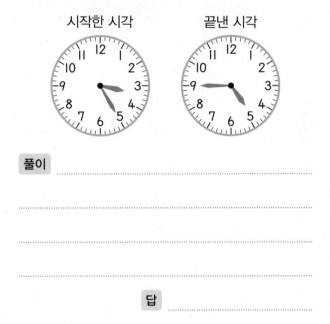

시작한 시각 끝낸 시각

풀이

답

20 어느 해 **10**월 달력의 일부분입니다. 이 달의 마지막 날은 무슨 요일인지 풀이 과정을 쓰고 답을 구해 보세요.

10월

일	월	화	수	목	금	토
			1	2	3	4

풀이

답

1 시계를 보고 몇 시 몇 분인지 써 보세요.

□시 □분

2 □ 안에 알맞은 수를 써넣으세요.

9시 50분은 10시 □분 전입니다.

3 시각에 맞게 긴바늘을 그려 넣으세요.

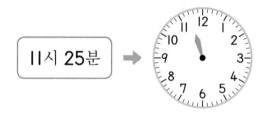

11시 25분 →

4 한별이가 시각을 잘못 읽은 부분을 찾아 바르게 고쳐 보세요.

지금 몇 시 몇 분일까?

상호

긴바늘이 2를 가리키고 있으므로 6시 2분이야.

한별

바르게 고치기

_____

5 □ 안에 알맞은 수를 써넣으세요.

(1) 1시간 25분 = □ 분

(2) 170분 = □ 시간 □ 분

6 승아의 방학 동안 하루 계획표의 일부분입니다. 오전에 하는 활동을 모두 찾아 기호를 써 보세요.

시간	활동
7:00 ~ 8:30	일어나기 / 운동
8:30 ~ 9:30	아침 식사
9:30 ~ 11:00	책 읽기
11:00 ~ 12:00	공부하기
12:00 ~ 1:30	점심 식사
1:30 ~ 2:30	피아노
2:30 ~ 5:00	자유 시간
⋮	⋮

㉠ 피아노 ㉡ 공부하기 ㉢ 점심 식사
㉣ 운동 ㉤ 자유 시간 ㉥ 책 읽기

(_____)

7 설명을 보고 알맞은 시각을 써 보세요.

• 시계의 짧은바늘이 9와 10 사이를 가리키고 있습니다.
• 시계의 긴바늘이 3에서 작은 눈금 4칸 더 간 곳을 가리킵니다.

(_____)

8 시각에 맞게 긴바늘을 그려 넣으세요.

|시 |5분 전

[9~10] 어느 해의 ||월 달력을 보고 물음에 답하세요.

11월

일	월	화	수	목	금	토
				2		
5	6				10	11
19	20			23	24	25
26						

9 위의 달력을 완성해 보세요.

10 현진이는 11월 다섯째 수요일에 식물원에 갑니다. 현진이가 식물원에 가는 날은 몇 월 며칠일까요?

( )

11 동수는 수영을 4년 7개월 동안 배웠습니다. 동수가 수영을 배운 기간은 모두 몇 개월일까요?

( )

12 다음 시각에서 짧은바늘이 한 바퀴 돌았을 때의 시각을 나타내 보세요.

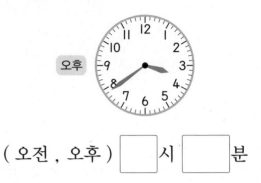

오후

(오전 , 오후) ☐시 ☐분

13 민주네 가족이 집에서 출발한 시각과 동물원에 도착한 시각을 나타낸 것입니다. 민주네 가족이 동물원에 가는 데 걸린 시간은 몇 시간 몇 분일까요?

출발한 시각   도착한 시각

( )

14 3시에 축구 경기를 시작하였습니다. 축구 경기가 끝난 시각은 몇 시 몇 분일까요?

전반전 경기 시간	45분
휴식 시간	15분
후반전 경기 시간	45분

( )

15 거울에 비친 시계를 보고 몇 시 몇 분 전으로 읽어 보세요.

(   )

16 현서는 5시 35분에 집에서 출발하여 할머니 댁으로 갔습니다. 할머니 댁까지 가는 데 80분이 걸렸다면 할머니 댁에 도착한 시각은 몇 시 몇 분일까요?

(   )

17 주미는 2시간 10분 동안 영화를 봤습니다. 영화가 끝난 시각이 3시 55분이라면 영화가 시작한 시각은 몇 시 몇 분일까요?

(   )

18 승우가 지난 주말에 운동을 시작한 시각과 끝낸 시각입니다. 운동을 더 오랫동안 한 날은 무슨 요일일까요?

	시작한 시각	끝낸 시각
토요일	오전 11시 20분	오후 2시 50분
일요일	오후 2시 50분	오후 6시 10분

(   )

19 정현이는 6월 1일부터 7월 마지막 날까지 강낭콩을 길렀습니다. 정현이가 강낭콩을 기른 기간은 모두 며칠인지 풀이 과정을 쓰고 답을 구해 보세요.

풀이 ....

....

....

답 ....

20 1시간에 2분씩 느려지는 시계가 있습니다. 이 시계의 시각을 오늘 오전 10시에 정확하게 맞추었습니다. 오늘 오후 2시에 이 시계가 가리키는 시각은 오후 몇 시 몇 분인지 풀이 과정을 쓰고 답을 구해 보세요.

풀이 ....

....

....

답 ....

사고력이 반짝

● 물고기를 잡은 고양이를 찾아 ○표 하세요.

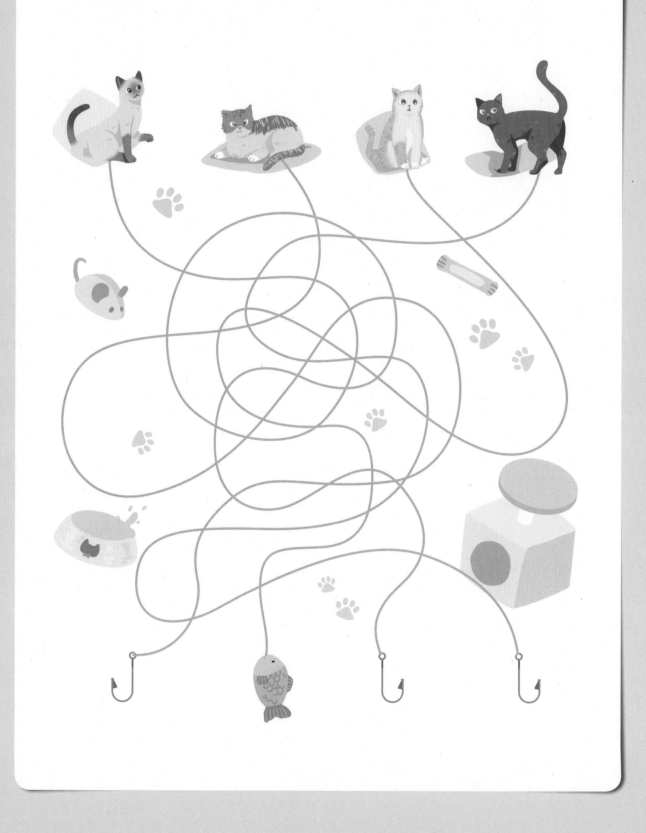

5 표와 그래프

이번 단원에서 꼭 짚어야 할 **핵심 개념**을 알아보자.

핵심 1 자료를 표로 나타내기

한희네 모둠 학생들이 좋아하는 과일

이름	과일	이름	과일
한희	사과	민규	딸기
은지	배	정인	딸기
영진	딸기	원태	사과

• 표로 나타내기

한희네 모둠 학생들이 좋아하는 과일별 학생 수

과일	사과	배	딸기	합계
학생 수(명)	2	1	3	☐

핵심 2 그래프로 나타내기

가로: ☐ , 세로: 학생 수

한희네 모둠 학생들이 좋아하는 과일별 학생 수

3			◯
2	◯		◯
1	◯	◯	◯
학생 수(명) / 과일	사과	배	딸기

핵심 3 표와 그래프의 내용 알기

• 핵심1 의 표를 보고 알 수 있는 내용
사과를 좋아하는 학생 수: 2명
조사한 전체 학생 수: ☐ 명

• 핵심2 의 그래프를 보고 알 수 있는 내용
가장 많은 학생들이 좋아하는 과일: ☐
가장 적은 학생들이 좋아하는 과일: 배

핵심 4 표와 그래프로 나타내기

민지네 모둠 학생들이 좋아하는 색깔

이름	색깔	이름	색깔
민지	빨강	지선	노랑
영서	파랑	정호	파랑

• 표로 나타내기

색깔	빨강	파랑	노랑	합계
학생 수(명)	1	2	☐	4

• 그래프로 나타내기

2		◯	
1	◯	◯	◯
학생 수(명) / 색깔	빨강	파랑	노랑

1. 자료를 분류하여 표로 나타내기

● **자료를 분류하여 표로 나타내기**

민주네 반 학생들이 좋아하는 과일

민주	세나	영지	지수	명선
동우	나영	지희	정훈	시연
영진	미현	주영	은수	찬재

① 조사한 자료를 기준에 따라 분류합니다.

🍎 사과
민주, 나영, 영진, 주영, 은수

🍇 포도
세나, 정훈, 미현

🍌 바나나
영지, 명선, 동우, 시연

🍊 귤
지수, 지희, 찬재

② 분류한 기준에 맞게 수를 세어 표로 나타냅니다.

민주네 반 학생들이 좋아하는 과일별 학생 수

과일	사과	포도	바나나	귤	합계
학생 수(명)	5	3	4	3	15

• 합계에는 조사한 전체 학생 수를 씁니다.

● **자료와 표의 비교**

자료	• 누가 어떤 과일을 좋아하는지 알 수 있습니다.
표	• 과일별 좋아하는 학생 수를 한눈에 알아보기 쉽습니다. • 조사한 전체 학생 수를 쉽게 알 수 있습니다.

개념 자세히 보기

● **민주네 반 학생들이 좋아하는 과일을 조사하는 방법을 알아보아요!**

① 한 사람씩 좋아하는 과일을 말합니다. ② 과일별로 좋아하는 사람이 손을 듭니다.

③ 이름과 좋아하는 과일을 써서 붙입니다. ④ 좋아하는 과일에 이름을 써서 붙입니다.

◉ 정답과 풀이 38쪽

1 지수네 반 학생들이 좋아하는 동물을 조사하였습니다. 물음에 답하세요.

지수네 반 학생들이 좋아하는 동물

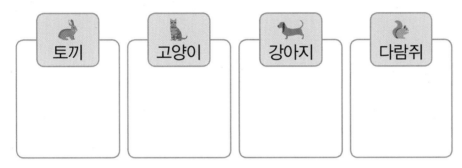

지수	진아	보배	예진	하나	동규
정호	윤진	수아	병찬	도윤	영찬

① 지수네 반 학생들이 좋아하는 동물에 따라 분류하여 학생들의 이름을 써넣으세요.

토끼	고양이	강아지	다람쥐

② 자료를 보고 표로 나타내 보세요.

지수네 반 학생들이 좋아하는 동물별 학생 수

동물	토끼	고양이	강아지	다람쥐	합계
학생 수(명)	5				

2 재석이네 반 학생들이 좋아하는 곤충을 조사하였습니다. 자료를 보고 표로 나타내 보세요.

재석이네 반 학생들이 좋아하는 곤충

나비	잠자리	사슴벌레	메뚜기	잠자리	나비	잠자리
사슴벌레	메뚜기	나비	잠자리	나비	잠자리	사슴벌레

재석이네 반 학생들이 좋아하는 곤충별 학생 수

곤충	나비	잠자리	사슴벌레	메뚜기	합계
학생 수(명)					

자료를 보면 누가 어떤 동물을 좋아하는지 알 수 있어요.

표를 보면 좋아하는 동물별 학생 수를 한눈에 알아보기 쉬워요.

5

2. 자료를 분류하여 그래프로 나타내기

● **그래프로 나타내기**

지희네 반 학생들이 좋아하는 채소별 학생 수

채소	당근	오이	시금치	양배추	합계
학생 수(명)	4	3	6	2	15

↓

④ 지희네 반 학생들이 좋아하는 채소별 학생 수

학생 수(명) / 채소	②당근	오이	시금치	양배추
6			○	
5			○	
4	③○		○	
3	○	○	○	
2	○	○	○	○
1	○	○	○	○

①

① 가로와 세로에 무엇을 쓸지 정하기 ➡ 가로: 채소, 세로: 학생 수

② 가로와 세로를 각각 몇 칸으로 할지 정하기
➡ 가로: 채소가 4종류이므로 4칸, 세로: 가장 많은 학생 수가 6명이므로 6칸

③ 그래프에 ○, ×, / 등을 이용하여 학생 수만큼 그리기
➡ 아래에서 위로 한 칸에 하나씩 빈칸 없이 채워서 그립니다.

④ 그래프의 제목 쓰기 ➡ 그래프의 제목을 가장 먼저 써도 됩니다.

개념 자세히 보기

● **그래프에 ○를 그릴 때에는 한 칸에 하나씩 빈칸 없이 채워서 표시해야 해요!**

윤서가 가지고 있는 학용품 수

수(개) / 학용품	지우개	연필	색연필
3		○	
2		○	○
1	○○×	○	○

윤서가 가지고 있는 학용품 수

수(개) / 학용품	지우개	연필	색연필
3		○×	
2	×	×	○
1	×	○	○

● 정답과 풀이 38쪽

1 영호가 가지고 있는 공깃돌의 색깔을 조사하여 표로 나타냈습니다. 표를 보고 ○를 이용하여 그래프로 나타내 보세요.

영호가 가지고 있는 색깔별 공깃돌 수

색깔	노랑	빨강	파랑	초록	합계
공깃돌 수(개)	5	2	6	4	17

영호가 가지고 있는 색깔별 공깃돌 수

6				
5				
4				
3				
2				
1				
공깃돌 수(개)／색깔	노랑	빨강	파랑	초록

○표 한 높이를 비교하면 가장 많은 공깃돌의 색깔을 한눈에 알 수 있어요.

2 석주네 반 학생들이 좋아하는 운동을 조사하여 표로 나타냈습니다. 표를 보고 ×를 이용하여 그래프로 나타내 보세요.

석주네 반 학생들이 좋아하는 운동별 학생 수

운동	축구	수영	농구	태권도	합계
학생 수(명)	8	4	5	3	20

석주네 반 학생들이 좋아하는 운동별 학생 수

태권도								
농구								
수영								
축구								
운동／학생 수(명)	1	2	3	4	5	6	7	8

가로에 학생 수를 나타낸 그래프는 왼쪽에서 오른쪽으로 ×를 빈칸 없이 채워서 그려요.

3. 표와 그래프의 내용 알기

● **표의 내용 알기**

형수네 반 학생들이 좋아하는 간식별 학생 수

간식	떡볶이	김밥	라면	만두	합계
학생 수(명)	6	4	3	4	17

① 형수네 반 학생들이 좋아하는 간식은 떡볶이, 김밥, 라면, 만두입니다.
② 떡볶이를 좋아하는 학생은 6명입니다.
③ 만두를 좋아하는 학생은 4명입니다.
④ 조사한 학생은 모두 17명입니다.

● **그래프의 내용 알기**

형수네 반 학생들이 좋아하는 간식별 학생 수

6	○			
5	○			
4	○	○		○
3	○	○	○	○
2	○	○	○	○
1	○	○	○	○
학생 수(명) / 간식	떡볶이	김밥	라면	만두

① 가장 많은 학생들이 좋아하는 간식은 떡볶이입니다.
② 가장 적은 학생들이 좋아하는 간식은 라면입니다.
③ 김밥과 만두를 좋아하는 학생 수는 같습니다.

● **표와 그래프의 비교**

표	• 조사한 자료의 전체 수를 알아보기 편리합니다. • 조사한 자료별 수를 알기 쉽습니다.
그래프	• 조사한 자료별 수를 한눈에 비교하기 쉽습니다. • 가장 많은 것, 가장 적은 것을 한눈에 알아보기 편리합니다.

◆ 정답과 풀이 38쪽

[1~4] 민유네 반 학생들이 가 보고 싶은 체험 학습 장소를 조사하여 표와 그래프로 나타냈습니다. 물음에 답하세요.

민유네 반 학생들이 가 보고 싶은 체험 학습 장소별 학생 수

장소	박물관	동물원	과학관	식물원	합계
학생 수(명)	5	7	3	4	19

민유네 반 학생들이 가 보고 싶은 체험 학습 장소별 학생 수

7		/		
6		/		
5	/	/		
4	/	/		/
3	/	/	/	/
2	/	/	/	/
1	/	/	/	/
학생 수(명) 장소	박물관	동물원	과학관	식물원

① 민유네 반 학생은 모두 몇 명일까요?

(   )

② 식물원에 가 보고 싶은 학생은 몇 명일까요?

(   )

③ 가장 많은 학생들이 가 보고 싶은 장소는 어디일까요?

(   )

④ 가 보고 싶은 학생이 4명보다 많은 체험 학습 장소를 모두 찾아써 보세요.

(   )

표로 나타내면 조사한 자료의 전체 수를 알아보기 편리해요.

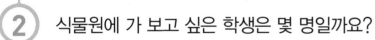

그래프에서 /이 가장 높게 올라간 장소를 찾아요.

5

1 **자료를 분류하여 표로 나타내기**

[1~3] 준수네 반 학생들이 좋아하는 아이스크림을 조사하였습니다. 물음에 답하세요.

준수네 반 학생들이 좋아하는 아이스크림

• 딸기 맛	• 멜론 맛	• 초콜릿 맛	• 바닐라 맛
준수	경아	현모	진하
명수	형돈	재희	은진
도희	연수	가희	태호
윤정	현성	정훈	시윤

1 준수가 좋아하는 아이스크림은 무슨 맛일까요?

( )

2 자료를 보고 표로 나타내 보세요.

준수네 반 학생들이 좋아하는 아이스크림별 학생 수

아이스크림	딸기 맛	멜론 맛	초콜릿 맛	바닐라 맛	합계
학생 수(명)					

3 준수네 반 학생은 모두 몇 명일까요?

( )

[4~6] 현지네 반 학생들이 태어난 계절을 조사하였습니다. 물음에 답하세요.

현지네 반 학생들이 태어난 계절

이름	계절	이름	계절	이름	계절
현지	봄	지호	가을	준기	겨울
영호	가을	명규	봄	우진	가을
지은	여름	동섭	봄	소은	겨울
민국	겨울	동윤	여름	도영	봄

4 봄에 태어난 학생들의 이름을 모두 써 보세요.

( )

5 자료를 보고 표로 나타내 보세요.

현지네 반 학생들이 태어난 계절별 학생 수

계절	봄	여름	가을	겨울	합계
학생 수(명)					

6 5와 같이 현지네 반 학생들이 태어난 계절을 표로 나타냈을 때 편리한 점을 찾아 기호를 써 보세요.

┌─────────────────────────────┐
│ ㉠ 누가 어떤 계절에 태어났는지 알 수 │
│   있습니다. │
│ ㉡ 계절별 태어난 학생 수를 한눈에 알 │
│   아보기 쉽습니다. │
└─────────────────────────────┘

( )

[7~8] 지우가 가지고 있던 쿠키 중에서 먹고 남은 쿠키입니다. 물음에 답하세요.

7 모양별 쿠키 수를 표로 나타내 보세요.

먹고 남은 모양별 쿠키 수

모양	●	♥	★	합계
쿠키 수(개)				

8 지우와 이서의 대화입니다. □ 안에 알맞은 수를 써넣으세요.

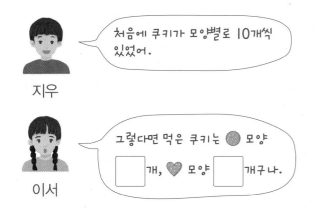

😊 내가 만드는 문제
9 내가 가지고 있는 학용품을 보고 표로 나타내 보세요.

내가 가지고 있는 학용품 수

학용품	연필	지우개	색연필	자	합계
수(개)					

[10~11] 오른쪽 모양을 만드는 데 사용한 조각 수를 세어 표로 나타내려고 합니다. 물음에 답하세요.

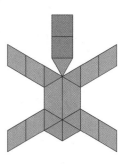

10 사용한 조각 수를 표로 나타내 보세요.

모양을 만드는 데 사용한 조각 수

조각	▲	■	◆	▱	합계
조각 수(개)					

서술형
11 가장 많이 사용한 조각은 무엇인지 구하려고 합니다. 풀이 과정을 쓰고 알맞은 조각에 ○표 하세요.

풀이 ....

....

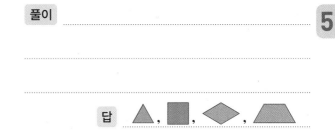

12 리듬을 보고 음표 수를 표로 나타내 보세요.

음표 수

음표	♪	♩	♩	합계
음표 수(개)				

2 자료를 분류하여 그래프로 나타내기

[13~15] 은지네 반 학생들의 혈액형을 조사하여 표로 나타냈습니다. 물음에 답하세요.

은지네 반 학생들의 혈액형별 학생 수

혈액형	A형	B형	O형	AB형	합계
학생 수(명)	6	4	7	3	20

13 표를 보고 그래프로 나타낼 때 그래프의 가로와 세로에는 각각 어떤 것을 나타내는 것이 좋을까요?

가로 (   )
세로 (   )

14 표를 보고 ○를 이용하여 그래프로 나타내 보세요.

은지네 반 학생들의 혈액형별 학생 수

7				
6				
5				
4				
3				
2				
1				
학생 수(명) / 혈액형	A형	B형	O형	AB형

서술형
15 그래프로 나타내면 좋은 점을 써 보세요.

좋은 점

[16~21] 승빈이네 반 학생들이 좋아하는 주스를 조사하였습니다. 물음에 답하세요.

승빈이네 반 학생들이 좋아하는 주스

•사과 주스   •딸기 주스   •키위 주스   •레몬 주스

승빈	민주	수호	성하
호영	규진	형식	재영
동건	진우	민건	서현
민서	은유	현수	세정

16 자료를 보고 표로 나타내 보세요.

승빈이네 반 학생들이 좋아하는 주스별 학생 수

주스	사과 주스	딸기 주스	키위 주스	레몬 주스	합계
학생 수(명)					

17 그래프로 나타내는 순서를 기호로 써 보세요.

㉠ 가로와 세로를 각각 몇 칸으로 할지 정합니다.
㉡ 조사한 자료를 살펴봅니다.
㉢ 가로와 세로에 무엇을 쓸지 정합니다.
㉣ 좋아하는 주스별 학생 수를 ○, ×, / 등으로 표시합니다.

▢ ➡ ▢ ➡ ▢ ➡ ▢

18 16의 표를 보고 ○를 이용하여 그래프로 나타내 보세요.

승빈이네 반 학생들이 좋아하는 주스별 학생 수

6				
5				
4				
3				
2				
1				
학생 수(명) / 주스	사과 주스	딸기 주스	키위 주스	레몬 주스

19 18의 그래프에서 가로에 나타낸 것은 무엇일까요?

( )

20 16의 표를 보고 ×를 이용하여 그래프로 나타내 보세요.

승빈이네 반 학생들이 좋아하는 주스별 학생 수

레몬 주스						
키위 주스						
딸기 주스						
사과 주스						
주스 / 학생 수(명)	1	2	3	4	5	6

21 20의 그래프에서 가로에 나타낸 것은 무엇일까요?

( )

[22~23] 지아네 반 학생들이 가 보고 싶은 장소별 학생 수를 조사하여 표로 나타냈습니다. 물음에 답하세요.

지아네 반 학생들이 가 보고 싶은 장소별 학생 수

장소	산	바다	계곡	공원	합계
학생 수(명)	4	5	6	2	17

서술형
22 표를 보고 그래프로 나타내려고 합니다. 그래프를 완성할 수 없는 까닭을 써 보세요.

지아네 반 학생들이 가 보고 싶은 장소별 학생 수

공원					
계곡					
바다					
산					
장소 / 학생 수(명)	1	2	3	4	5

까닭

23 표를 보고 /을 이용하여 그래프로 나타내 보세요.

지아네 반 학생들이 가 보고 싶은 장소별 학생 수

공원	
계곡	
바다	
산	
장소 / 학생 수(명)	

[24~26] 동규네 반 학생들의 장래 희망을 조사하여 표로 나타냈습니다. 물음에 답하세요.

동규네 반 학생들의 장래 희망별 학생 수

장래 희망	의사	운동 선수	선생님	과학자	합계
학생 수(명)	3	6	4	7	

24 동규네 반 학생은 모두 몇 명일까요?

(   )

25 표를 보고 /을 이용하여 그래프로 나타내 보세요.

동규네 반 학생들의 장래 희망별 학생 수

7				
6				
5				
4				
3				
2				
1				
학생 수(명) / 장래 희망	의사	운동 선수	선생님	과학자

26 가장 많은 학생들의 장래 희망은 무엇일까요?

(   )

[27~29] 은호네 반 학생들이 좋아하는 놀이 기구를 조사하여 표와 그래프로 나타냈습니다. 물음에 답하세요.

은호네 반 학생들이 좋아하는 놀이 기구별 학생 수

놀이 기구	그네	시소	미끄럼틀	정글짐	합계
학생 수(명)	6	4	2	4	16

은호네 반 학생들이 좋아하는 놀이 기구별 학생 수

6	○			
5	○			
4	○	○		○
3	○	○		○
2	○	○	○	○
1	○	○	○	○
학생 수(명) / 놀이 기구	그네	시소	미끄럼틀	정글짐

27 가장 적은 학생들이 좋아하는 놀이 기구는 무엇이고, 몇 명이 좋아할까요?

(   ), (   )

28 표와 그래프를 보고 알 수 있는 내용이 아닌 것을 찾아 기호를 써 보세요.

> ㉠ 은호네 반 학생들이 좋아하는 놀이 기구의 종류
> ㉡ 은호가 좋아하는 놀이 기구
> ㉢ 가장 많은 학생들이 좋아하는 놀이 기구

(   )

☺ 내가 만드는 문제

29 은호네 학교에서 운동장에 놀이터를 만들려고 합니다. 그래프를 보고 은호네 반 학생들의 의견을 선생님께 전해 보세요.

> 선생님, 운동장에 만드는 놀이터에
>
> _____
>
> _____
>
> _____

[30~35] 어느 해 l월의 날씨를 조사하였습니다. 물음에 답하세요.

l월의 날씨

일	월	화	수	목	금	토
l ☀	2 ☂	3 ❄	4 ☀	5 ☁	6 ☀	7 ☂
8 ❄	9 ☁	10 ❄	ll ☀	12 ☂	13 ☁	14 ❄
15 ☀	16 ☁	17 ❄	18 ☁	19 ☀	20 ❄	21 ☀
22 ☂	23 ❄	24 ☁	25 ☂	26 ☁	27 ☂	28 ❄
29 ❄	30 ☂	31 ❄				

30 자료를 보고 l월의 날씨별 날수를 조사하여 표로 나타내 보세요.

l월의 날씨별 날수

날씨	☀ 맑음	☁ 흐림	☂ 비	❄ 눈	합계
날수(일)					

31 l월에 맑은 날은 며칠일까요?

(   )

32 l월에 눈이 온 날은 비가 온 날보다 며칠 더 많을까요?

(   )

33 30의 표를 보고 △를 이용하여 그래프로 나타내 보세요.

l월의 날씨별 날수

눈									
비									
흐림									
맑음									
날씨 \ 날수(일)	l	2	3	4	5	6	7	8	9

34 날수가 7일보다 많은 날씨를 모두 써 보세요.

(   )

35 l월 한 달 동안 어떤 날씨가 며칠인지 알아보기에 편리한 것은 표와 그래프 중 어느 것일까요?

(   )

5

자주 틀리는 유형

⚡ **합계에서 나머지 자료의 수를 빼야지!**

1 민지네 모둠 학생들이 한 달 동안 모은 붙임딱지 수를 조사하여 표로 나타냈습니다. 도영이가 모은 붙임딱지는 몇 장일까요?

민지네 모둠 학생들이 모은 붙임딱지 수

이름	민지	산호	도영	은주	합계
붙임딱지 수(장)	7	5		10	30

( )

2 현서가 가지고 있는 색연필의 색깔을 조사하여 표로 나타냈습니다. 현서가 가장 많이 가지고 있는 색연필의 색깔은 무엇일까요?

현서가 가지고 있는 색깔별 색연필 수

색깔	빨강	초록	노랑	파랑	합계
수(자루)		5	3	6	21

( )

3 윤희네 학교 2학년의 반별 여학생 수를 조사하여 표로 나타냈습니다. 1반과 2반의 여학생 수가 같을 때 2반 여학생은 몇 명일까요?

윤희네 학교 2학년의 반별 여학생 수

반	1반	2반	3반	4반	합계
여학생 수(명)			11	8	37

( )

⚡ **그래프를 바르게 그리는 방법을 생각해 봐!**

4 어떤 자료를 보고 나타낸 그래프에서 잘못된 부분을 찾아 까닭을 써 보세요.

호진이네 반 학생들이 좋아하는 꽃별 학생 수

학생 수(명) / 꽃	장미	튤립	백합	무궁화
4	○			○
3	○	○	○	○
2			○	○
1		○	○	○

까닭

5 표를 보고 나타낸 그래프에서 잘못된 부분을 찾아 바르게 고쳐 보세요.

승우네 반 학생들이 배우고 싶은 악기별 학생 수

악기	오카리나	피아노	우쿨렐레	합계
학생 수(명)	3	5	4	12

승우네 반 학생들이 배우고 싶은 악기별 학생 수

악기 / 학생 수(명)	1	2	3	4	5
우쿨렐레	×	×	×	×	
피아노	×				×
오카리나	×		×	×	

➡

악기 / 학생 수(명)	1	2	3	4	5
우쿨렐레					
피아노					
오카리나					

⚡ **표로 나타낸 수와 자료의 수를 비교해 봐!**

6 정아네 반 학생들이 받고 싶은 선물을 조사하였습니다. 민건이가 받고 싶은 선물은 무엇일까요?

정아네 반 학생들이 받고 싶은 선물

이름	선물	이름	선물	이름	선물
정아	인형	민호	로봇	주희	책
성수	책	지영	인형	민건	
하나	로봇	현선	인형	영서	로봇

정아네 반 학생들이 받고 싶은 선물별 학생 수

선물	인형	책	로봇	합계
학생 수(명)	3	2	4	9

(   )

7 준기네 반 학생들이 좋아하는 계절을 조사하였습니다. 재희가 좋아하는 계절은 무엇일까요?

준기네 반 학생들이 좋아하는 계절

이름	계절	이름	계절	이름	계절
준기	봄	규아	가을	명수	여름
시은	여름	재희		형진	겨울
영민	겨울	희진	여름	미수	봄

준기네 반 학생들이 좋아하는 계절별 학생 수

계절	봄	여름	가을	겨울	합계
학생 수(명)	2	3	2	2	9

(   )

⚡ **표와 그래프의 내용이 같아야 해!**

8 어느 가게에서 팔린 붕어빵을 조사하여 표와 그래프로 나타냈습니다. 표와 그래프를 각각 완성해 보세요.

어느 가게에서 팔린 붕어빵 수

종류	슈크림	초코	팥	치즈	합계
수(봉지)	3		4		12

어느 가게에서 팔린 붕어빵 수

수(봉지)	슈크림	초코	팥	치즈
4				
3				○
2		○		○
1		○		○

9 혜수네 반 학생들이 좋아하는 간식을 조사하여 표와 그래프로 나타냈습니다. 표와 그래프를 각각 완성해 보세요.

혜수네 반 학생들이 좋아하는 간식별 학생 수

간식	튀김	라면	김밥	떡볶이	합계
학생 수(명)		3		5	

혜수네 반 학생들이 좋아하는 간식별 학생 수

간식 \ 학생 수(명)	1	2	3	4	5	6
떡볶이						
김밥	/	/				
라면						
튀김	/	/	/	/	/	/

STEP 4 최상위 도전 유형

합계를 이용하여 그래프 완성하기

1 영재네 반 학생 18명이 좋아하는 곤충을 조사하여 그래프로 나타냈습니다. 꿀벌을 좋아하는 학생 수를 구하여 그래프를 완성해 보세요.

영재네 반 학생들이 좋아하는 곤충별 학생 수

	개미	나비	꿀벌	무당벌레
7		○		
6		○		
5	○	○		
4	○	○		
3	○	○		
2	○	○		○
1	○	○		○
학생 수(명) / 곤충	개미	나비	꿀벌	무당벌레

핵심 NOTE
① 꿀벌을 좋아하는 학생 수 구하기
② 그래프 완성하기

2 동민이네 반 학생 20명이 원하는 학급 티셔츠 색깔을 조사하여 그래프로 나타냈습니다. 노란색을 원하는 학생 수를 구하여 그래프를 완성해 보세요.

동민이네 반 학생들이 원하는 학급 티셔츠 색깔별 학생 수

색깔 \ 학생 수(명)	1	2	3	4	5	6	7
보라	/	/	/	/			
초록	/	/	/	/	/	/	/
노랑							
빨강	/	/	/				

표와 그래프 완성하기

3 지영이네 모둠 학생들이 가지고 있는 연결 모형 수를 조사하여 표로 나타냈습니다. 호재가 재인이보다 1개 더 많이 가지고 있을 때 표를 완성해 보세요.

지영이네 모둠 학생별 가지고 있는 연결 모형 수

이름	지영	호재	별희	재인	합계
연결 모형 수(개)	6		10		33

핵심 NOTE
① 호재와 재인이가 가지고 있는 연결 모형 수의 합 구하기
② 호재와 재인이가 가지고 있는 연결 모형 수 각각 구하기
③ 표 완성하기

4 민재네 반 학생 18명이 좋아하는 케이크를 조사하여 그래프로 나타냈습니다. 치즈 케이크를 좋아하는 학생이 딸기 케이크를 좋아하는 학생보다 2명 더 많을 때 그래프를 완성해 보세요.

민재네 반 학생들이 좋아하는 케이크별 학생 수

학생 수(명) / 케이크	생크림	치즈	초콜릿	딸기
6	△			
5	△			
4	△		△	
3	△		△	
2	△		△	
1	△		△	

도전3 **표의 내용 알기**

5 윤호네 모둠 학생들이 고리 던지기를 하여 성공한 횟수와 실패한 횟수를 조사하여 표로 나타냈습니다. 한 사람이 고리를 10개씩 던졌을 때 성공한 횟수가 가장 많은 사람은 누구일까요?

윤호네 모둠 학생별 고리 던지기 결과

이름	윤호	민정	찬재	석규
성공한 횟수(회)	7			
실패한 횟수(회)		7	2	4

( )

핵심 NOTE
(성공한 횟수)+(실패한 횟수)=10을 이용하여 빈칸에 알맞은 수를 써넣습니다.

6 철우네 모둠 학생들이 독서 퀴즈 대회에서 맞힌 문제 수와 틀린 문제 수를 조사하여 표로 나타냈습니다. 한 사람이 문제를 10개씩 풀었을 때 가장 많이 맞힌 사람은 누구일까요?

철우네 모둠 학생별 독서 퀴즈 대회 결과

이름	철우	연지	석진	혜민
맞힌 문제 수(개)		5		
틀린 문제 수(개)	4		6	3

( )

도전4 **얻은 점수 구하기**

7 민혁이가 짝과 가위바위보를 8번 한 결과를 조사하여 표로 나타냈습니다. 가위바위보를 하여 이기면 3점을 얻고, 비기면 2점을 얻고, 지면 1점을 잃는다고 합니다. 민혁이가 얻은 점수는 몇 점일까요?

민혁이의 가위바위보 결과별 횟수

결과	이김	비김	짐	합계
횟수(번)	3	1	4	8

( )

핵심 NOTE
(얻은 점수)
=(이겨서 얻은 점수)+(비겨서 얻은 점수)−(져서 잃은 점수)

도전 최상위

8 현영이가 짝과 가위바위보를 9번 한 결과를 조사하여 표로 나타냈습니다. 가위바위보를 하여 이기면 3점을 얻고, 비기면 2점을 얻고, 지면 1점을 잃는다고 합니다. 현영이가 얻은 점수는 몇 점일까요?

현영이의 가위바위보 결과별 횟수

결과	이김	비김	짐	합계
횟수(번)	4	3		9

( )

5

[1~4] 희서네 반 학생들이 가 보고 싶은 나라를 조사하였습니다. 물음에 답하세요.

희서네 반 학생들이 가 보고 싶은 나라

이름	나라	이름	나라	이름	나라
희서	미국	민지	프랑스	종호	호주
은주	스위스	원영	미국	혜수	미국
연재	스위스	서경	스위스	연우	스위스
정규	미국	윤수	스위스	지석	프랑스
성호	호주	경민	프랑스	재홍	스위스

1 연재가 가 보고 싶은 나라는 어디일까요?

(   )

2 자료를 보고 표로 나타내 보세요.

희서네 반 학생들이 가 보고 싶은 나라별 학생 수

나라	미국	스위스	호주	프랑스	합계
학생 수(명)					

3 미국을 가 보고 싶어 하는 학생은 몇 명일까요?

(   )

4 희서네 반 학생은 모두 몇 명일까요?

(   )

[5~8] 우혁이네 반 학생들이 좋아하는 과목을 조사하여 나타낸 표를 보고 그래프로 나타내려고 합니다. 물음에 답하세요.

우혁이네 반 학생들이 좋아하는 과목별 학생 수

과목	국어	수학	과학	체육	합계
학생 수(명)	4	5	4	7	20

5 그래프의 가로와 세로에는 각각 어떤 것을 나타내는 것이 좋을까요?

가로 (   ), 세로 (   )

6 표를 보고 ○를 이용하여 그래프로 나타내 보세요.

우혁이네 반 학생들이 좋아하는 과목별 학생 수

7				
6				
5				
4				
3				
2				
1				
학생 수(명) / 과목	국어	수학	과학	체육

7 가장 많은 학생들이 좋아하는 과목은 무엇일까요?

(   )

8 좋아하는 과목별 학생 수가 같은 과목을 써 보세요.

(,   )

[9~12] 민주네 반 학생들이 좋아하는 색깔을 조사하여 표와 그래프로 나타냈습니다. 물음에 답하세요.

민주네 반 학생들이 좋아하는 색깔별 학생 수

색깔	빨강	노랑	파랑	초록	합계
학생 수(명)	4		5		

민주네 반 학생들이 좋아하는 색깔별 학생 수

5				
4				
3			/	
2			/	/
1			/	/
학생 수(명) 색깔	빨강	노랑	파랑	초록

9 표와 그래프를 완성해 보세요.

10 조사한 학생은 모두 몇 명일까요?

( )

11 가장 많은 학생들이나 가장 적은 학생들이 좋아하는 색깔을 알아보기에 편리한 것은 표와 그래프 중 어느 것일까요?

( )

12 체육대회 날 민주네 반 학생들에게 모자를 나누어 주려고 합니다. 모자 색깔을 정해 보고 그 까닭을 써 보세요.

모자 색깔 ....

까닭 ....

[13~15] 경우네 모둠 학생들이 퀴즈 대회에서 문제를 맞히면 ○표, 틀리면 ✕표를 하여 나타냈습니다. 물음에 답하세요.

경우네 모둠 학생들의 퀴즈 대회 결과

이름 \ 문제	1번	2번	3번	4번	5번
경우	✕	○	✕	○	✕
미희	○	✕	○	○	✕
준영	○	✕	✕	○	○
인규	○	○	○	○	○
세린	○	✕	○	○	○

13 자료를 보고 학생들이 맞힌 문제 수를 세어 표로 나타내 보세요.

경우네 모둠 학생별 맞힌 문제 수

이름	경우	미희	준영	인규	세린	합계
문제 수(개)						17

14 자료를 보고 문제 번호별 맞힌 학생 수를 세어 표로 나타내 보세요.

경우네 모둠 학생들의 문제 번호별 맞힌 학생 수

문제	1번	2번	3번	4번	5번	합계
학생 수(명)						17

15 맞힌 문제 수가 가장 많은 학생은 누구일까요?

( )

→ 정답과 풀이 42쪽

✏ 서술형 문제

[16~18] 정우네 반 학생들이 일주일 동안 읽은 책 수를 조사하여 표로 나타냈습니다. 물음에 답하세요.

정우네 반 학생들이 읽은 책 수별 학생 수

책 수	2권	3권	4권	5권	6권	합계
학생 수(명)	3	5	7	1	2	18

16 표를 보고 ○를 이용하여 그래프로 나타내 보세요.

정우네 반 학생들이 읽은 책 수별 학생 수

6권							
5권							
4권							
3권							
2권							
책 수 / 학생 수(명)	1	2	3	4	5	6	7

17 읽은 책 수가 4권보다 많은 학생들에게 공책을 한 권씩 주려고 합니다. 필요한 공책은 모두 몇 권일까요?

( )

18 표와 그래프를 보고 정우의 일기를 완성해 보세요.

제목: 우리 반 학생들이 읽은 책 수를 조사한 날
날짜: ○○월 ○○일   날씨: 흐림 ☁
오늘 수학 시간에 우리 반 학생들이 읽은 책 수를 조사했다. 가장 많은 수의 친구들이 읽은 책 수는 (   )권으로 (   )명이었다. 둘째로 많은 수의 친구들이 읽은 책 수는 (   )권으로 (   )명이었다.

[19~20] 윤경이네 반 학생 23명이 좋아하는 운동을 조사하여 표로 나타냈습니다. 야구를 좋아하는 학생 수가 수영을 좋아하는 학생 수의 2배일 때 물음에 답하세요.

윤경이네 반 학생들이 좋아하는 운동별 학생 수

운동	축구	야구	농구	수영	배구	합계
학생 수(명)			4	3	2	23

19 축구를 좋아하는 학생은 몇 명인지 풀이 과정을 쓰고 답을 구해 보세요.

풀이

답

20 가장 많은 학생들이 좋아하는 운동과 가장 적은 학생들이 좋아하는 운동의 학생 수의 차는 몇 명인지 풀이 과정을 쓰고 답을 구해 보세요.

풀이

답

[1~4] 미라네 반 학생들이 좋아하는 텔레비전 프로그램을 조사하였습니다. 물음에 답하세요.

미라네 반 학생들이 좋아하는 텔레비전 프로그램

이름	프로그램	이름	프로그램
미라	만화	건호	만화
준서	예능	윤지	드라마
정민	드라마	동원	예능
경규	뉴스	진수	만화
영미	만화	서은	예능

1 자료를 보고 표로 나타내 보세요.

미라네 반 학생들이 좋아하는 텔레비전 프로그램별 학생 수

프로그램	만화	예능	드라마	뉴스	합계
학생 수(명)					

2 예능을 좋아하는 학생은 몇 명일까요?

( )

3 좋아하는 학생 수가 4명인 프로그램은 무엇일까요?

( )

4 좋아하는 프로그램별 학생 수를 알아보기에 편리한 것은 자료와 표 중 어느 것일까요?

( )

[5~8] 어느 해 9월부터 12월까지 비 온 날수를 조사하여 그래프로 나타냈습니다. 물음에 답하세요.

9월부터 12월까지 월별 비 온 날수

월 \ 날수(일)	1	2	3	4	5	6	7	8	9
12월	△	△	△	△					
11월	△	△	△	△	△	△	△		
10월	△	△	△	△	△	△	△	△	
9월	△	△	△	△	△	△			

5 그래프에서 가로에 나타낸 것은 무엇일까요?

( )

6 12월에 비 온 날수는 며칠일까요?

( )

7 비 온 날수가 가장 많은 달은 몇 월일까요?

( )

8 비 온 날수가 적은 달부터 차례로 써 보세요.

( )

[9~11] 효주네 반 학생들이 여행갈 때 타고 싶은 교통수단별 학생 수를 조사하여 표로 나타냈습니다. 물음에 답하세요.

효주네 반 학생들이 타고 싶은 교통수단별 학생 수

교통수단	기차	배	버스	비행기	합계
학생 수(명)	5	6	3		18

9 여행갈 때 비행기를 타고 싶은 학생은 몇 명일까요?

(   )

10 표를 보고 ×를 이용하여 그래프로 나타내 보세요.

효주네 반 학생들이 타고 싶은 교통수단별 학생 수

6				
5				
4				
3				
2				
1				
학생 수(명) / 교통수단	기차	배	버스	비행기

11 타고 싶은 학생 수가 비행기보다 많고 배보다 적은 교통수단은 무엇일까요?

(   )

[12~15] 승기네 반 학급 문고에 있는 종류별 책 수를 조사하여 표와 그래프로 나타냈습니다. 물음에 답하세요.

승기네 반 학급 문고에 있는 종류별 책 수

종류	동화책	위인전	과학책	만화책	합계
책 수(권)		4		4	

승기네 반 학급 문고에 있는 종류별 책 수

5	○			
4	○			
3	○			
2	○		○	
1	○		○	
책 수(권) / 종류	동화책	위인전	과학책	만화책

12 학급 문고에 있는 동화책은 몇 권일까요?

(   )

13 학급 문고에 있는 과학책은 몇 권일까요?

(   )

14 표와 그래프를 각각 완성해 보세요.

15 학급 문고에 가장 많이 있는 책은 가장 적게 있는 책보다 몇 권 더 많이 있을까요?

(   )

16 세희네 반 학생 15명이 가고 싶은 산을 조사하여 그래프로 나타냈습니다. 설악산에 가고 싶은 학생은 몇 명일까요?

세희네 반 학생들이 가고 싶은 산별 학생 수

지리산	/	/	/	/		
설악산						
백두산	/	/	/	/	/	/
한라산	/	/	/			
산＼학생 수(명)	1	2	3	4	5	6

(　　　　　　)

[17~18] 규아네 모둠 학생들이 투호놀이를 하여 각각 화살을 10개씩 던져 항아리에 넣은 화살 수와 넣지 못한 화살 수를 조사하여 표로 나타냈습니다. 물음에 답하세요.

규아네 모둠 학생별 투호놀이 결과

이름	규아	혜나	창민	주성
넣은 화살 수(개)		4		5
넣지 못한 화살 수(개)	3		2	

17 넣지 못한 화살 수가 가장 많은 사람은 누구일까요?

(　　　　　　)

18 넣은 화살 수 한 개당 점수를 5점 얻을 때 얻은 점수가 가장 높은 사람의 점수는 몇 점일까요?

(　　　　　　)

19 희수네 반 학생들이 좋아하는 생선을 조사하여 그래프로 나타냈습니다. 그래프를 보고 알 수 있는 내용을 **2**가지 써 보세요.

희수네 반 학생들이 좋아하는 생선별 학생 수

학생 수(명)＼생선	갈치	꽁치	고등어	조기
4			○	
3	○		○	
2	○		○	○
1	○	○	○	○

....

....

20 재민이네 반 학생들이 받고 싶은 생일 선물을 조사하여 표로 나타냈습니다. 인형을 받고 싶은 학생이 로봇을 받고 싶은 학생보다 1명 더 적을 때 인형을 받고 싶은 학생은 몇 명인지 풀이 과정을 쓰고 답을 구해 보세요.

재민이네 반 학생들이 받고 싶은 생일 선물별 학생 수

선물	인형	가방	로봇	책	합계
학생 수(명)		8		3	22

풀이 ....

....

....

답 ....

사고력이 반짝

● 4개의 줄로 만든 모양을 뒤쪽에서 볼 때 알맞은 것을 찾아 기호를 써 보세요.

㉠

㉡

㉢
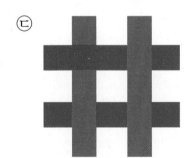

㉣

(   )

6 규칙 찾기

이번 단원에서 꼭 짚어야 할 **핵심 개념**을 알아보자.

핵심 1 무늬에서 규칙 찾기

- 모양: ○, □, ♡가 반복된다.
- 색깔: 빨간색, [ ]이 반복된다.
- □ 안에 알맞은 모양을 그리고 색칠하면 [ ]이다.

핵심 2 쌓은 모양에서 규칙 찾기

- 쌓기나무가 [ ]개씩 늘어난다.

핵심 3 덧셈표에서 규칙 찾기

+	0	1	2	3
0	0	1	2	3
1	1	2	3	4
2	2	3	4	5
3	3	4	5	6

- ■으로 색칠한 수는 아래로 내려갈수록 1씩 커진다.
- ■으로 색칠한 수는 오른쪽으로 갈수록 [ ]씩 커진다.

핵심 4 곱셈표에서 규칙 찾기

×	1	2	3
1	1	2	3
2	2	4	6
3	3	6	9

- ■으로 색칠한 수는 아래로 내려갈수록 [ ]씩 커진다.
- ■으로 색칠한 수는 오른쪽으로 갈수록 2씩 커진다.

핵심 5 생활에서 규칙 찾기

전화기 버튼의 수는
- 오른쪽으로 갈수록 [ ]씩 커진다.
- 아래로 내려갈수록 [ ]씩 커진다.

1. 무늬에서 규칙 찾기

● 색깔이 반복되는 규칙 찾기

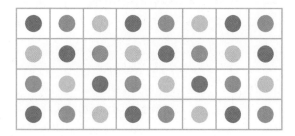

• 빨간색, 초록색, 노란색이 반복됩니다.
• ＼ 방향으로 똑같은 색깔이 놓입니다.

● 색깔과 모양이 반복되는 규칙 찾기

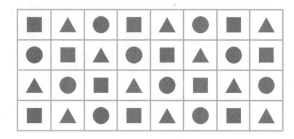

• 빨간색, 파란색이 반복됩니다.
• □, △, ○가 반복됩니다.

● 위치가 변하는 규칙 찾기

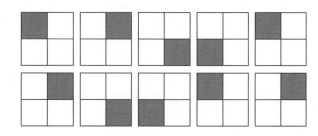

• ㄱㄴ/ㄹㄷ 일 때, ㄱ, ㄴ, ㄷ, ㄹ의 순서로 색칠됩니다.
• 시계 방향으로 한 칸씩 돌아가며 색칠됩니다.

● 수가 늘어나는 규칙 찾기

시작

• 노란색 구슬과 파란색 구슬이 반복됩니다.
• 노란색 구슬 수와 파란색 구슬 수가 각각 1개씩 늘어납니다.

→ 정답과 풀이 45쪽

1 그림을 보고 반복되는 부분을 ⬭로 묶고 빈칸에 알맞은 모양을 그려 넣으세요.

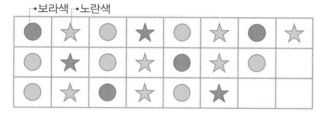

색깔이 초록색으로 똑같으므로 모양에서 규칙을 찾아봐요.

2 그림을 보고 물음에 답하세요.

• 보라색 • 노란색

① 규칙을 찾아보세요.

색깔 보라색, [   ], [   ] 이 반복됩니다.

모양 ○, [   ] 이 반복됩니다.

반복되는 색깔, 모양에 /, ∨ 등의 표시를 하면 규칙을 쉽게 찾을 수 있어요.

② 빈칸에 알맞은 모양을 그리고 색칠해 보세요.

3 사탕을 그림과 같이 진열해 놓았습니다. 그림에서 🍬 은 1, 🍭 은 2, 🍩 은 3으로 바꾸어 나타내고, 규칙을 찾아보세요.

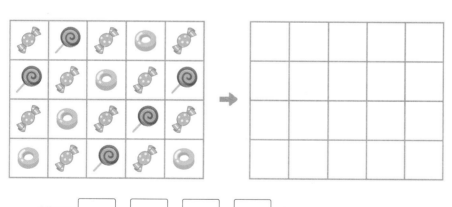

규칙 [   ], [   ], [   ], [   ] 이/가 반복됩니다.

4 규칙을 찾아 ●을 알맞게 그려 넣으세요.

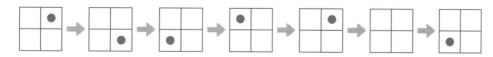

2 쌓은 모양에서 규칙 찾기

● **쌓기나무가 쌓인 모양 알기**

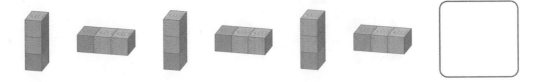

• 빨간색 쌓기나무가 있고 쌓기나무 **2**개가 위, 오른쪽으로 번갈아 가며 놓입니다.

• ▢ 안에 알맞은 모양은  입니다.

● **쌓은 모양에서 규칙 찾기**

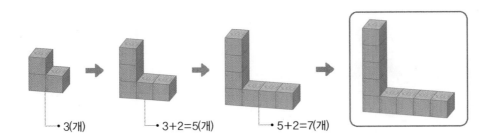

• 쌓기나무를 **3**층, **1**층이 반복되게 쌓았습니다.
• 쌓기나무의 수가 왼쪽에서 오른쪽으로 **3**개, **1**개씩 반복됩니다.

● **다음에 이어질 모양에 쌓을 쌓기나무의 수 알기**

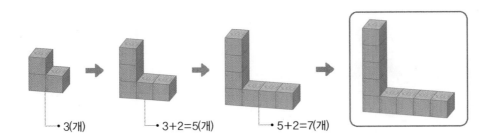

• **3**(개) → • **3+2=5**(개) → • **5+2=7**(개) →

• 'ㄴ'자 모양으로 쌓았습니다.
• 쌓기나무가 위쪽에 **1**개, 오른쪽에 **1**개씩 늘어납니다.
• 쌓기나무가 **2**개씩 늘어납니다.
• 다음에 이어질 모양에 쌓을 쌓기나무는 모두 **7+2=9**(개)입니다.

○ 정답과 풀이 **45**쪽

1 규칙에 따라 쌓기나무를 쌓았습니다. □ 안에 알맞은 수를 써넣으세요.

①

쌓기나무가 **3**층, □층, □층으로 반복됩니다.

반복되는 곳을 표시해 보아요.

②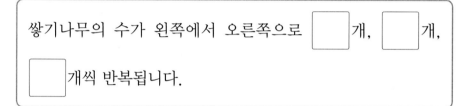

쌓기나무의 수가 왼쪽에서 오른쪽으로 □개, □개, □개씩 반복됩니다.

2 오른쪽 쌓기나무를 보고 규칙을 찾으려고 합니다. 물음에 답하세요.

4층
3층
2층
1층

층별로 쌓기나무의 수를 구한 다음 규칙을 찾아보아요.

① 각 층의 쌓기나무의 수를 구해 보세요.

층	1층	2층	3층	4층
쌓기나무의 수(개)	4			

② 쌓은 규칙을 찾아보세요.

윗층으로 올라갈수록 쌓기나무가 □개씩 줄어듭니다.

3 규칙에 따라 쌓기나무를 쌓았습니다. 쌓은 규칙을 써 보세요.

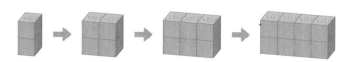

규칙

6

3. 덧셈표에서 규칙 찾기

● 덧셈표에서 규칙 찾기

+	0	1	2	3	4	5	6	7	8	9
0	0	1	2	3	4	5	6	7	8	9
1	1	2	3	4	5	6	7	8	9	10
2	2	3	4	5	6	7	8	9	10	11
3	3	4	5	6	7	8	9	10	11	12
4	4	5	6	7	8	9	10	11	12	13
5	5	6	7	8	9	10	11	12	13	14
6	6	7	8	9	10	11	12	13	14	15
7	7	8	9	10	11	12	13	14	15	16
8	8	9	10	11	12	13	14	15	16	17
9	9	10	11	12	13	14	15	16	17	18

• 같은 수들이 있습니다.
• ↓ 방향에도 똑같은 수가 있습니다.
• 2씩 커집니다.

• ▨으로 색칠한 수는 아래로 내려갈수록 1씩 커집니다.
• ▨으로 색칠한 수는 오른쪽으로 갈수록 1씩 커집니다.
• → 방향(가로줄)에 있는 수들은 반드시 ↓ 방향(세로줄)에도 똑같이 있습니다.
• ╱ 방향에 있는 수는 모두 같습니다.
• ╲ 방향으로 갈수록 2씩 커집니다.
• - - - -을 따라 접었을 때 만나는 수들은 서로 같습니다.

개념 자세히 보기

● 홀수끼리 또는 짝수끼리 덧셈표를 만들면 덧셈표 안에 있는 수들은 모두 짝수예요!

+	1	3	5
1	2	4	6
3	4	6	8
5	6	8	10

+	2	4	6
2	4	6	8
4	6	8	10
6	8	10	12

정답과 풀이 45쪽

[1~5] 덧셈표에서 규칙을 찾으려고 합니다. 물음에 답하세요.

+	0	1	2	3	4	5	6	7	8	9
0	0	1	2	3	4	5	6	7	8	9
1	1	2	3	4	5	6	7	8	9	10
2	2	3	4	5		7	8	9	10	11
3	3		5	6	7			10	11	12
4	4	5		7		9		11		13
5	5	6	7	8	9	10	11	12	13	14
6	6	7	8	9		11	12	13		

세로줄(↓)과 가로줄(→)이 만나는 칸에 두 수의 합을 써넣어요.

1 빈칸에 알맞은 수를 써넣으세요.

2 ▨으로 색칠한 수에는 어떤 규칙이 있는지 찾아보세요.

아래로 내려갈수록 ☐ 씩 커집니다.

3 ▨으로 색칠한 수에는 어떤 규칙이 있는지 찾아보세요.

오른쪽으로 갈수록 ☐ 씩 커집니다.

4 ▨으로 색칠한 수에는 어떤 규칙이 있는지 찾아보세요.

↘ 방향으로 갈수록 ☐ 씩 커집니다.

5 덧셈표에서 찾을 수 있는 규칙이 아닌 것을 찾아 기호를 써 보세요.

> ㉠ 왼쪽으로 갈수록 1씩 작아집니다.
> ㉡ ╱ 방향으로 갈수록 2씩 커집니다.
> ㉢ ▨으로 색칠한 수는 모두 홀수입니다.

• 짝수: 2, 4, 6, 8, …
• 홀수: 1, 3, 5, 7, 9, …

(   )

4. 곱셈표에서 규칙 찾기

● 곱셈표에서 규칙 찾기

×	1	2	3	4	5	6	7	8	9
1	1	2	3	4	5	6	7	8	9
2	2	4	6	8	10	12	14	16	18
3	3	6	9	12	15	18	21	24	27
4	4	8	12	16	20	24	28	32	36
5	5	10	15	20	25	30	35	40	45
6	6	12	18	24	30	36	42	48	54
7	7	14	21	28	35	42	49	56	63
8	8	16	24	32	40	48	56	64	72
9	9	18	27	36	45	54	63	72	81

$3×8$
$=4×6$
$=24$

▶ ■단 곱셈구구의 곱은 ■씩 커집니다.

▶ ■단 곱셈구구의 곱은 ■씩 커집니다.

▶ 점선을 따라 접었을 때 만나는 수들은 서로 같습니다.

- ■으로 색칠한 수는 아래로 내려갈수록 4씩 커집니다.
- ■으로 색칠한 수는 오른쪽으로 갈수록 7씩 커집니다.
- 5단 곱셈구구에서 곱의 일의 자리 숫자는 5와 0이 반복됩니다.
- 2, 4, 6, 8단 곱셈구구의 곱은 모두 짝수입니다.
- 1, 3, 5, 7, 9단 곱셈구구의 곱은 홀수와 짝수가 반복됩니다.
- 　안에서 ✕ 방향의 두 수의 곱은 같습니다. ➡ $3×8=4×6=24$

개념 자세히 보기

● 홀수끼리 곱셈표를 만들면 곱셈표에 있는 수들은 모두 홀수, 짝수끼리 곱셈표를 만들면 곱셈표에 있는 수들은 모두 짝수예요!

×	1	3	5
1	1	3	5
3	3	9	15
5	5	15	25

└→ 홀수

×	2	4	6
2	4	8	12
4	8	16	24
6	12	24	36

└→ 짝수

정답과 풀이 45쪽

[1~5] 곱셈표에서 규칙을 찾으려고 합니다. 물음에 답하세요.

×	1	2	3	4	5	6
1	1	2	3	4	5	6
2	2	4	6	8		12
3		6	9		15	
4	4	8	12	16	20	24
5	5	10			25	
6	6	12	18	24	30	36

세로줄(↓)과 가로줄(→)이 만나는 칸에 두 수의 곱을 써넣었어요.

1 빈칸에 알맞은 수를 써넣으세요.

2 ▇으로 색칠한 수에는 어떤 규칙이 있는지 찾아보세요.

아래로 내려갈수록 [ ]씩 커집니다.

3 ▇으로 색칠한 수에는 어떤 규칙이 있는지 찾아보세요.

오른쪽으로 갈수록 [ ]씩 커집니다.

■단 곱셈구구에서 곱은 ■씩 커져요.

4 알맞은 말에 ○표 하세요.

── 을 따라 접었을 때 만나는 수들은 서로
(같습니다 , 다릅니다).

5 ▇으로 칠해진 수들의 규칙이 아닌 것을 찾아 기호를 써 보세요.

> ㉠ 모두 짝수입니다.
> ㉡ 오른쪽으로 갈수록 6씩 커집니다.
> ㉢ 4단 곱셈구구의 곱입니다.

(   )

5. 생활에서 규칙 찾기

● **무늬를 보고 규칙 찾기**

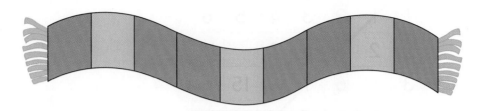

- 목도리의 색이 왼쪽에서 오른쪽으로 빨간색, 노란색, 파란색이 반복됩니다.

● **번호를 보고 규칙 찾기**

1	2	3	4	5	6	7	8	9	10
11	12	13	14	15	16	17	18	19	20
21	22	23	24	25	26	27	28	29	30
31	32	33	34	35	36	37	38	39	40

- 신발장의 번호는 오른쪽으로 갈수록 1씩 커집니다.
- 신발장의 번호는 아래로 내려갈수록 10씩 커집니다.

● **달력을 보고 규칙 찾기**

12월

일	월	화	수	목	금	토
						1
2	3	4	5	6	7	8
9	10	11	12	13	14	15
16	17	18	19	20	21	22
23	24	25	26	27	28	29
30	31					

- 모든 요일은 7일마다 반복됩니다.
- 가로로 1씩 커집니다.
- 세로로 7씩 커집니다.
- ╱ 방향으로 6씩 커집니다.
- ╲ 방향으로 8씩 커집니다.

1 옷 무늬의 색이 초록색과 흰색이 반복되는 것에 ◯표 하세요.

(   )   (   )

2 사물함 번호에 있는 규칙을 찾아 떨어진 번호판의 숫자를 써 보세요.

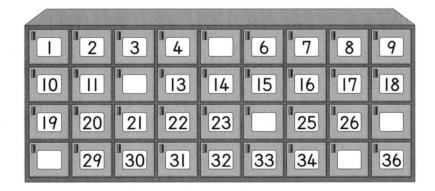

수를 순서대로 써 보아요.

3 달력을 보고 규칙을 찾으려고 합니다. 물음에 답하세요.

11월

일	월	화	수	목	금	토
				1	2	3
4	5	6	7	8	9	10
11	12	13	14	15	16	17
18	19	20	21	22	23	24
25	26	27	28	29	30	

① 월요일은 ☐ 일마다 반복됩니다.

② **3**부터 ╱ 방향으로 ☐ 씩 커집니다.

③ 달력에서 다른 규칙을 찾아 써 보세요.

   규칙 ....

같은 세로줄에 있는 날짜는 같은 요일이에요.

6

꼭 나오는 유형

1 무늬에서 규칙 찾기 (1)

1 규칙을 찾아 □ 안에 알맞은 모양을 그리고 색칠해 보세요.

2 그림을 보고 물음에 답하세요.

(1) 규칙에 맞게 □ 안에 알맞은 모양을 그려 넣으세요.

(2) 위 그림에서 ♥은 **1**, ★은 **2**, ◆은 **3**으로 바꾸어 나타내 보세요.

1	2	3	1	2	3	1	2
3	1	2					

(3) (2)에서 규칙을 찾아 써 보세요.

규칙

3 한글 무늬로 도화지를 꾸미고 있습니다. 규칙을 찾아 빈칸을 완성해 보세요.

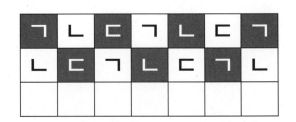

☺ 내가 만드는 문제

4 3가지 색을 이용하여 자신만의 규칙을 정한 다음, 빈칸에 색칠해 보세요.

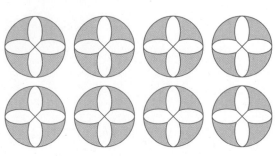

서술형

5 규칙을 찾아 □ 안에 알맞은 모양을 그리고 색칠한 다음, 규칙을 써 보세요.

규칙 ....

....

....

2 무늬에서 규칙 찾기 (2)

6 규칙을 찾아 알맞게 색칠해 보세요.

(1)
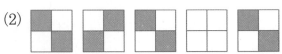

(2)
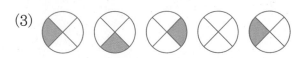

(3)

7 규칙을 찾아 도형 안에 ●을 알맞게 그려 보세요.

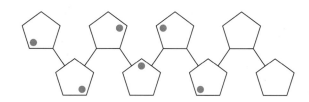

8 규칙에 따라 구슬을 꿰고 있습니다. 규칙에 맞게 색칠해 보세요.

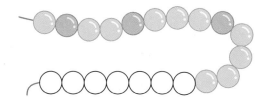

9 규칙에 따라 바둑돌을 늘어놓았습니다. □ 안에 알맞은 바둑돌을 그려 넣으세요.

☺ 내가 만드는 문제
10 규칙을 정해 포장지의 무늬를 만들어 보세요.

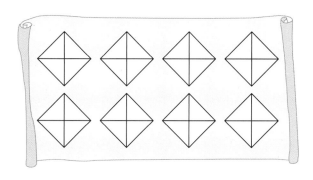

3 쌓은 모양에서 규칙 찾기

11 쌓기나무를 쌓은 모양을 보고 규칙을 바르게 설명한 것을 찾아 기호를 써 보세요.

┌─────────────────────────┐
│ ㉠ 쌓기나무가 왼쪽에서 오른쪽으로 │
│   2층, 1층, 2층이 반복됩니다.   │
│ ㉡ 쌓기나무가 왼쪽에서 오른쪽으로 │
│   2층, 1층이 반복됩니다.   │
└─────────────────────────┘

(   )

12 규칙에 따라 쌓기나무를 쌓았습니다. 다음에 이어질 모양에 쌓을 쌓기나무는 모두 몇 개일까요?

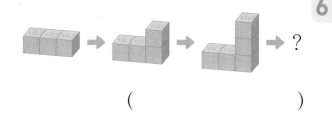

(   )

13 규칙에 따라 쌓기나무를 쌓았습니다. 쌓기나무를 4층으로 쌓으려면 쌓기나무는 모두 몇 개 필요할까요?

(   )

4 덧셈표에서 규칙 찾기

[14~16] 덧셈표를 보고 물음에 답하세요.

+	0	1	2	3	4	5	6	7
0	0	1	2	3	4	5	6	7
1	1	2	3	4	5	6	7	8
2	2	3		5	6	7	8	9
3	3			6	7	8	9	10
4	4	5		7	8	9		
5	5	6	7	8	9			
6	6	7	8	9	10	11		
7	7	8	9	10	11	12	13	14

14 빈칸에 알맞은 수를 써넣으세요.

15 ■으로 색칠한 수의 규칙을 찾아 써 보세요.

규칙 _____

_____

16 규칙을 찾아 □ 안에 알맞은 수를 써 넣으세요.

(1) 오른쪽으로 갈수록 □ 씩 커집 니다.

(2) ↘ 방향으로 갈수록 □ 씩 커집 니다.

[17~19] 덧셈표를 보고 물음에 답하세요.

+	1	3	5	7	9
1	2	4	6	8	10
3	4	6	8	10	12
5	6	8	10		
7	8	10		14	
9	10	12			18

17 빈칸에 알맞은 수를 써넣으세요.

18 ■으로 색칠한 수는 오른쪽으로 갈수 록 몇씩 커질까요?

(   )

19 ■으로 색칠한 수는 ↘ 방향으로 갈 수록 몇씩 커질까요?

(   )

서술형
20 덧셈표에서 찾을 수 있는 규칙을 2가 지 써 보세요.

+	3	4	5	6
2	5	6	7	8
4	7	8	9	10
6	9	10	11	12
8	11	12	13	14

규칙 1 _____

규칙 2 _____

21 덧셈표의 빈칸에 알맞은 수를 써넣고, 규칙을 찾아 □ 안에 알맞은 수를 써넣으세요.

+	3			
3		9	12	
		11	14	17
10				19
	12	15	18	

↘ 방향으로 갈수록 ☐ 씩 커집니다.

---

5 곱셈표에서 규칙 찾기

[22~24] 곱셈표를 보고 물음에 답하세요.

×	1	2	3	4	5
1	1	2	3	4	5
2	2	4	6	8	10
3	3	6	9	12	15
4	4	8	12	16	20
5	5	10	15	20	25

22 ■으로 색칠한 곳과 규칙이 같은 곳을 찾아 색칠해 보세요.

23 ■으로 색칠한 수의 규칙을 찾아 써 보세요.

규칙

_____

_____

24 곱셈표를 한 번 접었을 때 만나는 수가 서로 같도록 선을 그어 보세요.

[25~27] 곱셈표를 보고 물음에 답하세요.

×	5	6	7	8	9
5	25	30	35	40	45
6	30	36	42	48	54
7	35	42	49	56	
8	40	48	56	64	72
9	45	54		72	81

25 빈칸에 공통으로 들어갈 수는 무엇일까요?

(   )

26 ■으로 색칠한 수는 아래로 내려갈수록 몇씩 커질까요?

(   )

27 곱셈표에서 찾을 수 있는 규칙에 대해 잘못 설명한 사람은 누구일까요?

민지: ■으로 색칠한 수들은 오른쪽으로 갈수록 7씩 커져.

은호: ——에 놓인 수들은 11씩 커져.

(   )

28 곱셈표의 빈칸에 알맞은 수를 써넣고, 규칙을 찾아 □ 안에 알맞은 수를 써 넣으세요.

×	2			
2		8	12	16
		8	16	
	12		36	48
	16	32		

■으로 색칠한 수는 오른쪽으로 갈수록 □씩 커집니다.

😊 내가 만드는 문제

29 표 안의 수를 이용하여 곱셈표를 만들고, 규칙을 찾아 써 보세요.

×			
	6		
	12		
	18		
	24		

규칙 ....

6 생활에서 규칙 찾기

30 지붕의 색깔이 노란색, 파란색, 노란색이 반복되는 것에 ○표 하세요.

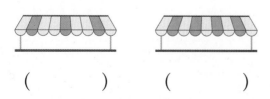

(   )   (   )

31 계산기에 있는 수들을 보고 규칙을 찾아 □ 안에 알맞은 수를 써넣으세요.

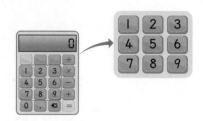

(1) 오른쪽으로 갈수록 □씩 커집니다.

(2) 아래로 내려갈수록 □씩 커집니다.

32 승강기 안에 있는 버튼의 수들을 보고 찾을 수 있는 규칙을 **2**가지 써 보세요.

6	12	18	24
5	11	17	23
4	10	16	22
3	9	15	21
2	8	14	20
1	7	13	19

규칙 1 ....

규칙 2 ....

33 버스 출발 시각을 나타낸 표입니다. 출발 시각에서 규칙을 찾아 써 보세요.

버스 출발 시각	
3시 20분	6시 20분
4시 20분	7시 20분
5시 20분	8시 20분

규칙 ....

⚡ **반복되는 것이 무엇인지 찾아봐야지!**

1 규칙에 따라 전구를 놓았습니다. 14째에 놓일 전구는 무슨 색깔일까요?

주황색 •　　　•노란색　•초록색

(　　　　　　　)

2 규칙에 따라 모양을 늘어놓았습니다. 20째에 놓일 모양을 빈칸에 그려 넣으세요.

➡ ☐

3 검은색 바둑돌과 흰색 바둑돌을 규칙에 따라 늘어놓은 것입니다. 24째에 놓일 바둑돌은 무슨 색깔일까요?

(　　　　　　　)

⚡ **어떤 규칙으로 쌓기나무를 쌓았는지 살펴봐!**

4 규칙에 따라 쌓기나무를 쌓았습니다. 쌓기나무를 5층으로 쌓으려면 쌓기나무는 모두 몇 개 필요할까요?

(　　　　　　　)

5 민정이는 쌓기나무를 15개 가지고 있습니다. 다음과 같은 규칙으로 쌓기나무를 쌓을 때, 4층으로 쌓고 남은 쌓기나무는 몇 개일까요?

(　　　　　　　)

6

6 규칙에 따라 쌓기나무를 쌓았습니다. 쌓기나무 25개를 모두 쌓아 만든 모양은 몇 층이 될까요?

(　　　　　　　)

⚡ 덧셈표에서는 오른쪽으로, 아래로 내려갈수록 1씩 커져!

7 덧셈표에서 규칙을 찾아 빈칸에 알맞은 수를 써넣으세요.

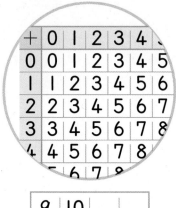

➡

9	10	
	11	12
	12	
		14

8 **7**의 덧셈표에서 규칙을 찾아 빈칸에 알맞은 수를 써넣으세요.

(1)
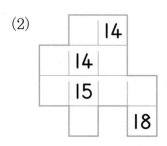

(2)

⚡ 단 곱셈구구의 곱에서 오른쪽으로, 아래로 내려갈수록 █씩 커져!

9 곱셈표에 있는 규칙에 맞게 빈칸에 알맞은 수를 써넣으세요.

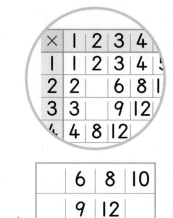

➡

	6	8	10
		9	12
8	12		
		20	

10 **9**의 곱셈표에서 규칙을 찾아 빈칸에 알맞은 수를 써넣으세요.

(1)
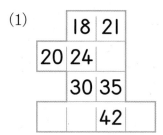

(2)
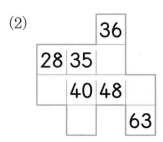

도전1 **규칙에 맞게 도형 그리기**

1 규칙을 찾아 ☐ 안에 알맞은 도형을 그리고 색칠해 보세요.

핵심 NOTE
바깥쪽과 안쪽의 모양과 색깔이 반복되는 규칙을 각각 알아봅니다.

2 규칙을 찾아 ☐ 안에 알맞은 도형을 그리고 색칠해 보세요.

3 규칙을 찾아 ☐ 안에 알맞은 도형을 그리고 색칠해 보세요.

도전2 **찢어진 달력의 활용**

4 어느 해 12월 달력의 일부분입니다. 12월의 넷째 금요일은 며칠일까요?

12월

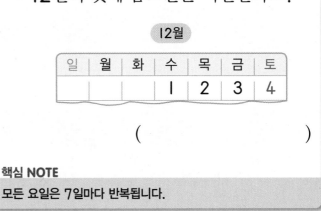

일	월	화	수	목	금	토
			1	2	3	4

( )

핵심 NOTE
모든 요일은 7일마다 반복됩니다.

5 어느 해 6월 달력의 일부분입니다. 6월 29일은 무슨 요일일까요?

6월

일	월	화	수	목	금	토
1	2	3	4	5	6	7

( )

6 어느 해 10월 달력의 일부분입니다. 11월 첫째 수요일은 며칠일까요?

10월

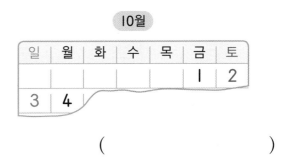

일	월	화	수	목	금	토
					1	2
3	4					

( )

도전3 앉을 의자의 번호 또는 자리 구하기

7 어느 공연장의 자리를 나타낸 그림입니다. 정원이의 자리는 다열 셋째입니다. 정원이가 앉을 의자의 번호는 몇 번일까요?

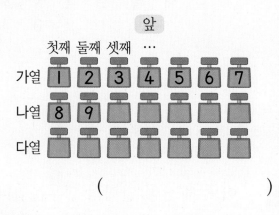

(   )

핵심 NOTE
한 열에 의자가 몇 개씩 있는지 알아봅니다.

[8~9] 어느 영화관의 자리를 나타낸 그림입니다. 물음에 답하세요.

8 민우의 자리는 라열 여섯째입니다. 민우가 앉을 의자의 번호는 몇 번일까요?

(   )

9 영서의 자리는 27번입니다. 어느 열 몇째 자리일까요?

(   )

도전4 규칙을 찾아 빈칸에 알맞은 수 써넣기

10 규칙에 따라 계단 모양을 만든 것입니다. 빈칸에 알맞은 수를 써넣으세요.

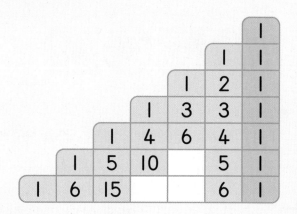

핵심 NOTE
위에서부터 어떤 규칙으로 수가 들어가 있는지 알아봅니다.

11 규칙을 찾아 빈칸에 알맞은 수를 써넣으세요.

3					
3	3				
3	6	3			
3	9	9	3		
3	12			3	
3	15				3

도전 최상위

12 규칙을 찾아 빈칸에 알맞은 수를 써넣으세요.

					2					
				2	2	2				
			2	4	2	4	2			
		2	6	6	2	6			2	
	2	8		8	2	8			8	2
2	10			10	2		20		10	2

1 반복되는 모양을 찾아 ○표 하세요.

(   ) (   ) (   )

2 규칙에 따라 모양을 그린 것을 찾아 기호를 써 보세요.

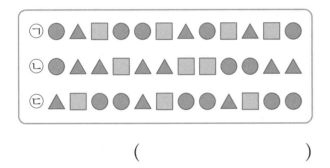

(   )

3 규칙을 찾아 빈칸에 알맞은 모양을 그려 넣고, ◎는 1, ▷는 2, □는 3으로 바꾸어 나타내 보세요.

| ◎ | ▷ | □ | ▷ | ◎ | ▷ | □ | ▷ | ◎ | ▷ |
| □ | ▷ | ◎ | ▷ | □ | ▷ | | | | |

↓

| 1 | | | | | | | | | |
| | | | | | | | | | |

4 규칙을 찾아 그림을 완성해 보세요.

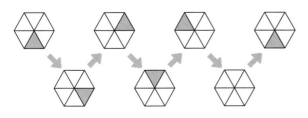

5 규칙을 찾아 □ 안에 알맞은 모양을 그리고 색칠해 보세요.

6 규칙을 찾아 빈칸에 알맞은 모양을 그려 보세요.

◇	▼	◇	◇	▼	▼	◇	◇
◇				◇	◇	◇	◇
		▼	▼	◇	◇	◇	◇

7 쌓기나무로 쌓은 모양을 보고 규칙을 찾아 써 보세요.

규칙 ....

6

8 규칙에 따라 쌓기나무를 쌓았습니다. 쌓기나무를 5층으로 쌓으려면 쌓기나무는 모두 몇 개 필요할까요?

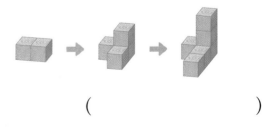

(   )

+	0	1	2	3	4	5
0	0	1	2	3	4	5
1	1	2	3	4	5	6
2	2	3	4	5	6	7
3	3	4	5	6	7	
4	4	5	6	7		
5	5	6	7			

9 빈칸에 알맞은 수를 써넣으세요.

10 덧셈표에서 규칙을 잘못 쓴 것을 찾아 기호를 써 보세요.

┌─────────────────────────────┐
│ ㉠ 왼쪽으로 갈수록 1씩 작아집니다. │
│ ㉡ 아래로 내려갈수록 1씩 커집니다. │
│ ㉢ ╱ 방향으로 갈수록 1씩 커집니다. │
└─────────────────────────────┘

(   )

11 ■으로 색칠한 수의 규칙을 찾아보세요.

규칙 ╲ 방향으로 갈수록 [   ]씩

(커집니다 , 작아집니다).

[12~14] 곱셈표를 보고 물음에 답하세요.

×	2	3	4	5	6
2	4	6	8	10	12
3		9	12	15	18
4	8	12	16		24
5	10	15	20	25	30
6	12		24	30	

12 빈칸에 알맞은 수를 써넣으세요.

13 빨간색 선 안에 있는 수들의 규칙을 찾아 써 보세요.

규칙 ....

....

14 빨간색 선 안에 있는 수들과 규칙이 같은 곳을 찾아 색칠해 보세요.

15 규칙을 찾아 빈칸에 알맞은 수를 써넣으세요.

정답과 풀이 **50**쪽

서술형 문제

16 덧셈표에서 규칙을 찾아 빈칸에 알맞은 수를 써넣으세요.

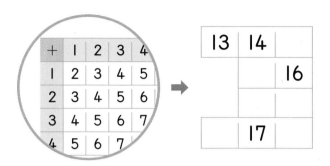

17 규칙을 찾아 ☐ 안에 알맞은 도형을 그리고 색칠해 보세요.

18 규칙에 따라 쌓기나무를 쌓았습니다. 쌓기나무 **28**개를 모두 사용하여 만든 모양은 몇째일까요?

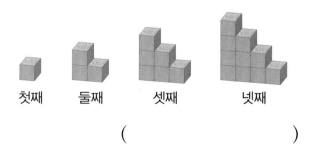

첫째   둘째   셋째   넷째

(   )

19 어느 아파트 승강기 안에 있는 버튼의 수들을 보고 찾을 수 있는 규칙을 **2**가지 써 보세요.

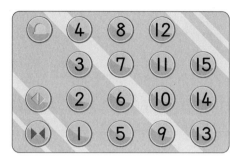

규칙 1 ....

....

규칙 2 ....

....

20 어느 해 **7**월 달력의 일부분이 찢어져 보이지 않습니다. 이달 넷째 금요일은 며칠인지 풀이 과정을 쓰고 답을 구해 보세요.

7월

일	월	화	수	목	금	토
		1	2	3	4	5
6	7	8				

풀이 ....

....

....

답 ....

6

1 규칙을 찾아 □ 안에 알맞은 모양을 그리고 색칠해 보세요.

2 규칙적으로 구슬을 꿰어 목걸이를 만들었습니다. 규칙에 맞게 색칠해 보세요.

3 규칙을 찾아 ⭐에 ●을 알맞게 그려 보세요.

4 규칙에 따라 쌓기나무를 쌓았습니다. 규칙을 바르게 말한 사람의 이름을 써 보세요.

> 유진: 쌓기나무가 왼쪽에서 오른쪽으로 1개, 3개씩 반복되고 있어.
> 종하: 쌓기나무가 왼쪽에서 오른쪽으로 1개, 3개, 1개씩 반복되고 있어.

( )

5 규칙에 따라 □ 안에 알맞은 모양을 쌓는 데 필요한 쌓기나무는 모두 몇 개일까요?

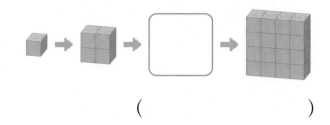

( )

[6~8] 덧셈표를 보고 물음에 답하세요.

+	6	7	8	9
1	7	8	9	10
3	9	10	11	
5	11	12	13	
7	13	14		

6 빈칸에 알맞은 수를 써넣으세요.

7 ▨으로 색칠한 수는 아래로 내려갈수록 몇씩 커질까요?

( )

8 ▨으로 색칠한 수는 ╱ 방향으로 갈수록 몇씩 커질까요?

( )

[9~10] 곱셈표를 보고 물음에 답하세요.

×	2	3	4	5
2	4	6	8	
3	6	9	12	
4	8	12	16	20
5	10			

9 빈칸에 알맞은 수를 써넣으세요.

10 □ 안에 알맞은 수를 써넣으세요.

▨으로 색칠한 수는 오른쪽으로 갈수록 □ 씩 커집니다.

11 곱셈표에 있는 규칙에 맞게 빈칸에 알맞은 수를 써넣으세요.

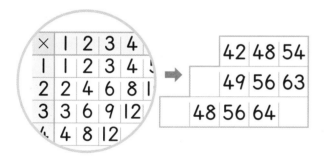

12 어느 건물 승강기 안에 있는 버튼의 수들을 보고 □ 안에 알맞은 수를 써넣으세요.

(1) 아래로 내려갈수록 □ 씩 작아집니다.

(2) 오른쪽으로 갈수록 □ 씩 커집니다.

13 규칙을 찾아 마지막 시계에 짧은바늘과 긴바늘을 알맞게 그려 보세요.

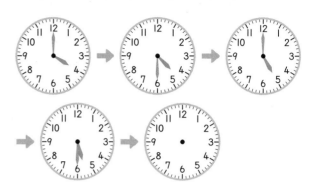

14 어느 해 4월의 달력입니다. ▨으로 색칠한 수는 ＼ 방향으로 갈수록 몇씩 커질까요?

( )

15 규칙에 따라 바둑돌을 놓을 때 15째 바둑돌의 색깔은 무엇일까요?

첫째 둘째 셋째 …

( )

정답과 풀이 51쪽

서술형 문제

16 버스 출발 시간표에서 규칙을 찾아 써 보세요.

서울 ➡ 천안				
평일			주말	
출발 시각	9 : 00	9 : 15	9 : 30	9 : 00	9 : 20
	9 : 45	10 : 00	10 : 15	9 : 40	10 : 00
	10 : 30	10 : 45	11 : 00	10 : 20	10 : 40

규칙

17 동민이의 사물함 번호는 **32**번입니다. 동민이의 사물함 위치는 몇 층 몇째일까요?

첫째 둘째 셋째 …

4층 | 1 | 2 | 3 | 4 | 5 |
3층 | 10 | 11 | 12 |
2층
1층

(   )

18 규칙에 따라 계단 모양을 만든 것입니다. ◆에 알맞은 수를 구해 보세요.

```
                    4
                 4    4
              4    8    4
           4   12   12   4
        4   16   24   16   4
     4            ◆         4
```

(   )

19 규칙을 찾아 빈칸에 알맞게 색칠하고, 규칙을 써 보세요.

초록색 주황색 보라색

규칙

20 규칙에 따라 쌓기나무를 쌓았습니다. 쌓기나무를 **5**층으로 쌓으려면 쌓기나무는 모두 몇 개 필요한지 풀이 과정을 쓰고 답을 구해 보세요.

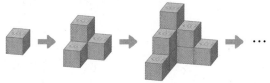

풀이

답

계산이 아닌   개념을 깨우치는

수학을 품은 연산

디딤돌
연산
수학

1~6학년(학기용)

수학 공부의 새로운 패러다임

상위권의 기준

상위권의 기준

최상위 사고력

수학 좀 한다면

디딤돌

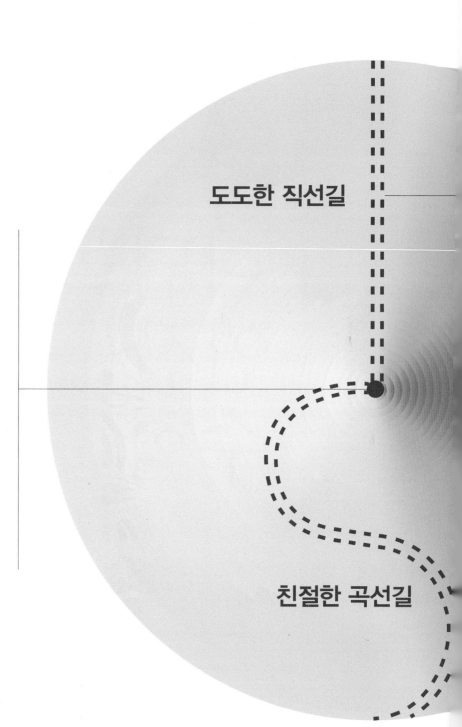

도도한 직선길

친절한 곡선길

수시 평가
자료집

2
2

수학 좀 한다면

디딤돌

초등수학 기본+유형

수시평가 자료집

2
2

1 수 모형을 보고 □ 안에 알맞은 수를 써넣으세요.

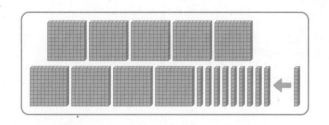

990보다 ☐ 만큼 더 큰 수는 1000입니다.

2 □ 안에 알맞은 수를 써넣으세요.

1000이 3개 ─┐
100이 7개 ─┤
10이 5개 ─┤ 이면 ☐
1이 8개 ─┘

3 수 모형을 보고 □ 안에 알맞은 수를 써 넣으세요.

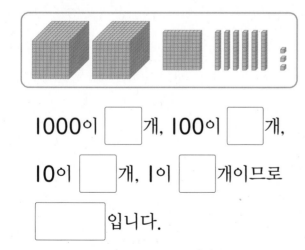

1000이 ☐ 개, 100이 ☐ 개,

10이 ☐ 개, 1이 ☐ 개이므로

☐ 입니다.

4 수로 써 보세요.

팔천팔십구

(   )

5 십의 자리 숫자가 5인 수는 어느 것일 까요? (   )

① 5218   ② 2956
③ 4705   ④ 6590
⑤ 5731

6 1000씩 뛰어 세어 보세요.

| 3691 | 4691 | ☐ |

| ☐ | 7691 | ☐ |

7 보기 와 같이 □ 안에 알맞은 수를 써 넣으세요.

보기
1825 = 1000 + 800 + 20 + 5

3946 = ☐ + ☐
+ ☐ + ☐

8 밑줄 친 숫자 6이 나타내는 수는 얼마 일까요?

2694

( )

9 영지는 과일 가게에서 사과를 사면서 천 원짜리 지폐 3장, 백 원짜리 동전 8개를 냈습니다. 영지가 낸 돈은 모두 얼마인지 풀이 과정을 쓰고 답을 구해 보세요.

풀이

답

10 두 수의 크기를 비교하여 ○ 안에 > 또는 <를 알맞게 써넣으세요.

1970 ◯ 2008

11 나타내는 수가 다른 하나를 찾아 기호 를 써 보세요.

㉠ 800보다 100만큼 더 큰 수
㉡ 950보다 50만큼 더 큰 수
㉢ 100이 10개인 수

( )

12 ㉠이 나타내는 수와 ㉡이 나타내는 수 의 합을 구하려고 합니다. 풀이 과정을 쓰고 답을 구해 보세요.

5904   3746
㉠   ㉡

풀이

답

13 색종이가 한 상자에 100장씩 들어 있습니다. 50상자에 들어 있는 색종이는 모두 몇 장인지 풀이 과정을 쓰고 답을 구해 보세요.

풀이

답

14 정원이의 저금통에는 8월 현재 5000원이 들어 있습니다. 9월부터 12월까지 한 달에 1000원씩 저금통에 넣으면 저금통에 들어 있는 돈은 모두 얼마가 되는지 풀이 과정을 쓰고 답을 구해 보세요.

풀이

답

15 더 작은 수를 찾아 기호를 쓰려고 합니다. 풀이 과정을 쓰고 답을 구해 보세요.

> ㉠ 1000이 5개, 10이 8개인 수
> ㉡ 오천팔십이

풀이

답

16 뛰어 세기를 한 것입니다. ㉠에 알맞은 수는 얼마인지 풀이 과정을 쓰고 답을 구해 보세요.

8342	8442	8542
		㉠

풀이

답

17 수 카드 4장을 한 번씩만 사용하여 십의 자리 숫자가 5인 가장 작은 네 자리 수를 만들려고 합니다. 풀이 과정을 쓰고 답을 구해 보세요.

> 1 5 8 6

풀이

답

18 어떤 수에서 10씩 5번 뛰어 세었더니 4023이 되었습니다. 어떤 수는 얼마인지 풀이 과정을 쓰고 답을 구해 보세요.

풀이

답

19 네 자리 수의 크기를 비교했습니다. 0부터 9까지의 수 중에서 □ 안에 들어갈 수 있는 가장 큰 수는 얼마인지 풀이 과정을 쓰고 답을 구해 보세요.

> 7624 > 7□30

풀이

답

20 조건을 모두 만족하는 네 자리 수를 구하려고 합니다. 풀이 과정을 쓰고 답을 구해 보세요.

> • 8300보다 크고 8400보다 작습니다.
> • 일의 자리 숫자는 4입니다.
> • 십의 자리 숫자는 백의 자리 숫자보다 2만큼 더 큽니다.

풀이

답

1. 네 자리 수

1 1000에 대한 설명으로 틀린 것을 찾아 기호를 써 보세요.

> ㉠ 100이 10개인 수
> ㉡ 500보다 500만큼 더 큰 수
> ㉢ 10이 10개인 수

(   )

2 □ 안에 알맞은 수를 써넣으세요.

(1) 1000은 [   ] 보다 200만큼 더 큰 수입니다.

(2) 1000은 [   ] 보다 1만큼 더 큰 수입니다.

3 수직선에서 ㉠이 나타내는 수를 써 보세요.

(1)

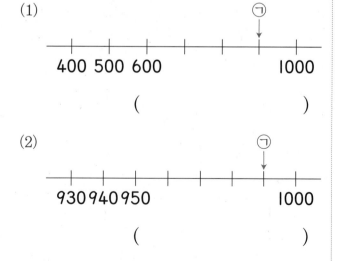

400 500 600   1000

(   )

(2)

930 940 950   1000

(   )

4 다음이 나타내는 수를 쓰고 읽어 보세요.

> 1000이 5개인 수

쓰기 (   )

읽기 (   )

5 클립이 한 상자에 100개씩 들어 있습니다. 30상자에 들어 있는 클립은 모두 몇 개일까요?

(   )

6 다음 중 나타내는 수가 다른 하나를 찾아 기호를 써 보세요.

> ㉠ 100이 70개인 수
> ㉡ 6000보다 1000만큼 더 큰 수
> ㉢ 1000이 6개인 수

(   )

7 보기 와 같이 각 자리의 숫자가 나타내는 수의 합으로 나타내 보세요.

> **보기**
> 2775 = 2000 + 700 + 70 + 5

5882

= [   ] + [   ] + 80 + [   ]

8 5980보다 작은 수에서 100씩 뛰어 세어 5980이 되도록 빈칸에 알맞은 수를 써넣으세요.

9 ㉠은 ■씩 뛰어 센 것이고, ㉡은 ▲씩 뛰어 센 것입니다. ■와 ▲에 알맞은 수 중 더 큰 수를 써 보세요.

㉠ 2533 - 2833 - 3133 - 3433

㉡ 8612 - 8812 - 9012 - 9212

( )

10 세 수에서 숫자 2가 나타내는 수의 합은 얼마일까요?

5249   2930   7112

( )

11 □ 안에 알맞은 수를 써넣으세요.

6734는 ┌ 1000이 5개
       ├ 100이 □ 개
       ├ 10이 3개
       └ 1이 4개

12 밑줄 친 숫자가 나타내는 수를 표에서 찾아 낱말을 만들어 보세요.

4901 → ①   1972 → ②

7856 → ③   2779 → ④

수	7	70	900	9	7000
글자	한	민	훈	음	정

낱말	①	②	③	④

13 뛰어 세는 규칙을 찾아 ㉠에 알맞은 수를 구해 보세요.

6110 - 6130 - 6150 - 6170 -

6190 - ☐ - ☐ - ㉠

( )

14 문구점에서 팽이는 3800원, 요요는 3650원에 팔고 있습니다. 수연이가 둘 중 가격이 더 싼 것을 사려면 3000원을 내고 얼마를 더 내야 할까요?

( )

서술형 문제   ➡ 정답과 풀이 **54**쪽

15 2000원이 되려면 10원짜리 동전이 몇 개 더 있어야 할까요?

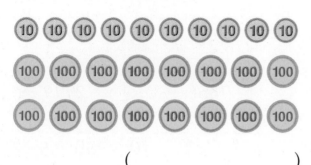

(   )

16 4장의 수 카드를 한 번씩만 사용하여 만들 수 있는 가장 작은 네 자리 수를 구해 보세요.

5   9   0   4

(   )

17 다음 중 가장 큰 수와 가장 작은 수를 각각 찾아 써 보세요.

5689   6859   6598   5698

가장 큰 수 (   )
가장 작은 수 (   )

18 지율이는 5450에서 50씩 뛰어 셌습니다. 뛰어 센 수가 5700이 되려면 몇 번 뛰어 세어야 할까요?

(   )

19 0부터 9까지의 수 중에서 □ 안에 들어갈 수 있는 수를 모두 구하려고 합니다. 풀이 과정을 쓰고 답을 구해 보세요.

$$8000 + 30 + 3 > 80\square 1$$

풀이 _____

_____

_____

답 _____

20 10원짜리 동전이 200개 있습니다. 이 돈을 모두 500원짜리 동전 몇 개로 바꿀 수 있는지 풀이 과정을 쓰고 답을 구해 보세요.

풀이 _____

_____

_____

답 _____

점수

확인

2. 곱셈구구

1 자전거의 바퀴는 모두 몇 개인지 곱셈식으로 나타내 보세요.

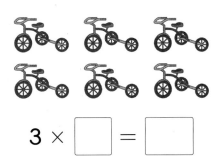

$$3 \times \boxed{} = \boxed{}$$

2 수직선을 보고 ☐ 안에 알맞은 수를 써넣으세요.

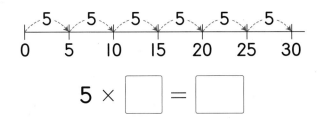

$$5 \times \boxed{} = \boxed{}$$

3 빈칸에 두 수의 곱을 써넣으세요.

×	0	2	4	7
1				

4 ☐ 안에 알맞은 수를 써넣으세요.

(1) $4 \times 4 = \boxed{}$

(2) $7 \times 8 = \boxed{}$

5 ☐ 안에 알맞은 수를 써넣으세요.

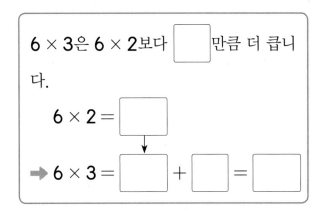

6 곱이 같은 것끼리 이어 보세요.

1×3 ·	· 9×5
5×9 ·	· 4×7
7×4 ·	· 3×1

7 빈칸에 알맞은 수를 써넣어 곱셈표를 완성해 보세요.

×	7	8	9
3			
4			
5			

2

8 8단 곱셈구구의 곱을 모두 찾아 쓰려고 합니다. 풀이 과정을 쓰고 답을 구해 보세요.

| 4 | 10 | 16 | 34 | 40 |

풀이 ....

....

....

답 ....

9 한 대에 7명씩 탈 수 있는 놀이 기구가 있습니다. 놀이 기구 3대에는 모두 몇 명이 탈 수 있는지 풀이 과정을 쓰고 답을 구해 보세요.

풀이 ....

....

....

답 ....

10 토마토가 24개 있습니다. □ 안에 알맞은 수를 써넣으세요.

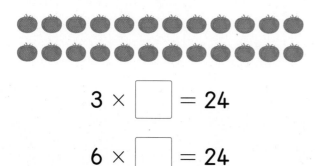

$$3 \times \boxed{} = 24$$

$$6 \times \boxed{} = 24$$

11 곱이 더 큰 것을 찾아 기호를 쓰려고 합니다. 풀이 과정을 쓰고 답을 구해 보세요.

| ㉠ 6 × 8   ㉡ 9 × 7 |

풀이 ....

....

....

답 ....

12 9에 어떤 수를 곱했더니 54가 되었습니다. 어떤 수는 얼마인지 풀이 과정을 쓰고 답을 구해 보세요.

풀이 ....

....

....

답 ....

13 □ 안에 공통으로 들어갈 수 있는 수를 구하려고 합니다. 풀이 과정을 쓰고 답을 구해 보세요.

$$2 \times \boxed{} = 0 \qquad \boxed{} \times 5 = 0$$

풀이 _____

_____

_____

답 _____

14 축구공이 모두 몇 개인지 2개의 곱셈식으로 나타내 보세요.

$$5 \times \boxed{} = \boxed{}$$

$$4 \times \boxed{} = \boxed{}$$

15 공을 꺼내어 공에 적힌 수만큼 점수를 얻는 놀이를 하였습니다. 지성이가 꺼낸 공에 적힌 수가 다음과 같을 때, 표를 완성하고 지성이가 얻은 점수는 모두 몇 점인지 구해 보세요.

공에 적힌 수	0	1	2
꺼낸 횟수(번)	3	4	1
점수(점)			

(   )

16 3장의 수 카드 중에서 2장을 골라 두 수의 곱을 구하려고 합니다. 가장 큰 곱은 얼마인지 풀이 과정을 쓰고 답을 구해 보세요.

$$\boxed{6} \quad \boxed{8} \quad \boxed{3}$$

풀이 _____

_____

_____

답 _____

17 산하는 3권씩 묶여 있는 공책을 2묶음 가지고 있고, 동수는 공책을 산하의 3배만큼 가지고 있습니다. 동수가 가지고 있는 공책은 모두 몇 권인지 풀이 과정을 쓰고 답을 구해 보세요.

풀이 ....

....

....

답 ....

18 연결 모형이 모두 몇 개인지 알아보려고 합니다. 5단 곱셈구구를 이용하여 두 가지 방법으로 설명해 보세요.

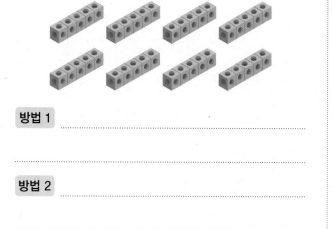

방법 1 ....

....

방법 2 ....

....

19 0부터 9까지의 수 중에서 □ 안에 들어갈 수 있는 수를 모두 구하려고 합니다. 풀이 과정을 쓰고 답을 구해 보세요.

$$6 \times \square < 20$$

풀이 ....

....

....

답 ....

20 과일 가게에 복숭아가 한 상자에 8개씩 9상자 있었습니다. 이 복숭아를 한 봉지에 5개씩 담아서 6봉지 팔았습니다. 팔고 남은 복숭아는 몇 개인지 풀이 과정을 쓰고 답을 구해 보세요.

풀이 ....

....

....

....

답 ....

[1~2] 그림을 보고 □ 안에 알맞은 수를 써넣으세요.

1

$$4 \times 3 = \boxed{}$$

2

$$0 \times 4 = \boxed{}$$

3 □ 안에 알맞은 수를 써넣으세요.

(1) $3 \times 7 = \boxed{}$

(2) $2 \times 5 = \boxed{}$

(3) $8 \times 6 = \boxed{}$

4 5단 곱셈구구의 곱을 모두 찾아 ○표 하세요.

15	16	17	18	19	20
21	22	23	24	25	26
27	28	29	30	31	32

5 다음 중에서 틀린 것을 모두 고르세요.

( )

① $1 \times 6 = 6$ ② $9 \times 1 = 1$
③ $5 \times 0 = 0$ ④ $0 \times 8 = 8$
⑤ $9 \times 0 = 0$

6 □ 안에 알맞은 수를 써넣으세요.

(1) $3 \times \boxed{} = 0$

(2) $\boxed{} \times 9 = 0$

7 그림을 보고 □ 안에 알맞은 수를 써넣으세요.

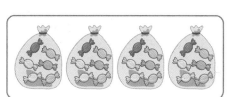

6×5는 6×4에 $\boxed{}$ 을/를

더해서 구합니다.

8 클립 한 개의 길이는 2 cm입니다. 클립 6개의 길이는 몇 cm일까요?

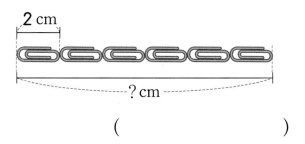

2 cm

? cm

( )

[9~10] 곱셈표를 보고 물음에 답하세요.

×	3	4	5	6	7	8	9
3	9	12	15		21	24	27
4	12		20	24		32	
5	15	20			35		45
6		24		36		48	54

9 빈칸에 알맞은 수를 써넣어 곱셈표를 완성해 보세요.

10 곱셈표에서 곱이 30인 곱셈구구를 모두 찾아 써 보세요.

( )

11 야구공은 몇 개인지 곱셈식으로 나타내려고 합니다. ☐ 안에 알맞은 수를 써넣으세요.

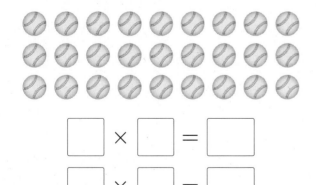

☐ × ☐ = ☐

☐ × ☐ = ☐

12 12를 서로 다른 두 가지 곱셈식으로 나타내 보세요.

12 = ☐ × ☐

12 = ☐ × ☐

13 0부터 시작하여 3단 곱셈구구의 곱의 일의 자리 숫자를 선으로 이어 보세요.

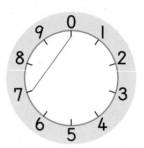

14 ☐ 안에 알맞은 수를 써넣으세요.

(1) 9 × 7 = ☐

9 × 6 = ☐ − ☐

= ☐

(2) 7 × 7 = ☐

7 × 9 = ☐ + ☐

= ☐

정답과 풀이 57쪽

15 면봉으로 다음과 같은 모양을 7개 만들려면 면봉은 모두 몇 개 필요할까요?

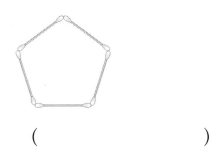

(   )

16 □ 안에 알맞은 수를 써넣으세요.

$$4 \times 9 = 6 \times \boxed{}$$

17 ●의 수를 곱셈식으로 나타내 보세요.

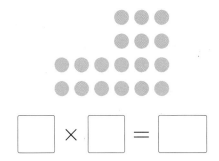

$$\boxed{} \times \boxed{} = \boxed{}$$

18 효진이가 과녁 맞히기를 한 결과입니다. 맞힌 과녁판의 수만큼 점수를 얻는다고 할 때 효진이가 얻은 점수는 모두 몇 점일까요?

과녁판의 수	6	4	1
맞힌 횟수(번)	1	3	0

(   )

19 7×6을 계산하는 방법을 두 가지로 설명해 보세요.

방법 1 _____

_____

방법 2 _____

_____

20 꽃 가게에 장미 50송이가 있었습니다. 이 장미를 한 다발에 8송이씩 꽂아 꽃다발 4개를 만들었습니다. 꽃다발을 만들고 남은 장미는 몇 송이인지 풀이 과정을 쓰고 답을 구해 보세요.

풀이 _____

_____

_____

답 _____

1 길이를 바르게 읽어 보세요.

7 m 21 cm

(   )

2 길이를 m 단위로 나타내기에 알맞은 것을 찾아 ○표 하세요.

연필의 길이   기차의 길이

(   )   (   )

3 ☐ 안에 알맞은 수를 써넣으세요.

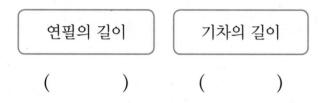

☐ m ☐ cm

126 127 128 129 130 (cm)

4 ☐ 안에 알맞은 수를 써넣으세요.

(1) 1 m는 1 cm를 ☐ 번 이은 것과 같습니다.

(2) 1 m는 10 cm를 ☐ 번 이은 것과 같습니다.

5 346 cm는 몇 m 몇 cm인지 풀이 과정을 쓰고 답을 구해 보세요.

풀이 ....

....

....

답 ....

6 우산의 길이가 1 m일 때 책장의 높이는 약 몇 m일까요?

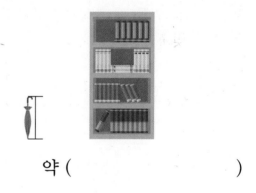

약 (   )

7 길이가 1 m보다 긴 것을 모두 찾아 기호를 써 보세요.

㉠ 지우개의 길이   ㉡ 비행기의 길이
㉢ 신발의 길이   ㉣ 가로등의 높이

(   )

8 □ 안에 cm와 m 중 알맞은 단위를 쓰고 그렇게 생각한 까닭을 써 보세요.

> 축구장의 짧은 쪽의 길이는 약 70 □ 입니다.

답 _____

까닭 _____

_____

_____

9 길이를 비교하여 ○ 안에 >, =, <를 알맞게 써넣으세요.

$$9 \, \text{m} \, 3 \, \text{cm} \bigcirc 903 \, \text{cm}$$

10 길이의 합과 차를 구해 보세요.

(1)
```
    4  m  36  cm
+   5  m  27  cm
───────────────
   [  ] m [  ] cm
```

(2)
```
    7  m  84  cm
-   3  m  52  cm
───────────────
   [  ] m [  ] cm
```

11 이어 붙인 색 테이프의 전체 길이는 몇 m 몇 cm인지 풀이 과정을 쓰고 답을 구해 보세요.

5 m 20 cm   3 m 45 cm

풀이 _____

_____

_____

답 _____

12 동규와 민수는 공 던지기를 했습니다. 동규가 던진 거리는 5 m 95 cm이고, 민수가 던진 거리는 4 m 60 cm입니다. 동규는 민수보다 몇 m 몇 cm 더 멀리 던졌는지 풀이 과정을 쓰고 답을 구해 보세요.

풀이 _____

_____

_____

답 _____

13 길이가 긴 것부터 차례로 기호를 쓰려고 합니다. 풀이 과정을 쓰고 답을 구해 보세요.

> ㉠ 690 cm
> ㉡ 6 m 9 cm
> ㉢ 960 cm

풀이 ....

....

....

답 ....

14 정원이의 키는 1 m 41 cm이고, 성훈이의 키는 136 cm입니다. 누구의 키가 몇 cm 더 큰지 풀이 과정을 쓰고 답을 구해 보세요.

풀이 ....

....

....

답 .... ,

15 몸의 부분을 이용하여 신발장 긴 쪽의 길이를 재려고 합니다. 적은 횟수로 잴 수 있는 것부터 차례로 기호를 써 보세요.

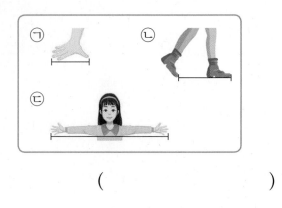

(   )

16 ㉡에서 ㉢까지의 거리는 몇 m 몇 cm인지 풀이 과정을 쓰고 답을 구해 보세요.

6 m 59 cm

㉠   ㉡   ㉢

2 m 17 cm

풀이 ....

....

....

답 ....

17 은수가 양팔을 벌린 길이는 1 m 30 cm 입니다. 게시판 긴 쪽의 길이는 약 몇 m인지 풀이 과정을 쓰고 답을 구해 보세요.

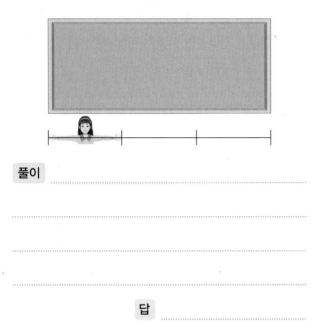

풀이

답

18 각자 어림하여 자른 실의 길이가 4 m 50 cm에 가장 가까운 사람은 누구인지 풀이 과정을 쓰고 답을 구해 보세요.

지호가 자른 실의 길이	4 m 40 cm
정우가 자른 실의 길이	4 m 65 cm
상규가 자른 실의 길이	4 m 55 cm

풀이

답

19 수 카드의 수를 ☐ 안에 한 번씩만 써 넣어 가장 긴 길이와 가장 짧은 길이를 만들고, 그 합을 구해 보세요.

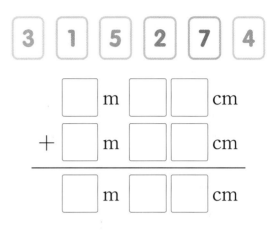

$$\begin{array}{r} \square\ m\ \square\square\ cm \\ +\ \square\ m\ \square\square\ cm \\ \hline \square\ m\ \square\square\ cm \end{array}$$

20 길이가 2 m 25 cm인 막대 3개를 겹치지 않게 이어 붙였습니다. 이어 붙인 막대의 전체 길이는 몇 m 몇 cm인지 풀이 과정을 쓰고 답을 구해 보세요.

2 m 25 cm

풀이

답

3. 길이 재기

1 관계있는 것끼리 이어 보세요.

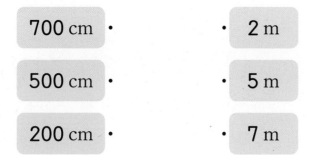

700 cm ·   · 2 m

500 cm ·   · 5 m

200 cm ·   · 7 m

2 ☐ 안에 cm와 m 중 알맞은 단위를 써 넣으세요.

(1) 지우개의 길이는 약 5 ☐ 입니다.

(2) 방문의 높이는 약 2 ☐ 입니다.

3 옷장의 높이는 몇 m 몇 cm일까요?
（단, 줄자의 단위는 cm입니다.）

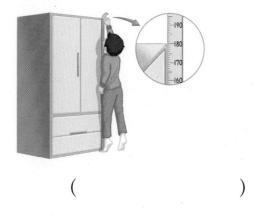

(   )

4 ☐ 안에 알맞은 수를 써넣으세요.

(1) 473 cm = ☐ m ☐ cm

(2) 2 m 9 cm = ☐ cm

5 1 m를 바르게 만든 사람의 이름을 써 보세요.

> 은정: 길이가 1 cm인 색 테이프를 겹치는 부분 없이 100장 이어 붙였어.
>
> 미영: 길이가 10 cm인 색 테이프를 겹치는 부분 없이 8장 이어 붙였어.

(   )

6 옳게 나타낸 것에 ○표, 잘못 나타낸 것에 ×표 하세요.

(1) 606 cm = 66 m   (   )

(2) 10 m 5 cm = 1005 cm
(   )

(3) 1101 cm = 11 m 1 cm
(   )

7 길이가 긴 것부터 차례로 기호를 써 보세요.

> ㉠ 5 m 1 cm   ㉡ 205 cm
>
> ㉢ 2 m 30 cm   ㉣ 511 cm

(   )

8 ☐ 안에 알맞은 수를 써넣으세요.

4 m 35 cm + 1 m 35 cm
= ☐ m ☐ cm

9 길이가 **5** m보다 더 긴 것을 모두 찾아 기호를 써 보세요.

> ㉠ 방문의 높이
> ㉡ 건물 **3**층의 높이
> ㉢ 농구장 짧은 쪽의 길이
> ㉣ 스케치북 긴 쪽의 길이

( )

10 은희의 두 걸음이 **1** m라면 거실 긴 쪽의 길이는 약 몇 m일까요?

거실 긴 쪽의 길이를 내 걸음으로 재었더니 약 **8**걸음이야.

은희

약 ( )

11 사용한 색 테이프의 길이는 몇 m 몇 cm일까요?

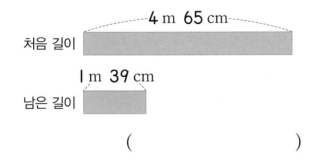

처음 길이 ┈4 m 65 cm┈

1 m 39 cm

남은 길이

( )

12 집에서 놀이터를 거쳐 공원까지 가는 거리는 몇 m 몇 cm일까요?

집

62 m 45 cm

공원

29 m 18 cm

놀이터

( )

13 두 길이의 합은 몇 m 몇 cm일까요?

| 340 cm | 5 m 5 cm |

( )

14 가장 긴 길이와 가장 짧은 길이의 차는 몇 m 몇 cm일까요?

| 865 cm | 2 m 10 cm |
| 5 m 43 cm | 313 cm |

( )

➡ 정답과 풀이 60쪽

15 길이를 비교하여 ○ 안에 >, =, <를 알맞게 써넣으세요.

36 m 94 cm − 2365 cm

○ 305 cm + 10 m 84 cm

16 0부터 9까지의 수 중에서 □ 안에 들어갈 수 있는 수를 모두 써 보세요.

5□5 cm < 5 m 47 cm

(   )

17 민주와 수호는 높이가 170 cm인 책장의 높이를 다음과 같이 어림하였습니다. 실제 높이에 더 가깝게 어림한 사람은 누구일까요?

민주	1 m 90 cm
수호	1 m 65 cm

(   )

18 □ 안에 알맞은 수를 써넣으세요.

13 m 58 cm − □ cm

= 5 m 46 cm

19 계산이 틀린 까닭을 쓰고 바르게 계산해 보세요.

$$\begin{array}{r} 9 \text{ m } 36 \text{ cm} \\ - 3 \text{ m } 2 \text{ cm} \\ \hline 6 \text{ m } 16 \text{ cm} \end{array}$$ → 바른 계산

까닭 ....

....

20 철사를 은주는 540 cm만큼 자르고 지민이는 은주보다 1 m 20 cm만큼 더 짧게 잘랐습니다. 은주와 지민이가 자른 철사의 길이의 합은 몇 m 몇 cm인지 풀이 과정을 쓰고 답을 구해 보세요.

풀이 ....

....

....

답 ....

1 알맞은 말에 ○표 하세요.

> 시계의 긴바늘이 가리키는 작은 눈금 한 칸은 1(시간 , 분)을 나타냅니다.

2 시계를 보고 몇 시 몇 분인지 써 보세요.

☐시 ☐분

3 ☐ 안에 오전, 오후를 알맞게 써넣으세요.

> 지호는 ☐ 8시 30분에 아침 식사를 합니다.

4 ☐ 안에 알맞은 수를 써넣으세요.

1일 8시간 = ☐일 + 8시간

= ☐시간 + 8시간

= ☐시간

5 색칠한 부분은 민재가 등산을 하는 데 걸린 시간을 나타낸 것입니다. ☐ 안에 알맞은 수를 써넣으세요.

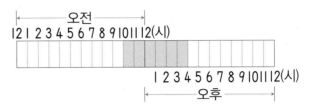

➡ 민재가 등산을 하는 데 걸린 시간은

☐시간입니다.

6 시계에 시각을 나타내 보세요.

7 시각을 두 가지 방법으로 읽어 보세요.

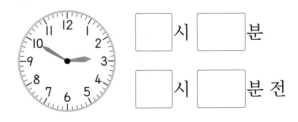

☐시 ☐분

☐시 ☐분 전

8 진구의 생활 계획표를 보고 오전에 하는 활동을 모두 쓰려고 합니다. 풀이 과정을 쓰고 답을 구해 보세요.

풀이 ....

....

....

답 ....

9 200분은 몇 시간 몇 분인지 풀이 과정을 쓰고 답을 구해 보세요.

풀이 ....

....

....

답 ....

[10~11] 어느 해 8월의 달력을 보고 물음에 답하세요.

8월

일	월	화	수	목	금	토
				1	2	3
4	5	6	7	8	9	10
11	12	13	14	15	16	17
18	19	20	21	22	23	24
25	26	27	28	29	30	31

10 토요일은 모두 몇 번 있는지 풀이 과정을 쓰고 답을 구해 보세요.

풀이 ....

....

....

답 ....

11 8월 15일은 광복절입니다. 광복절은 무슨 요일인가요?

( )

12 다음 시각에서 5분 전은 몇 시 몇 분인지 풀이 과정을 쓰고 답을 구해 보세요.

풀이 _____

_____

_____

답 _____

13 정원이는 7월 한 달 동안 하루도 빠짐없이 달리기를 하였습니다. 정원이가 7월에 달리기를 한 날은 모두 며칠인지 풀이 과정을 쓰고 답을 구해 보세요.

풀이 _____

_____

_____

답 _____

14 날수가 다른 달을 찾아 기호를 써 보세요.

| ㉠ 1월   ㉡ 3월   ㉢ 5월   ㉣ 9월 |

( )

15 호진이가 책을 읽기 시작한 시각과 끝낸 시각을 나타낸 것입니다. 호진이가 책을 읽은 시간은 몇 시간 몇 분인지 풀이 과정을 쓰고 답을 구해 보세요.

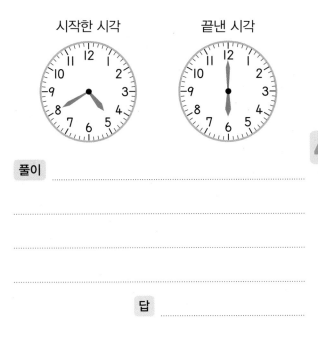

풀이 _____

_____

_____

답 _____

16 시계의 짧은바늘이 1에서 5까지 가는 동안에 긴바늘은 몇 바퀴 돌까요?

( )

17 거울에 비친 시계의 모습입니다. 이 시계가 나타내는 시각은 몇 시 몇 분인지 풀이 과정을 쓰고 답을 구해 보세요.

풀이

답

18 지혜가 줄넘기하기를 끝낸 시각입니다. 지혜가 **40**분 동안 줄넘기를 했다면 줄넘기하기를 시작한 시각은 몇 시 몇 분인지 풀이 과정을 쓰고 답을 구해 보세요.

풀이

답

19 수진이네 가족은 오전 **8**시에 집에서 출발하여 부산으로 여행을 다녀왔습니다. 다음 날 오후 **8**시에 집에 도착했다면 수진이네 가족이 여행하는 데 걸린 시간은 모두 몇 시간인지 풀이 과정을 쓰고 답을 구해 보세요.

풀이

답

20 어느 해 **10**월 달력의 일부분입니다. 같은 해 **11**월 **1**일은 무슨 요일인지 풀이 과정을 쓰고 답을 구해 보세요.

10월

일	월	화	수	목	금	토
	1	2	3	4	5	6

풀이

답

4. 시각과 시간

1 시계를 보고 몇 시 몇 분인지 써 보세요.

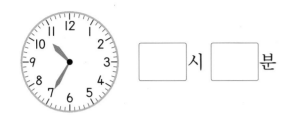

ㅤ시ㅤ분

2 같은 시각끼리 이어 보세요.

3 영화 상영 시간표를 보고 3회차 상영 시작 시각을 시계에 나타내 보세요.

회차	시작 시각
1	7 : 50
2	9 : 30
3	11 : 10
4	12 : 50
5	14 : 30

4 □ 안에 알맞은 수를 써넣으세요.

(1) 1시 10분 전 = ㅤ시ㅤ분

(2) 2시 45분 = ㅤ시ㅤ분 전

5 □ 안에 알맞은 수나 말을 써넣으세요.

시계의 ㅤ바늘이 ㅤ와/과

ㅤ사이를 가리키고 ㅤ바늘이

ㅤ을/를 가리키면 5시 40분입니다.

6 잘못된 것을 찾아 기호를 써 보세요.

㉠ 1시간 30분 = 90분
㉡ 150분 = 2시간 30분
㉢ 2시간 20분 = 80분

(ㅤㅤㅤ)

7 다음 중에서 잘못된 것은 어느 것일까요? (ㅤㅤ)

① 32개월 = 2년 8개월
② 1년 10개월 = 22개월
③ 24일 = 3주일
④ 1일 6시간 = 30시간
⑤ 5시간 = 300분

8 오른쪽 시계가 나타내는 시각을 바르게 읽은 것을 모두 찾아 기호를 써 보세요.

㉠ 9시 52분	㉡ 9시 8분 전
㉢ 10시 8분 전	㉣ 8시 52분

(   )

9 오른쪽 시각에서 긴바늘과 짧은바늘이 한 바퀴 돌았을 때 나타내는 시각을 알아보려고 합니다. 알맞은 말에 ○표 하고 □ 안에 알맞은 수를 써넣으세요.

오전

(1) 긴바늘이 한 바퀴 돌았을 때

➡ (오전 , 오후) ☐ 시 ☐ 분

(2) 짧은바늘이 한 바퀴 돌았을 때

➡ (오전 , 오후) ☐ 시 ☐ 분

10 시계에 시각을 나타내 보세요.

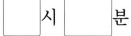

5시 5분 전

11 다음을 읽고 시계가 나타내는 시각은 몇 시 몇 분인지 써 보세요.

- 짧은바늘은 **8**과 **9** 사이를 가리킵니다.
- 긴바늘은 **6**에서 작은 눈금 **4**칸 더 간 곳을 가리킵니다.

(   )

12 유미가 시각을 잘못 읽은 까닭을 쓰고 올바른 시각은 몇 시 몇 분 전인지 써 보세요.

지금 시각은 5시 2분 전입니다.

유미

까닭

(   )

13 □ 안에 알맞은 수를 써넣으세요.

민석이는 오전 **10:40** 에 박물관에 도착하여 오후 **2**시 **10**분 전에 박물관에서 나왔습니다. 민석이가 박물관에 있었던 시간은 ☐ 시간 ☐ 분입니다.

14 시계의 짧은바늘이 **6**에서 **9**까지 가는 동안에 긴바늘은 몇 바퀴 도는지 구해 보세요.

(   )

서술형 문제

🔵 정답과 풀이 63쪽

15 거울에 비친 시계의 모습입니다. 시계가 나타내는 시각은 몇 시 몇 분일까요?

( )

16 수현이는 3시부터 50분 동안 책을 읽은 후 20분 동안 쉬고 다시 책을 읽었습니다. 수현이가 다시 책을 읽기 시작한 시각은 몇 시 몇 분일까요?

( )

17 5월 22일부터 6월 3일까지 전시회가 열립니다. 전시회가 열리는 기간은 며칠일까요?

( )

18 원희는 자전거를 타고 집에서 10시 40분에 출발하여 할머니 댁에 12시 10분에 도착했습니다. 원희가 집에서 할머니 댁까지 가는 데 걸린 시간은 몇 시간 몇 분일까요?

( )

19 가람이와 윤수가 그림 그리기를 시작한 시각과 끝낸 시각입니다. 그림을 더 오랫동안 그린 사람은 누구인지 풀이 과정을 쓰고 답을 구해 보세요.

	시작한 시각	끝낸 시각
가람	3시 40분	5시
윤수	4시 10분	5시 50분

풀이

답

20 어느 해 9월 달력의 일부분입니다. 같은 해 10월 1일은 무슨 요일인지 풀이 과정을 쓰고 답을 구해 보세요.

9월

일	월	화	수	목	금	토
	1	2	3	4	5	6
7	8	9	10	11	12	13

풀이

답

[1~4] 명지네 반 학생들이 좋아하는 놀이를 조사하였습니다. 물음에 답하세요.

명지네 반 학생들이 좋아하는 놀이

→윷놀이   →연날리기   →공기놀이

명지	경주	지아	준호
도영	세현	종신	가은
찬우	은미	진화	태욱
윤미	한수	지훈	연서

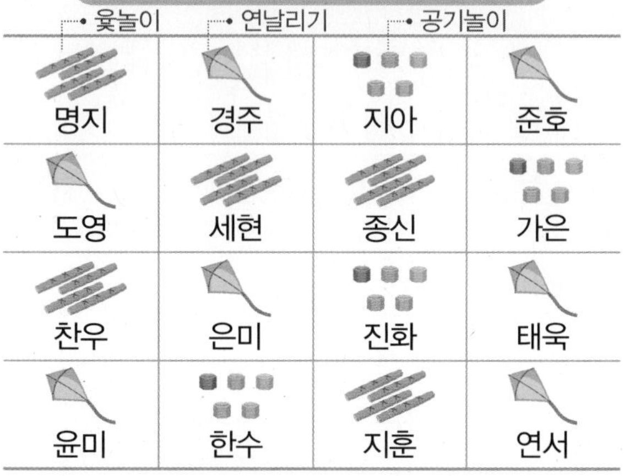

1 세현이가 좋아하는 놀이는 무엇일까요?

(   )

2 공기놀이를 좋아하는 학생을 모두 써 보세요.

(   )

3 자료를 보고 표로 나타내 보세요.

명지네 반 학생들이 좋아하는 놀이별 학생 수

놀이	윷놀이	연날리기	공기놀이	합계
학생 수(명)				

4 명지네 반 학생은 모두 몇 명일까요?

(   )

[5~6] 정우네 반 학생들이 좋아하는 우유를 조사하여 표로 나타냈습니다. 물음에 답하세요.

정우네 반 학생들이 좋아하는 우유별 학생 수

우유	딸기	바나나	초콜릿	합계
학생 수(명)	5	3	7	15

5 표를 보고 ○를 이용하여 그래프로 나타내 보세요.

정우네 반 학생들이 좋아하는 우유별 학생 수

7			
6			
5			
4			
3			
2			
1			
학생 수(명) / 우유	딸기	바나나	초콜릿

6 가장 많은 학생들이 좋아하는 우유는 무엇인지 풀이 과정을 쓰고 답을 구해 보세요.

풀이 _____

_____

_____

답 _____

[7~9] 채연이네 반 학생들이 좋아하는 채소를 조사하여 표로 나타냈습니다. 물음에 답하세요.

채연이네 반 학생들이 좋아하는 채소별 학생 수

채소	오이	가지	당근	감자	합계
학생 수(명)		5	6	4	22

7 오이를 좋아하는 학생은 몇 명인지 풀이 과정을 쓰고 답을 구해 보세요.

풀이

답

8 표를 보고 /을 이용하여 그래프로 나타내 보세요.

채연이네 반 학생들이 좋아하는 채소별 학생 수

감자							
당근							
가지							
오이							
채소 / 학생 수(명)	1	2	3	4	5	6	7

9 좋아하는 학생 수가 가지보다 많은 채소를 모두 구하려고 합니다. 풀이 과정을 쓰고 답을 구해 보세요.

풀이

답

[10~11] 선우네 모둠 학생들이 좋아하는 새를 조사하여 표와 그래프로 나타냈습니다. 물음에 답하세요.

선우네 모둠 학생들이 좋아하는 새별 학생 수

새	참새	까치	앵무새	공작	합계
학생 수(명)	2		4		

선우네 모둠 학생들이 좋아하는 새별 학생 수

4				
3		○		
2		○		
1		○		○
학생 수(명) / 새	참새	까치	앵무새	공작

10 표와 그래프를 각각 완성해 보세요.

11 표를 그래프로 나타냈을 때 편리한 점을 써 보세요.

5

[12~14] 경하네 반 학생 18명이 가 보고 싶은 나라를 조사하여 그래프로 나타냈습니다. 물음에 답하세요.

경하네 반 학생들이 가 보고 싶은 나라별 학생 수

이탈리아						
일본	×	×	×			
영국	×	×	×	×	×	×
미국	×	×	×	×	×	
나라 / 학생 수(명)	1	2	3	4	5	6

12 미국에 가 보고 싶은 학생과 일본에 가 보고 싶은 학생 수의 합은 몇 명인지 풀이 과정을 쓰고 답을 구해 보세요.

풀이 _____

_____

_____

답 _____

13 이탈리아에 가 보고 싶은 학생은 몇 명인지 풀이 과정을 쓰고 답을 구해 보세요.

풀이 _____

_____

_____

답 _____

14 그래프를 보고 표로 나타내 보세요.

경하네 반 학생들이 가 보고 싶은 나라별 학생 수

나라	미국	영국	일본	이탈리아	합계
학생 수(명)					

[15~16] 정수네 모둠 학생들이 가지고 있는 공책 수를 조사하여 표와 그래프로 나타냈습니다. 물음에 답하세요.

정수네 모둠 학생별 가지고 있는 공책 수

이름	정수	혜진	영유	한희	합계
공책 수(권)	3	2	3	4	12

정수네 모둠 학생별 가지고 있는 공책 수

4				○
3	○		○	○
2		○	○	
1	○	○	○	
공책 수(권) / 이름	정수	혜진	영유	환희

15 그래프에서 잘못된 부분을 찾아 바르게 고치고, 잘못된 까닭을 써 보세요.

까닭 _____

_____

16 표를 보고 알 수 있는 내용을 모두 찾아 기호를 써 보세요.

> ㉠ 정수가 가지고 있는 공책의 종류
> ㉡ 공책을 가장 많이 가지고 있는 학생
> ㉢ 가지고 있는 공책 수가 같은 학생

(   )

17 영채네 반 학생들이 체험 학습 때 먹고 싶은 음식을 조사하여 표로 나타냈습니다. 체험 학습 때 나누어 줄 음식으로 어떤 음식을 가장 많이 준비하면 좋을지 쓰고, 그 까닭을 써 보세요.

영채네 반 학생들이 먹고 싶은 음식별 학생 수

음식	김밥	햄버거	피자	치킨	합계
학생 수(명)	3	5	7	4	19

답 _____

까닭 _____

_____

18 민주네 모둠 학생들이 읽은 책 수를 조사하여 표로 나타냈습니다. 민주와 현서가 읽은 책 수가 같을 때 민주가 읽은 책은 몇 권인지 풀이 과정을 쓰고 답을 구해 보세요.

민주네 모둠 학생들이 읽은 책 수

이름	민주	재석	현서	영호	합계
책 수(권)		4		2	12

풀이 _____

_____

_____

답 _____

[19~20] 주사위를 18번 굴려서 나온 눈의 횟수를 조사하여 그래프로 나타냈습니다. 물음에 답하세요.

주사위를 굴려서 나온 눈의 횟수

눈 \ 횟수(번)	1	2	3	4	5
⚅	△	△			
⚄					
⚃					
⚂	△	△	△	△	△
⚁	△	△	△		
⚀	△				

19 ⚃가 나온 횟수가 ⚂이 나온 횟수보다 2번 더 적다고 합니다. ⚃가 나온 횟수는 몇 번인지 풀이 과정을 쓰고 답을 구해 보세요.

5

풀이 _____

_____

_____

_____

답 _____

20 그래프를 완성해 보세요.

[1~4] 세진이네 반 학생들이 좋아하는 사탕의 맛을 조사하였습니다. 물음에 답하세요.

세진이네 반 학생들이 좋아하는 사탕 맛

이름	맛	이름	맛	이름	맛
세진	딸기	훈영	사과	정민	딸기
수호	포도	진아	딸기	윤호	포도
영은	사과	수진	딸기	지수	딸기
지훈	멜론	경태	사과	수영	사과
민혁	딸기	우진	포도	민영	딸기
성수	멜론	광민	포도	희주	사과

1 지훈이는 어떤 맛 사탕을 좋아할까요?

(   )

2 자료를 보고 표로 나타내 보세요.

세진이네 반 학생들이 좋아하는 사탕 맛별 학생 수

맛	딸기	포도	사과	멜론	합계
학생 수(명)					

3 딸기 맛 사탕을 좋아하는 학생은 몇 명일까요?

(   )

4 세진이네 반 학생은 모두 몇 명일까요?

(   )

[5~7] 원영이네 반 학생들의 장래 희망을 조사하여 표로 나타냈습니다. 물음에 답하세요.

원영이네 반 학생들의 장래 희망별 학생 수

장래 희망	선생님	운동 선수	경찰관	과학자	합계
학생 수(명)		8	5	4	24

5 장래 희망이 선생님인 학생은 몇 명일까요?

(   )

6 표를 보고 /을 이용하여 그래프로 나타내 보세요.

원영이네 반 학생들의 장래 희망별 학생 수

8				
7				
6				
5				
4				
3				
2				
1				
학생 수(명) / 장래 희망	선생님	운동 선수	경찰관	과학자

7 가장 많은 학생들의 장래 희망은 무엇일까요?

(   )

[8~11] 유성이네 반 학생들이 가고 싶은 장소를 조사하여 그래프로 나타냈습니다. 물음에 답하세요.

유성이네 반 학생들이 가고 싶은 장소별 학생 수

습지	○	○	○	○			
수목원	○	○	○				
산	○	○	○	○	○		
바다	○	○	○	○	○	○	○
놀이 공원	○	○	○	○			
장소 \ 학생 수(명)	1	2	3	4	5	6	7

8 조사한 학생은 모두 몇 명일까요?

( )

9 가고 싶은 학생 수가 같은 장소를 써 보세요.

( )

10 가고 싶은 학생 수가 4명보다 많은 장소를 모두 써 보세요.

( )

11 가장 많은 학생들이 가고 싶은 장소와 가장 적은 학생들이 가고 싶은 장소의 학생 수의 차는 몇 명일까요?

( )

[12~15] 해주네 반 학생들이 좋아하는 과일을 조사하여 표와 그래프로 나타냈습니다. 물음에 답하세요.

해주네 반 학생들이 좋아하는 과일별 학생 수

과일	사과	수박	포도	참외	합계
학생 수(명)	4				18

해주네 반 학생들이 좋아하는 과일별 학생 수

6		○		
5		○	○	
4		○	○	
3		○	○	
2		○	○	
1		○	○	
학생 수(명) \ 과일	사과	수박	포도	참외

12 표를 완성해 보세요.

13 그래프를 완성해 보세요.

14 좋아하는 학생 수가 많은 과일부터 차례로 써 보세요.

( )

15 좋아하는 학생 수가 많은 과일부터 차례로 알아보기에 편리한 것은 표와 그래프 중에서 어느 것일까요?

( )

[16~18] 근영이네 반 학생들이 좋아하는 동물을 조사하여 표로 나타냈습니다. 토끼를 좋아하는 학생이 펭귄을 좋아하는 학생보다 3명 더 많을 때 물음에 답하세요.

근영이네 반 학생들이 좋아하는 동물별 학생 수

동물	토끼	기린	고래	펭귄	곰	합계
학생 수(명)		2	4		5	20

16 표를 완성해 보세요.

17 표를 보고 ×를 이용하여 그래프로 나타내 보세요.

근영이네 반 학생들이 좋아하는 동물별 학생 수

학생 수(명) / 동물	토끼	기린	고래	펭귄	곰
6					
5					
4					
3					
2					
1					

18 토끼를 좋아하는 학생 수는 기린을 좋아하는 학생 수의 몇 배일까요?

(   )

19 은서네 반 학생들이 좋아하는 호빵을 조사하여 표로 나타냈습니다. 팥 호빵을 좋아하는 학생이 치즈 호빵을 좋아하는 학생보다 6명 더 많습니다. 은서네 반 학생은 모두 몇 명인지 풀이 과정을 쓰고 답을 구해 보세요.

은서네 반 학생들이 좋아하는 호빵별 학생 수

호빵	야채	팥	김치	치즈	합계
학생 수(명)	6		7	4	

풀이 ....

....

답 ....

20 형진이가 가지고 있는 책 17권을 종류별로 조사하여 그래프로 나타내려고 합니다. 위인전이 과학책보다 2권 더 많을 때 풀이 과정을 쓰고 그래프를 완성해 보세요.

형진이가 가지고 있는 종류별 책 수

종류 / 책 수(권)	1	2	3	4	5	6
동화책	/	/	/	/	/	/
과학책						
위인전						
만화책	/	/	/			

풀이 ....

....

[1~3] 그림을 보고 물음에 답하세요.

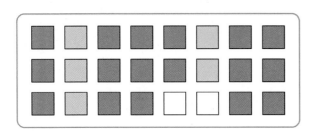

1 반복되는 무늬로 알맞은 것을 찾아 기호를 써 보세요.

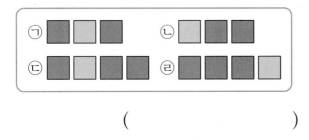

( )

2 규칙에 따라 빈칸에 알맞게 색칠해 보세요.

3 위 그림에서 ■은 1, □은 2, ■은 3으로 바꾸어 나타내 보세요.

1	2	3	3	1	2	3	3
1	2	3					

4 규칙을 찾아 □ 안에 알맞은 모양을 그리고 색칠한 다음, 규칙을 써 보세요.

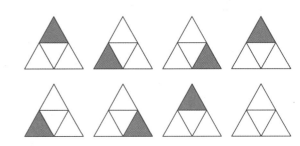

규칙

5 규칙을 찾아 알맞게 색칠해 보세요.

6 규칙에 따라 쌓기나무를 쌓았습니다. □ 안에 알맞은 수를 써넣으세요.

쌓기나무의 수가 왼쪽에서 오른쪽으로

□개, □개, □개씩 반복됩니다.

[7~9] 덧셈표를 보고 물음에 답하세요.

+	2	4	6	8
2	4	6	8	10
4	6	8		12
6		10	12	
8	10			16

7 빈칸에 알맞은 수를 써넣으세요.

8 ▬으로 색칠한 수의 규칙을 찾아 써 보세요.

규칙 _____

_____

_____

9 ▬으로 색칠한 수의 규칙을 찾아 써 보세요.

규칙 _____

_____

_____

[10~12] 곱셈표를 보고 물음에 답하세요.

×	1	3	5	7	9
1	1	3		7	9
3	3	9		21	
5	5		25	35	45
7	7	21	35	49	63
9	9			63	81

10 빈칸에 알맞은 수를 써넣으세요.

11 ▬으로 색칠한 곳과 규칙이 같은 곳을 찾아 색칠해 보세요.

12 초록색 선을 따라 접었을 때 만나는 수들은 서로 어떤 관계가 있는지 써 보세요.

_____

_____

13 빈칸에 알맞은 수를 써넣고, 규칙을 써 보세요.

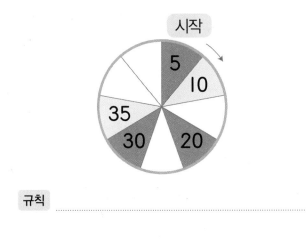

규칙 ....

....

....

14 규칙을 찾아 다음에 이어질 모양을 ☐ 안에 그려 보세요.

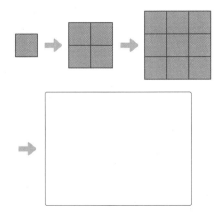

15 덧셈표에서 규칙을 찾아 빈칸에 알맞은 수를 써넣으세요.

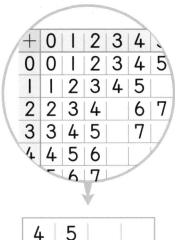

4	5		
	6	7	
		7		9
		9	

16 어느 해의 7월 달력입니다. 달력에서 찾을 수 있는 규칙을 2가지 써 보세요.

7월

일	월	화	수	목	금	토
				1	2	3
4	5	6	7	8	9	10
11	12	13	14	15	16	17
18	19	20	21	22	23	24
25	26	27	28	29	30	31

규칙 1 ....

규칙 2 ....

17 기차 출발 시간표에서 규칙을 찾아 써 보세요.

기차 출발 시각	
전주행	부산행
7시 30분	10시
8시 30분	11시
9시 30분	12시
10시 30분	13시

규칙 ....

....

....

18 규칙에 따라 쌓기나무를 쌓았습니다. 다음에 이어질 모양에 쌓을 쌓기나무는 모두 몇 개인지 풀이 과정을 쓰고 답을 구해 보세요.

풀이 ....

....

....

답 ....

19 표 안의 수를 이용하여 덧셈표를 완성하고 규칙을 찾아 써 보세요.

+				
	3			
		5		
			7	
				9

규칙 ....

....

20 연극 공연장의 자리를 나타낸 그림입니다. 재희의 자리는 라열 넷째입니다. 재희가 앉을 의자의 번호는 몇 번인지 풀이 과정을 쓰고 답을 구해 보세요.

풀이 ....

....

....

답 ....

1 규칙을 찾아 알맞게 색칠해 보세요.

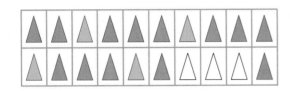

2 규칙을 찾아 알맞게 색칠해 보세요.

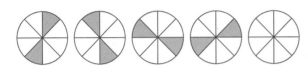

3 규칙을 찾아 빈칸에 알맞은 모양을 그려 보세요.

4 규칙에 따라 쌓기나무를 쌓았습니다. 규칙을 찾아 써 보세요.

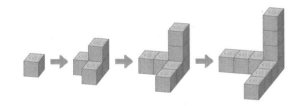

규칙

[5~7] 덧셈표를 보고 물음에 답하세요.

+	3	4	5	6	7
3	6	7		9	10
4	7	8	9	10	11
5	8		10	11	12
6	9	10		12	13
7	10	11	12	13	

5 빈칸에 알맞은 수를 써넣으세요.

6 ■으로 색칠한 수의 규칙을 모두 찾아 기호를 써 보세요.

> ㉠ 모두 짝수입니다.
> ㉡ 모두 홀수입니다.
> ㉢ ↘ 방향으로 갈수록 1씩 커집니다.
> ㉣ ↘ 방향으로 갈수록 2씩 커집니다.

(   )

7 빨간색 선 안에 있는 수의 규칙을 찾아 써 보세요.

규칙

[8~11] 곱셈표를 보고 물음에 답하세요.

×	4	5	6	7	8
4	16	20	24	28	32
5	20	25	30		40
6	24	30	36	42	48
7	28		42	49	56
8	32	40	48	56	64

8 빈칸에 공통으로 들어갈 수를 써 보세요.

(   )

9 ■■으로 색칠한 수의 규칙을 찾아 써 보세요.

규칙 ....

....

10 ■■으로 색칠한 부분과 같은 규칙이 있는 곳을 찾아 색칠해 보세요.

11 초록색 선(＼)에 놓인 수의 규칙을 찾아 써 보세요.

규칙 ....

....

12 곱셈표를 완성하고 빨간색 선 안에 놓인 수의 규칙을 찾아 써 보세요.

×	2	4	6	8
2	4	8		16
		24		
6	12			
	32			

규칙 ....

....

13 승강기 안에 있는 버튼의 수 배열에서 규칙을 찾아 써 보세요.

규칙 ....

....

14 규칙을 찾아 ㉠에 알맞은 모양을 그리고 색칠해 보세요.

▼	◣	◆	▼	◣	◆	▼	◣
◆	▼	◣	◆				㉠

(   )

✏️ 서술형 문제 　　　　　　🔴 정답과 풀이 **69**쪽

[15~16] 곱셈표에서 규칙을 찾아 빈칸에 알맞은 수를 써넣으세요.

×	1	2	3	
1	1	2	3	4
2	2	4	6	
3	3	6	9	

15

		32	36
	35		45
36			54

16

35	42	49
40		

17 다음과 같은 규칙으로 바둑돌을 놓을 때 20째 바둑돌의 색깔을 써 보세요.

⚪ ⚫ ⚫ ⚪ ⚫ ⚫ ⚪ ⚫ ⚫ …

(　　　　　　　　)

18 규칙에 따라 쌓기나무를 쌓았습니다. 다음에 이어질 모양에 쌓을 쌓기나무는 모두 몇 개일까요?

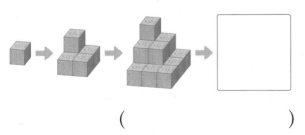

(　　　　　　　　)

19 눈썰매장의 운영 시간표의 일부분입니다. 입장 시각의 규칙을 찾아 4회의 입장 시각은 몇 시 몇 분인지 풀이 과정을 쓰고 답을 구해 보세요.

	입장 시각	퇴장 시각
1회	3시 10분	5시 10분
2회	5시 20분	7시 20분
3회	7시 30분	

풀이 ....

....

....

답 ....

20 어느 해 9월 달력의 일부분입니다. 9월의 마지막 일요일은 며칠인지 풀이 과정을 쓰고 답을 구해 보세요.

9월

일	월	화	수	목	금	토
					1	2
3	4	5	6			

풀이 ....

....

....

답 ....

진도책 정답과 풀이

1 네 자리 수

1학기에서 학습한 세 자리 수에 이어 1000부터 9999까지의 수를 배우는 단원입니다. 이 단원에서 가장 중요한 개념은 십진법에 따른 자릿값입니다. 우리가 사용하는 십진법에 따른 수는 0부터 9까지의 숫자만을 사용하여 모든 수를 나타낼 수 있습니다. 따라서 같은 숫자라도 자리에 따라 다른 수를 나타내고, 10개의 숫자만으로 무한히 큰 수를 만들 수 있습니다. 이러한 자릿값의 개념은 수에 대한 이해에서부터 수의 크기 비교, 사칙계산, 중등에서의 다항식까지 연결되므로 네 자리 수를 학습할 때부터 기초를 잘 다질 수 있도록 지도해 주세요.

STEP 1 교과개념 1. 천, 몇천 알아보기   7쪽

1 10, 1 / 1

2 ① 예 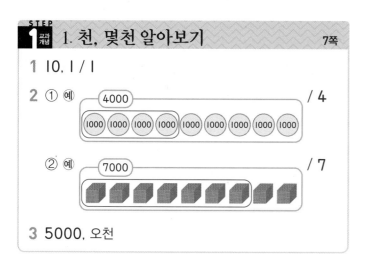 / 4

② 예 / 7

3 5000, 오천

2 ① 1000이 4개이면 4000입니다.
② 1000이 7개이면 7000입니다.

3 1000이 4개 ➡ 4000
100이 10개 ➡ 1000
따라서 1000이 5개인 수와 같으므로 5000입니다.
5000은 오천이라고 읽습니다.

STEP 1 교과개념 2. 네 자리 수 알아보기   9쪽

1 2, 1, 3, 9, 2139, 이천백삼십구

2 4, 5, 7, 4570, 사천오백칠십

3 3, 0, 2, 8

1 1000이 2개, 100이 1개, 10이 3개, 1이 9개이면 2139입니다.

2 1000이 4개, 100이 5개, 10이 7개이면 4570입니다. 4570은 사천오백칠십이라고 읽습니다.

3 3028은 1000이 3개, 100이 0개, 10이 2개, 1이 8개입니다.

STEP 1 교과개념 3. 각 자리의 숫자가 나타내는 수   11쪽

1 900, 70, 2 / 900, 70, 2

2 7000, 200, 40, 6

3 ① 5000 ② 80

4 ① 4000, 90 ② 500, 7

1 100이 9개이면 900, 10이 7개이면 70, 1이 2개이면 2입니다.

2 7246
→ 천의 자리 숫자이고 7000을 나타냅니다.
→ 백의 자리 숫자이고 200을 나타냅니다.
→ 십의 자리 숫자이고 40을 나타냅니다.
→ 일의 자리 숫자이고 6을 나타냅니다.

3 ① 5703에서 5는 천의 자리 숫자이므로 5000을 나타냅니다.
② 3085에서 8은 십의 자리 숫자이므로 80을 나타냅니다.

4 ① 천의 자리 숫자는 4이고 나타내는 수는 4000, 십의 자리 숫자는 9이고 나타내는 수는 90입니다.
② 백의 자리 숫자는 5이고 나타내는 수는 500, 일의 자리 숫자는 7이고 나타내는 수는 7입니다.

STEP 1 교과개념 4. 뛰어 세기   13쪽

1 ① 5360, 6360, 7360
② 5051, 6051, 9051

2 ① 7562, 7582, 7592
② 3470, 3490, 3500

3 ① 백, 100 ② 1, 1

4 ① 6540, 6340 ② 4285, 4284, 4282

1 1000씩 뛰어 세면 천의 자리 수가 1씩 커집니다.

2 10씩 뛰어 세면 십의 자리 수가 1씩 커집니다.

4 ① 6840−6740에서 백의 자리 수가 1 작아졌으므로 100씩 거꾸로 뛰어 센 것입니다.
② 4287−4286에서 일의 자리 수가 1 작아졌으므로 1씩 거꾸로 뛰어 센 것입니다.

STEP 1 교과개념 5. 수의 크기 비교하기 15쪽

1 > **2** 4, 8, 9, 2 / <

3
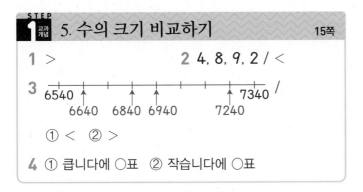
① < ② >

4 ① 큽니다에 ○표 ② 작습니다에 ○표

---

1 천 모형의 수를 비교하면 3>2이므로 3245>2168입니다.

2 천의 자리, 백의 자리 수가 각각 같으므로 십의 자리 수를 비교하면 7<9입니다. 따라서 4892가 더 큰 수입니다. ➡ 4876<4892

3 수직선에서는 오른쪽에 있는 수가 더 큰 수입니다.

4 ① 3007>2999 ② 5363<5365
      └3>2┘   └3<5┘

STEP 2 꼭 나오는 유형 16~22쪽

1 1000 **2** (1) 100 (2) 300

3 10, 100, 1000 **4** 500, 10

5 1000번 **6**
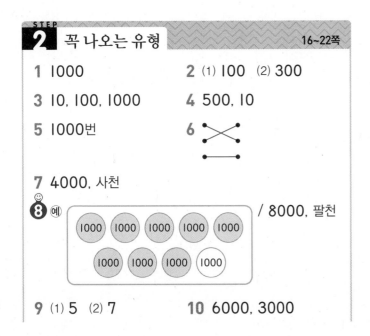

7 4000, 사천

8 예 / 8000, 팔천

9 (1) 5 (2) 7 **10** 6000, 3000

---

11 9, 90, 900, 9000 **12** 3000개

13 5000원

14 5, 3, 4, 7, 5347, 오천삼백사십칠

15 (1) 이천오백육십사 (2) 5029

16 4014

17 예 2138 /
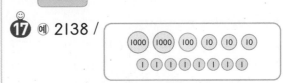

18 예

/ 1300원

19 6, 36, 736

20 (1) 5000 (2) 백, 200 (3) 십, 60 (4) 일, 8

21 ③ **22** ( )( )(○)

23 (1) 3000, 200, 90 (2) 0, 40, 5

24 ㉣

25 3529에 ○표, 5273에 △표

26 505 **27** 예 3690, 9603

28 4140, 5140, 7140

29 (1) 9810, 9820, 9830, 9840, 9850
(2) 9700, 9600, 9500, 9400, 9300

30 (1) 1000씩, 100씩 (2) 7700

31
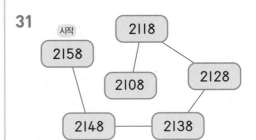

32 3800

33 예 100 / 4956, 5056, 5156, 5256, 5356

34 5400

35 (위에서부터) 4, 5, 6, 2 / 4, 7, 3, 9 / <

36 ( )(○) **37** (1) < (2) >

38 ㉠ **39** 현정

40
```
    +----+----+----+----+----+----+    / <
  5427     5429     5431 5432
```

41 (위에서부터) 3, 0, 9, 2 / 2, 7, 0, 8 / 3092 / 2589

42 (1) 4128에 ○표   (2) 7612에 ○표

43 지리산   **44** ㉢, ㉠, ㉡

45 예 2, 0, 9, 9, 0, 0 / 4300, 5000, 8250

46 >

---

4 · 500이 1000이 되려면 500이 더 있어야 합니다.
· 990이 1000이 되려면 10이 더 있어야 합니다.

5 100이 10개이면 1000입니다.
따라서 민건이는 줄넘기를 모두 1000번 했습니다.

6 · 200은 800이 더 있어야 1000이 됩니다.
· 400은 600이 더 있어야 1000이 됩니다.
· 300은 700이 더 있어야 1000이 됩니다.

7 1000이 4개이면 4000이라 쓰고 사천이라고 읽습니다.

9 (1) 1000이 5개이면 5000입니다.
(2) 7000은 1000이 7개입니다.

10 · 천 모형 6개는 6000입니다.
· 백 모형 10개는 천 모형 1개와 같으므로 백 모형 30개는 천 모형 3개와 같습니다. 따라서 3000입니다.

12 1000이 3개이면 3000이므로 3상자에 들어 있는 종이컵은 모두 3000개입니다.

서술형
13 예 1000원짜리 지폐 3장은 3000원입니다. 100원짜리 동전 10개는 1000원이므로 100원짜리 동전 20개는 2000원입니다.
따라서 필통의 가격은 5000원입니다.

평가 기준	배점(5점)
1000원이 3개이면 얼마인지 알았나요?	1점
100원이 20개이면 얼마인지 알았나요?	2점
필통의 가격은 얼마인지 구했나요?	2점

14 1000이 5개, 100이 3개, 10이 4개, 1이 7개이면 5347이고 오천삼백사십칠이라고 읽습니다.

15 (2) 백의 자리를 읽지 않았으므로 백의 자리에 0을 씁니다.

---

16 · 2440은 이천사백사십이라고 읽습니다.
· 4014는 사천십사라고 읽습니다.
· 4340은 사천삼백사십이라고 읽습니다.
· 2404는 이천사백사라고 읽습니다.

😊 내가 만드는 문제
17 네 자리 수를 만든 후 그림으로 바르게 나타냈는지 확인합니다.

서술형
18 예 소라빵의 가격만큼 묶었을 때 묶지 않은 돈이 도넛의 가격입니다. 따라서 도넛의 가격은 1300원입니다.

평가 기준	배점(5점)
소라빵의 가격만큼 돈을 묶었나요?	2점
도넛의 가격이 얼마인지 구했나요?	3점

19 · 1736은 1730보다 6만큼 더 큰 수입니다.
· 1736은 1700보다 36만큼 더 큰 수입니다.
· 1736은 1000보다 736만큼 더 큰 수입니다.

21 각 수에서 백의 자리 숫자를 찾아봅니다.
① 5 ② 3 ③ 7 ④ 1 ⑤ 8

22 · 삼천백팔십은 3180이므로 십의 자리 숫자는 8입니다.
· 이천구십오는 2095이므로 십의 자리 숫자는 9입니다.
· 칠천구백이는 7902이므로 십의 자리 숫자는 0입니다.

24 각 수에서 숫자 8이 나타내는 수를 알아봅니다.
㉠ 6817 ➡ 800, ㉡ 9248 ➡ 8
㉢ 8430 ➡ 8000, ㉣ 5086 ➡ 80
따라서 숫자 8이 80을 나타내는 수는 ㉣ 5086입니다.

25 각 수에서 숫자 3이 나타내는 수를 알아봅니다.
6530 ➡ 30, 5273 ➡ 3, 4381 ➡ 300,
3529 ➡ 3000
따라서 숫자 3이 나타내는 수가 가장 큰 수는 3529이고, 가장 작은 수는 5273입니다.

26 ㉠은 백의 자리 숫자이므로 ㉠이 나타내는 수는 500이고, ㉡은 일의 자리 숫자이므로 ㉡이 나타내는 수는 5입니다. ➡ 500+5=505

27 천의 자리에는 0을 쓸 수 없으므로 백의 자리 숫자가 600을 나타내는 네 자리 수는 3609, 3690, 9603, 9630입니다.

28 1000씩 뛰어 세면 천의 자리 수가 1씩 커집니다.

29 (1) 10씩 뛰어 세면 십의 자리 수가 1씩 커집니다.

(2) 100씩 거꾸로 뛰어 세면 백의 자리 수가 1씩 작아집니다.

30 (1) ↓ : 6300−7300에서 천의 자리 수가 1 커졌으므로 1000씩 뛰어 센 것입니다.

→ : 6300−6400에서 백의 자리 수가 1 커졌으므로 100씩 뛰어 센 것입니다.

(2) 7300−7400에서 백의 자리 수가 1 커졌으므로 100씩 뛰어 센 것입니다. 따라서 7600 다음의 수는 7700입니다.

31 2158부터 십의 자리 수가 1씩 작아지는 수들을 선으로 잇습니다.

32 10씩 뛰어 세면 십의 자리 수가 1씩 커집니다.
3760−3770−3780−3790−3800
따라서 10씩 4번 뛰어 센 수는 3800입니다.

😀 내가 만드는 문제
33 (예) 4856에서 100씩 뛰어 세면 백의 자리 수가 1씩 커집니다.
4856−4956−5056−5156−5256−5356

34 민지는 1400−1600에서 백의 자리 수가 2 커졌으므로 200씩 뛰어 센 것이므로 지수도 200씩 뛰어 세었습니다. 따라서 ♥는 5600에서 거꾸로 200 뛰어 센 것이므로 5400입니다.

35 천의 자리 수가 같으므로 백의 자리 수를 비교하면 5<7입니다. ➡ 4562<4739

36 네 자리 수의 크기 비교는 천의 자리부터 순서대로 합니다.

37 (1) 3915<4002
└3<4┘
(2) 8647>8619
└4>1┘

38 ㉠ 오천육백칠십이 ➡ 5672
㉡ 1000이 5개, 100이 2개, 10이 9개인 수
➡ 5290
따라서 5672>5290이므로 더 큰 수는 ㉠입니다.

서술형
39 (예) 천의 자리, 백의 자리 수가 각각 같으므로 십의 자리 수를 비교하면 2<8이고 4320<4380입니다. 따라서 현정이가 저금을 더 많이 했습니다.

평가 기준	배점(5점)
두 수의 크기를 바르게 비교했나요?	3점
누가 저금을 더 많이 했는지 구했나요?	2점

40 수직선에서 눈금 한 칸의 크기는 1입니다. 수직선에 두 수를 표시한 후 크기를 비교하면 오른쪽에 있는 수가 더 큽니다.

41 천의 자리 수부터 차례로 비교합니다.
➡ 3092>2708>2589
따라서 가장 큰 수는 3092이고, 가장 작은 수는 2589입니다.

42 천의 자리 수부터 차례로 비교합니다.
(1) 4128>4071>2100
(2) 7612>7603>6990

43 천의 자리 수부터 차례로 비교합니다.
➡ 1915<1950<2744
따라서 가장 낮은 산은 지리산입니다.

44 천의 자리, 백의 자리 수가 각각 같으므로 십의 자리 수를 비교합니다. ➡ 6376>6345>6319
따라서 큰 수부터 차례로 기호를 쓰면 ㉡, ㉠, ㉢입니다.

😀 내가 만드는 문제
45 네 자리 수를 만든 후 조건에 맞는 수를 3개 썼는지 확인합니다.

46 천의 자리 수가 같으므로 백의 자리 수를 비교하면 4>1이므로 십의 자리 수와 관계없이 왼쪽 수가 더 큽니다.

STEP 3 자주 틀리는 유형   23~25쪽

1 ㉡	**2** 50, 970
3 2개	**4** ㉡
5 이천오십팔	**6** 사천칠백이십
7 ㉢	**8** 10개
9 30개	**10** 50개
11 200개	**12** 3817, 4017, 4117
13 7273, 7293	**14** 6328, 7328
15 4150원, 5150원, 6150원	

16 5100원	**17** 6000원
18 7, 8, 9에 ○표	**19** 1, 2, 3, 4
20 5	**21** <

1 ⓒ 1000은 990보다 10만큼 더 큰 수입니다.

2 · 1000은 950보다 50만큼 더 큰 수입니다.
· 1000은 970보다 30만큼 더 큰 수입니다.

3 1000은 100이 10개인 수이므로 탁구공 1000개를 한 상자에 100개씩 담으려면 상자는 10개가 필요합니다.
따라서 상자는 10−8=2(개) 더 필요합니다.

4 6503은 육천오백삼이라고 읽습니다.
숫자가 0인 자리는 읽지 않습니다.

5 1000이 2개, 10이 5개, 1이 8개이므로 2058입니다. 2058은 이천오십팔이라고 읽습니다.

6 1000이 4개, 100이 7개, 10이 2개인 수는 4720입니다. 4720은 사천칠백이십이라고 읽습니다.

7 ㉠ 삼천사십이 ➡ 3042 (1개)
ⓒ 천이백팔 ➡ 1208 (1개)
ⓒ 칠천오 ➡ 7005 (2개)

8 1000은 100이 10개인 수이므로 천 원짜리 지폐 한 장을 모두 백 원짜리 동전으로 바꾸면 동전은 10개입니다.

9 천 원짜리 지폐 3장은 3000원입니다.
3000은 100이 30개인 수이므로 모두 백 원짜리 동전으로 바꾸면 동전은 30개입니다.

10 동규가 가지고 있는 돈은 천 원짜리 지폐 5장이므로 5000원입니다.
5000은 100이 50개인 수이므로 5000원은 백 원짜리 동전 50개입니다.
따라서 민정이가 가지고 있는 동전은 50개입니다.

11 천 원짜리 지폐 2장은 2000원입니다.
2000은 10이 200개인 수이므로 모두 십 원짜리 동전으로 바꾸면 동전은 200개입니다.

12 3617−3717에서 백의 자리 수가 1 커졌으므로 100씩 뛰어 센 것입니다.

13 7243, 7263, 7283은 십의 자리 수가 변합니다. 2번 뛰어 세어 십의 자리 수가 2 커졌으므로 1번 뛰어 세면 십의 자리 수가 1 커집니다. 즉 10씩 뛰어 센 것입니다.
따라서 10씩 뛰어 세면 7263−7273−7283−7293입니다.
ㄱ
ⓒ

14 천의 자리 수가 1씩 커지므로 1000씩 뛰어 센 것입니다. 따라서 5328−6328−7328−8328−9328입니다.

15 한 달에 1000원씩 모으므로 3150에서 1000씩 뛰어 셉니다.
〈8월〉 〈9월〉 〈10월〉 〈11월〉
3150−4150−5150−6150

16 5일 동안 하루에 100원씩 저금을 하므로 4600에서 100씩 5번 뛰어 셉니다.
4600−4700−4800−4900−5000−5100
➡ 5100원입니다.

17 2000씩 2번 뛰어 세면 0−2000−4000입니다.
4000에서 500씩 4번 뛰어 세면
4000−4500−5000−5500−6000이므로 민수가 받을 수 있는 용돈은 모두 6000원입니다.

18 천의 자리 수가 같고 십의 자리 수가 5<9이므로 □ 안에는 6보다 큰 수가 들어갈 수 있습니다.
따라서 □ 안에 들어갈 수 있는 수는 7, 8, 9입니다.

19 백의 자리 수가 0<1이므로 □ 안에는 5보다 작은 수가 들어갈 수 있습니다.
따라서 □ 안에 들어갈 수 있는 수는 1, 2, 3, 4입니다.

20 천의 자리, 백의 자리 수가 각각 같고 일의 자리 수가 0<4이므로 □ 안에는 5와 같거나 5보다 큰 수인 5, 6, 7, 8, 9가 들어갈 수 있습니다.
따라서 □ 안에 들어갈 수 있는 가장 작은 수는 5입니다.

21 · 6□04의 □ 안에 들어갈 수 있는 수 중에서 가장 큰 수 9를 넣어 보면 6904입니다.
· 69□7의 □ 안에 들어갈 수 있는 수 중에서 가장 작은 수 0을 넣어 보면 6907입니다.
➡ 6904<6907
따라서 □ 안에 어떤 수를 넣어도 6□04<69□7입니다.

STEP 4 최상위 도전 유형
26~27쪽

1 6431, 1346   **2** 8520, 2058

3 9672   **4** 1780

5 7001   **6** 100씩

7 7231   **8** 2161

9 4개   **10** 4839

11 (위에서부터) 13 / 예 1, 1, 14, 3

12 (위에서부터) 18 / 예 3, 0, 15, 8

1
· 6>4>3>1이므로 가장 큰 네 자리 수는 6431입니다.
· 1<3<4<6이므로 가장 작은 네 자리 수는 1346입니다.

2
· 8>5>2>0이므로 가장 큰 네 자리 수는 8520입니다.
· 0<2<5<8이고 0은 천의 자리에 올 수 없으므로 가장 작은 네 자리 수는 2058입니다.

3 십의 자리 숫자가 7인 네 자리 수를 □□7□라고 하면 남은 수 6, 9, 2를 큰 수부터 차례로 천의 자리, 백의 자리, 일의 자리에 놓습니다. 따라서 십의 자리 숫자가 7인 가장 큰 수는 9672입니다.

4 어떤 수보다 100만큼 더 작은 수가 1630이므로 어떤 수는 1630보다 100만큼 더 큰 수인 1730입니다. 1730에서 10씩 5번 뛰어 세면 1730−1740−1750−1760−1770−1780이므로 구하는 수는 1780입니다.

5 어떤 수보다 1000만큼 더 작은 수가 5995이므로 어떤 수는 5995보다 1000만큼 더 큰 수인 6995입니다.
6995에서 1씩 6번 뛰어 세면 6995−6996−6997−6998−6999−7000−7001이므로 구하는 수는 7001입니다.

6 3419와 3719의 각 자리 수를 비교하면 백의 자리 수가 3 커졌으므로 3번 뛰어 세어 300이 커졌습니다. 따라서 100씩 3번 뛰어 센 것입니다.

7 7631에서 100씩 거꾸로 4번 뛰어 세면 7631−7531−7431−7331−7231입니다. 따라서 어떤 수는 7231입니다.

8 2100보다 크고 2200보다 작은 수를 21□□라고 하면 백의 자리 숫자와 일의 자리 숫자가 같으므로 21□1입니다. 21□1에서 십의 자리 숫자와 일의 자리 숫자의 합이 7이므로 십의 자리 숫자는 6입니다. 따라서 조건을 모두 만족하는 네 자리 수는 2161입니다.

9 천의 자리 숫자가 6, 백의 자리 숫자가 8인 네 자리 수를 68□□라고 하면 이 중에서 6895보다 큰 수는 6896, 6897, 6898, 6899로 모두 4개입니다.

10 백의 자리 숫자가 8이고 4000보다 크고 5000보다 작은 수를 48□□라고 하면 이 중에서 십의 자리 숫자가 30을 나타내는 수는 483□입니다. 따라서 483□인 수 중에서 가장 큰 수는 □ 안에 9가 들어가야 하므로 4839입니다.

11 천 모형 1개, 백 모형 1개, 십 모형 14개, 일 모형 3개 등 여러 가지 방법으로 나타낼 수 있습니다.

12 천 모형 3개, 백 모형 0개, 십 모형 15개, 일 모형 8개 등 여러 가지 방법으로 나타낼 수 있습니다.

수시 평가 대비 Level ①
28~30쪽

1 (1) 998, 1000   (2) 970, 1000

2 (1) 700   (2) 60   **3** 4000, 사천

4 ㉡   **5** (1) 6   (2) 80   (3) 400

6 7000개

7 (1) 7000, 90   (2) 5000, 100, 7

8 100씩   **9** 5000원

10 ③   **11** 3105

12 ㉢   **13** 8000원

14 (1) >   (2) <   (3) <

15 2개   **16** 4200

17 개나리   **18** 90

19 1210개   **20** 10개

2 (1) 1000은 300보다 700만큼 더 큰 수입니다.
(2) 1000은 940보다 60만큼 더 큰 수입니다.

3 천 모형 4개 ➡ 4000(사천)

4 ㉠ 900은 1000보다 100만큼 더 작은 수입니다.
㉡ 919보다 1만큼 더 큰 수는 920이고, 920은 1000보다 80만큼 더 작은 수입니다.
㉢ 909보다 1만큼 더 큰 수는 910이고, 910은 1000보다 90만큼 더 작은 수입니다.
따라서 1000에 가장 가까운 수는 ㉡입니다.

5 (1) 6000은 1000이 6개인 수입니다.
(2) 8000은 100이 80개인 수입니다.
(3) 4000은 10이 400개인 수입니다.

6 1000이 7개인 수는 7000이므로 클립은 모두 7000개입니다.

8 2653 – 2753에서 백의 자리 수가 1 커졌으므로 100씩 뛰어 센 것입니다.

9 1000원짜리 지폐 3장 ➡ 3000원
500원짜리 동전 2개 ➡ 1000원
100원짜리 동전 10개 ➡ 1000원
따라서 모두 5000원입니다.

10 ① 275**5** ➡ 50   ② 8**5**09 ➡ 500
③ 116**5** ➡ 5   ④ **5**073 ➡ 5000
⑤ 6**5**32 ➡ 500
따라서 숫자 5가 나타내는 수가 가장 작은 수는 1165입니다.

11 수직선에서 눈금 한 칸의 크기는 10입니다.
3075에서 10씩 3번 뛰어 센 수는 3075 – 3085 – 3095 – 3105 입니다.

12 ㉠ 팔천육백 ➡ 8600 (2개)
㉡ 사천일 ➡ 4001 (2개)
㉢ 육천삼백구 ➡ 6309 (1개)
㉣ 오천칠십 ➡ 5070 (2개)

13 5000에서 1000씩 3번 뛰어 센 수는
5000 – 6000 – 7000 – 8000입니다.
따라서 크레파스는 8000원입니다.

14 (1) 8150 > 8105
　　　　└ 5 > 0 ┘

(2) 7233 < 7332
　　　└ 2 < 3 ┘

(3) 4456 < 4459
　　　　└ 6 < 9 ┘

15 천의 자리, 백의 자리 수가 각각 같고 일의 자리 수가 3 > 1이므로 십의 자리 수는 7 < □여야 합니다.
따라서 □ 안에 들어갈 수 있는 수는 8, 9로 모두 2개입니다.

16 백의 자리 수가 4씩 커졌으므로 400씩 뛰어 센 것입니다. 3800보다 400만큼 더 큰 수는 4200입니다.

17 • 1000씩 뛰어 세면 2396 – 3396 – 4396 – 5396 – 6396이므로 5396이 들어갈 칸의 글자는 '개'입니다.
• 100씩 뛰어 세면 3245 – 3345 – 3445 – 3545 – 3645이므로 3645가 들어갈 칸의 글자는 '나'입니다.
• 10씩 뛰어 세면 5773 – 5783 – 5793 – 5803 – 5813이므로 5803이 들어갈 칸의 글자는 '리'입니다.

18 ㉠이 나타내는 수는 100이고 ㉡이 나타내는 수는 10입니다. 따라서 ㉠이 나타내는 수는 ㉡이 나타내는 수보다 90만큼 더 큽니다.

서술형
19 예 1170에서 10씩 4번 뛰어 셉니다. 10씩 뛰어 세면 십의 자리 수가 1씩 커지므로
1170 – 1180 – 1190 – 1200 – 1210이 됩니다.
따라서 종이배는 모두 1210개가 됩니다.

평가 기준	배점(5점)
1170에서 몇씩 몇 번 뛰어 세는지 알았나요?	2점
종이배는 모두 몇 개가 되는지 구했나요?	3점

서술형
20 예 천의 자리 숫자가 3, 백의 자리 숫자가 9, 일의 자리 숫자가 1인 네 자리 수는 39□1입니다.
이 중에서 4000보다 작은 수는 3901, 3911, 3921, 3931, 3941, 3951, 3961, 3971, 3981, 3991입니다.
따라서 모두 10개입니다.

평가 기준	배점(5점)
조건에 맞는 네 자리 수를 39□1로 나타냈나요?	2점
조건에 맞는 네 자리 수 중 4000보다 작은 수는 모두 몇 개인지 구했나요?	3점

수시 평가 대비 Level ❷
31~33쪽

1 1000

2 4, 9, 2, 3

3 4209, 사천이백구

4

5 1949, 1749, 1649

6 ©

7 6713

8 (1) < (2) >

9 어린이

10 (1) 10씩, 1씩 (2) 5138

11 6091에 ○표, 5184에 △표

12 70개

13 9800원

14 ©

15 8904

16 6430, 3046

17 4개

18 5398

19 10씩

20 5개

---

1 • 999보다 1만큼 더 큰 수는 1000입니다.
• 10이 100개인 수는 1000입니다.

2 4923은 1000이 4개, 100이 9개, 10이 2개, 1이 3개인 수입니다.

3 1000이 4개, 100이 2개, 1이 9개이므로 4209라 쓰고 사천이백구라고 읽습니다.

5 2149-2049에서 백의 자리 수가 1 작아졌으므로 100씩 거꾸로 뛰어 센 것입니다.

6 각 수에서 숫자 2가 나타내는 수를 알아봅니다.
㉠ 537<u>2</u> ➡ 2 ㉡ <u>2</u>840 ➡ 2000
㉢ 1<u>2</u>64 ➡ 200 ㉣ 70<u>2</u>1 ➡ 20
따라서 숫자 2가 200을 나타내는 수는 © 1264입니다.

7 숫자 6이 나타내는 수를 알아봅니다.
731<u>6</u> ➡ 6, 9<u>6</u>30 ➡ 600,
<u>6</u>713 ➡ 6000, 3<u>9</u>68 ➡ 60
따라서 숫자 6이 나타내는 수가 가장 큰 수는 6713 입니다.

8 (1) 41<u>6</u>7 < 7<u>2</u>03
　　　└ 4<7 ┘

---

(2) 60<u>2</u>5 > 60<u>2</u>2
　　└ 5>2 ┘

9 3876<3950이므로 어린이가 박물관에 더 많이 입장했습니다.

10 (1) ↓ : 5104-5114에서 십의 자리 수가 1 커졌으므로 10씩 뛰어 센 것입니다.
→ : 5104-5105에서 일의 자리 수가 1 커졌으므로 1씩 뛰어 센 것입니다.
(2) 5134-5135에서 일의 자리 수가 1 커졌으므로 1씩 뛰어 센 것입니다.

11 6091>5273>5184이므로 가장 큰 수는 6091, 가장 작은 수는 5184입니다.

12 천 원짜리 지폐 7장은 7000원입니다. 7000은 100이 70개인 수이므로 모두 백 원짜리 동전으로 바꾸면 동전은 70개입니다.

13 3일 동안 하루에 1000원씩 용돈을 받으므로 6800 에서 1000씩 3번 뛰어 셉니다.
6800-7800-8800-9800
따라서 현서가 가진 돈은 9800원이 됩니다.

14 10이 20개이면 200입니다.
㉠ 6000 ㉡ 6304 ㉢ 6200
➡ 6304>6200>6000
따라서 가장 큰 수는 ©입니다.

15 8000보다 크고 9000보다 작은 수를 8□□□라고 하면 백의 자리 숫자가 9, 일의 자리 숫자가 4이므로 89□4입니다.
따라서 89□4인 수 중에서 가장 작은 수는 □ 안에 0이 들어가야 하므로 8904입니다.

16 • 6>4>3>0이므로 가장 큰 네 자리 수는 6430 입니다.
• 0<3<4<6이고 0은 천의 자리에 올 수 없으므로 가장 작은 네 자리 수는 3046입니다.

17 천의 자리, 백의 자리 수가 각각 같고 일의 자리 수가 6>5이므로 □ 안에는 4보다 작은 수가 들어갈 수 있습니다.
따라서 □ 안에 들어갈 수 있는 수는 0, 1, 2, 3으로 모두 4개입니다.

18 · 5000보다 크고 6000보다 작으므로 천의 자리 수는 5입니다. ➡ 5□□□

· 2보다 크고 4보다 작은 수는 3이므로 백의 자리 숫자는 3입니다. ➡ 53□□

· 일의 자리 숫자는 8입니다. ➡ 53□8

· 8보다 큰 수는 9이므로 십의 자리 숫자는 9입니다.
➡ 5398

따라서 조건에 맞는 수는 5398입니다.

서술형
19 ㉠ 2341과 2391의 각 자리 수를 비교하면 십의 자리 수가 5 커졌습니다.

5번 뛰어 세어 50 커졌으므로 10씩 5번 뛰어 센 것입니다.

평가 기준	배점(5점)
어느 자리 수가 얼마나 커졌는지 알았나요?	2점
몇씩 뛰어 센 것인지 구했나요?	3점

서술형
20 ㉠ 1000은 100이 10개인 수이므로 50이 20개인 수와 같습니다. 건전지 1000개를 한 상자에 50개씩 담으려면 상자는 20개가 필요합니다.

따라서 상자는 20-15=5(개) 더 필요합니다.

평가 기준	배점(5점)
1000은 100이 몇 개인 수인지 알았나요?	2점
상자는 몇 개 더 필요한지 구했나요?	3점

💡 **사고력이 반짝**   34쪽

5도막

2 곱셈구구

I학기에 '같은 수를 여러 번 더하는 것'을 곱셈식으로 나타낼 수 있다는 것을 배웠다면 2학기에는 곱셈구구의 구성 원리와 여러 가지 계산 방법을 탐구하여 2단에서 9단까지의 곱셈구구표를 만들어 보고, I단 곱셈구구와 0의 곱에 대해 알아봅니다. 이때 단순한 곱셈구구의 암기보다는 곱셈구구의 구성 원리를 파악하는 데 중점을 두고 지도해 주세요. 이러한 곱셈구구의 구성 원리는 배수, 분배법칙까지 연결되므로 충분히 이해할 수 있도록 지도해 주세요.

STEP 1 교과개념 **1. 2단 곱셈구구 알아보기**   37쪽

1 10 / 10

2 (왼쪽에서부터) 4, 6, 8 / 2, 2

3 8 / 6, 12 / 8, 16   **4** ① 14 ② 18

2 2단 곱셈구구에서는 곱하는 수가 I씩 커지면 곱은 2씩 커집니다.

3 · 2씩 4개이므로 2×4=8입니다.
· 2씩 6개이므로 2×6=12입니다.
· 2씩 8개이므로 2×8=16입니다.

STEP 1 교과개념 **2. 5단 곱셈구구 알아보기**   39쪽

1 (왼쪽에서부터) 5, 10, 15 / 5, 5

2 ① ㉠ 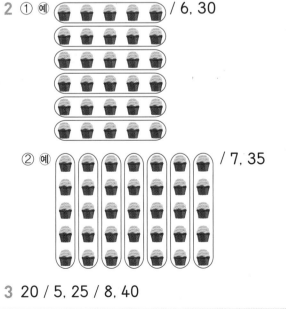 / 6, 30

② ㉠ / 7, 35

3 20 / 5, 25 / 8, 40

1 5단 곱셈구구에서는 곱하는 수가 1씩 커지면 곱은 5씩 커집니다.

2 ① 머핀을 5개씩 묶으면 6묶음이므로 곱셈식으로 나타내면 $5 \times 6 = 30$입니다.
② 머핀을 5개씩 묶으면 7묶음이므로 곱셈식으로 나타내면 $5 \times 7 = 35$입니다.

3 ・5씩 4개이므로 $5 \times 4 = 20$입니다.
・5씩 5개이므로 $5 \times 5 = 25$입니다.
・5씩 8개이므로 $5 \times 8 = 40$입니다.

STEP 1 교과개념 3. 3단, 6단 곱셈구구 알아보기   41쪽

1 (왼쪽에서부터) 6, 9, 12 / 3, 3

2 ① 6, 6, 18   ② (왼쪽에서부터) 18 / 6

3 ① 3, 3, 3, 3, 15   ② (왼쪽에서부터) 15 / 3

4 8, 24 / 4, 24

1 3단 곱셈구구에서는 곱하는 수가 1씩 커지면 곱은 3씩 커집니다.

4 마카롱이 3개씩 8묶음이므로 곱셈식으로 나타내면 $3 \times 8 = 24$입니다.
또는 마카롱이 6개씩 4묶음이므로 곱셈식으로 나타내면 $6 \times 4 = 24$입니다.

STEP 1 교과개념 4. 4단, 8단 곱셈구구 알아보기   43쪽

1 (왼쪽에서부터) 8, 12, 16 / 4, 4

2 ① 8, 8, 8, 8, 8, 48
② (왼쪽에서부터) 48 / 8

3 (왼쪽에서부터) 4, 16, 16 / 2, 16, 16

1 4단 곱셈구구에서는 곱하는 수가 1씩 커지면 곱은 4씩 커집니다.

3 우유는 4개씩 4묶음이므로 $4 \times 4 = 16$(개)입니다.
또는 우유는 8개씩 2묶음이므로 $8 \times 2 = 16$(개)입니다.

STEP 1 교과개념 5. 7단 곱셈구구 알아보기   45쪽

1 (왼쪽에서부터) 7, 14, 21 / 7, 7

2 ① 예

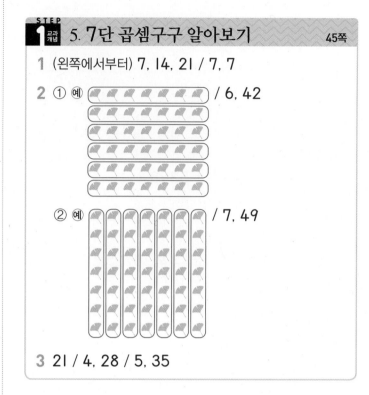

3 21 / 4, 28 / 5, 35

2 ① 은행잎을 7개씩 묶으면 6묶음이므로 $7 \times 6 = 42$입니다.
② 은행잎을 7개씩 묶으면 7묶음이므로 $7 \times 7 = 49$입니다.

3 ・7개씩 3묶음이므로 $7 \times 3 = 21$입니다.
・7개씩 4묶음이므로 $7 \times 4 = 28$입니다.
・7개씩 5묶음이므로 $7 \times 5 = 35$입니다.

STEP 1 교과개념 6. 9단 곱셈구구 알아보기   47쪽

1 (왼쪽에서부터) 18, 27, 36 / 9, 9

2 27, 54, 72   **3** 36 / 5, 45 / 6, 54

4 ① 63   ② 81

2 ・9씩 3번 뛰었으므로 $9 \times 3 = 27$입니다.
・9씩 6번 뛰었으므로 $9 \times 6 = 54$입니다.
・9씩 8번 뛰었으므로 $9 \times 8 = 72$입니다.

3 ・9개씩 4묶음이므로 $9 \times 4 = 36$입니다.
・9개씩 5묶음이므로 $9 \times 5 = 45$입니다.
・9개씩 6묶음이므로 $9 \times 6 = 54$입니다.

1 (왼쪽에서부터) 2, 3, 4 / 1, 1

2 7, 0

3 ① 2 ② 9 ③ 0 ④ 0

4 $1\times4=4$, $3\times0=0$ / 4, 0, 10

1 1단 곱셈구구에서는 곱하는 수가 1씩 커지면 곱은 1씩 커집니다.

2 연필이 꽂혀 있지 않은 연필꽂이가 7개이므로 곱셈식으로 나타내면 $0\times7=0$입니다.

3 ①, ② 1과 어떤 수의 곱은 항상 어떤 수입니다.
③, ④ 0과 어떤 수의 곱은 항상 0입니다.

1 ①

×	2	3	4	5	6	7	8	9
2	4	6	8	10	12	14	16	18
3	6	9	12	15	18	21	24	27
4	8	12	16	20	24	28	32	36
5	10	15	20	25	30	35	40	45
6	12	18	24	30	36	42	48	54
7	14	21	28	35	42	49	56	63
8	16	24	32	40	48	56	64	72
9	18	27	36	45	54	63	72	81

② 7씩 ③ 9단 곱셈구구 ④ 같습니다에 ○표
⑤ 6×8

2 ① (위에서부터) 12, 18, 24 / 20, 30, 40
② (위에서부터) 49, 56, 63 / 56, 64, 72

1 ① 세로줄에 있는 수를 곱해지는 수, 가로줄에 있는 수를 곱하는 수로 하여 두 줄이 만나는 칸에 두 수의 곱을 써넣습니다.
② ■단 곱셈구구는 곱이 ■씩 커집니다.
③ ■씩 커지는 곱셈구구는 ■단 곱셈구구입니다.
④ $4\times5=5\times4=20$이므로 곱셈에서 곱하는 두 수의 순서를 서로 바꾸어도 곱은 같습니다.
⑤ $8\times6=48$이므로 곱셈표에서 8×6과 곱이 같은 곱셈구구는 6×8입니다.

1 7, 42 **2** 8, 5, 40

3 $9\times4=36$, 36살 **4** 5, 23

1 연필이 6자루씩 7묶음이므로 모두 $6\times7=42$(자루)입니다.

2 공책을 8권씩 5묶음 샀으므로 연석이가 산 공책은 모두 $8\times5=40$(권)입니다.

3 민규 나이의 4배는 $9\times4=36$이므로 민규 어머니의 나이는 36살입니다.

4 $5\times5=25$에서 2를 빼면 23개입니다.

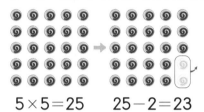

$5\times5=25$ $25-2=23$

1 14 / 7, 14 **2** 6, 8

3 6, 12 **4**

5 8개

6 예

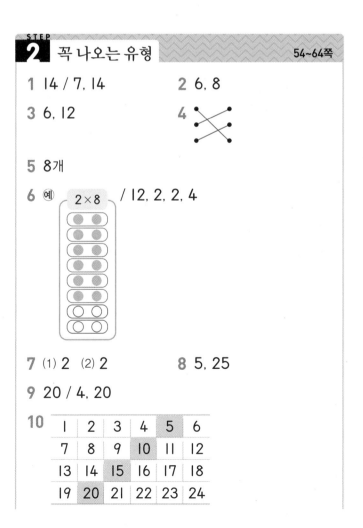

2×8 / 12, 2, 2, 4

7 (1) 2 (2) 2 **8** 5, 25

9 20 / 4, 20

10

1	2	3	4	5	6
7	8	9	10	11	12
13	14	15	16	17	18
19	20	21	22	23	24

11 (1) 10 (2) 45

12 예 8, 40 /

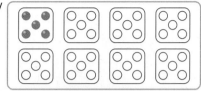

13 35 cm **14** 6 / 5

15 (1) 2, 6 (2) 3, 9

16 (1) 4, 12 (2) 6, 18

17 (1) 15 (2) 24

18 7 / 3 **19** 5, 15

20

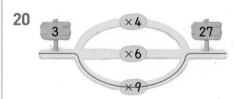

21 >

22 (왼쪽에서부터) 30, 36, 42 / 6, 6

23 6, 18, 36, 48 **24** 6, 30

25 8

26 예 지우개, 3 / 6, 3, 18

27 ㉠, ㉢ **28** 민호

29 5, 20 **30** 6, 24

31 7 **32** (1) > (2) <

33 예 4, 16 /

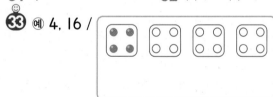

34 (1) 8 (2) 4 (3) 2 **35** 1, 2, 3

36 40 / 5, 40 **37** 6, 48

38 4, 8, 12, 16, 20, 24, 28에 ○표 /
8, 16, 24에 △표

39 16, 48, 64 **40** 24 / 40 / 16

41 8, 32 **42** 1, 2, 3

43 3, 21

44 (왼쪽에서부터) 28, 35 / 7

45 28, 42

46 / 4

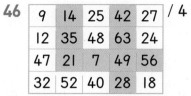

47 예

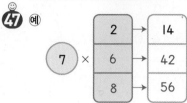

48 7 / 2 / 4 **49** 7, 예 6, 예 8

50 3, 27 **51** 36, 72

52 **53** ㉣

54 9, 5 / 9, 9 **55** 예 7, 6, 3

56 2

57 방법1 예 9개씩 4묶음이므로
9×4=36(개)입니다.

방법2 예 9×2를 2번 더해서 구합니다.
9×2=18이므로
18+18=36(개)입니다.

58 2, 2 **59** 3, 5, 7

60 (1) 4 (2) 1 **61** +, ×

62 5, 0 **63** (1) 0 (2) 0

64 0 **65** 1, 5, 0, 0, 5

66 (1) 예 4, 4 (2) 예 6, 6

67 4, 6, 24 / 6, 4, 24 / 8, 3, 24

68

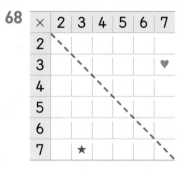

69

×	1	2	3	4	5	6	7
3	3	6	9	12	15	18	21
4	4	8	12	16	20	24	28
5	5	10	15	20	25	30	35

70 56 **71** 18

72 $3 \times 4 = 12$, 12개　　**73** $8 \times 3 = 24$, 24점

74 39살　　　　　　　　**75** 연주

76 방법 1 9, 4, 8 / 9, 8, 17

　　방법 2 20, 20, 3, 17

1 빵이 한 봉지에 2개씩 7봉지 있습니다.

➡ $2+2+2+2+2+2+2=14$

➡ $2 \times 7 = 14$

3 2씩 6번 뛰었으므로 $2 \times 6 = 12$입니다.

4 $2 \times 5 = 10$, $2 \times 9 = 18$, $2 \times 7 = 14$

5 $2 \times 4 = 8$(개)

7 곱셈에서는 곱하는 두 수의 순서를 서로 바꾸어도 곱은 같습니다.

8 사탕이 5개씩 5묶음이므로 $5 \times 5 = 25$입니다.

9 ■+■+■+■=■×(더한 횟수)=■×4

10 5단 곱셈구구를 외워 봅니다.

$5 \times 1 = 5$, $5 \times 2 = 10$, $5 \times 3 = 15$, $5 \times 4 = 20$

서술형
13 예 상자 한 개의 길이에 상자의 수를 곱하면 되므로 5×7을 계산합니다. 따라서 상자 7개의 길이는 $5 \times 7 = 35$(cm)입니다.

평가 기준	배점(5점)
문제에 알맞은 식을 세웠나요?	2점
상자 7개의 길이는 몇 cm인지 구했나요?	3점

14 · (5개씩 6묶음)=$5+5+5+5+5+5=5 \times 6$입니다.

· 5×6은 5×5보다 5만큼 더 큽니다.

15 (1) 3개씩 2묶음이므로 $3 \times 2 = 6$입니다.

(2) 3개씩 3묶음이므로 $3 \times 3 = 9$입니다.

16 (1) 3씩 4번 뛰었으므로 12입니다.

➡ $3 \times 4 = 12$

(2) 3씩 6번 뛰었으므로 18입니다.

➡ $3 \times 6 = 18$

19 과자가 3개씩 놓여 있는 접시가 5개 있으므로 곱셈식으로 나타내면 $3 \times 5 = 15$입니다.

20 3단 곱셈구구를 외워 봅니다.

➡ $3 \times 4 = 12$ (×), $3 \times 6 = 18$ (×), $3 \times 9 = 27$ (○)

21 $3 \times 5 = 15$, $2 \times 6 = 12$ ➡ $15 > 12$

22 6단 곱셈구구에서는 곱하는 수가 1씩 커지면 곱은 6씩 커집니다.

23 $6 \times 1 = 6$, $6 \times 3 = 18$, $6 \times 6 = 36$, $6 \times 8 = 48$

24 귤이 6개씩 5봉지 있으므로 곱셈식으로 나타내면 $6 \times 5 = 30$입니다.

25 6단 곱셈구구에서 곱이 48일 때를 찾아보면 $6 \times 8 = 48$입니다.

따라서 □ 안에 알맞은 수는 8입니다.

😊 내가 만드는 문제
26 예 6개씩 묶인 지우개를 3묶음 샀으므로 곱셈식으로 나타내면 $6 \times 3 = 18$입니다.

27 바둑돌의 수는 $6 \times 4 = 24$, $3 \times 8 = 24$, 3×6에 6을 더하여 구할 수 있습니다.

서술형
28 예 (민호가 가지고 있는 구슬의 수)=$6 \times 9 = 54$(개)입니다.

$50 < 54$이므로 구슬을 더 많이 가지고 있는 사람은 민호입니다.

평가 기준	배점(5점)
민호가 가지고 있는 구슬의 수를 구했나요?	3점
구슬을 더 많이 가지고 있는 사람은 누구인지 구했나요?	2점

29 도토리가 4개씩 5묶음이므로 $4 \times 5 = 20$입니다.

30 꽃이 4송이씩 꽂혀 있는 꽃병이 6개 있으므로 곱셈식으로 나타내면 $4 \times 6 = 24$입니다.

31 4단 곱셈구구에서는 곱하는 수가 1씩 커지면 곱은 4씩 커집니다.

32 (1) $4 \times 5 = 20$ ➡ $20 > 18$

(2) $4 \times 9 = 36$ ➡ $36 < 37$

35 · $2 \times 2 = 4$이므로 $4 \times 1 = 4$입니다.

· $2 \times 4 = 8$이므로 $4 \times 2 = 8$입니다.

· $2 \times 6 = 12$이므로 $4 \times 3 = 12$입니다.

36 $8+8+8+8+8=8\times5=40$

37 거미 한 마리의 다리는 8개이고 6마리 있으므로 곱셈식으로 나타내면 $8\times6=48$입니다.

38 4단 곱셈구구의 곱 4, 8, 12, 16, 20, 24, 28에 ○표 합니다.
8단 곱셈구구의 곱 8, 16, 24에 △표 합니다.

39 8×2는 8을 2번 더한 것이고, 8×6은 8을 6번 더한 것이므로 8×2와 8×6을 더하면 8을 8번 더한 8×8과 같습니다.

40 8×5는 8×3보다 8개씩 2줄 더 많으므로 16만큼 더 큽니다.

서술형
41 ㉠ • 4씩 2번 뛰었으므로 $4\times2=8$입니다.
따라서 ㉠에 알맞은 수는 8입니다.
• 8씩 4번 뛰었으므로 $8\times4=32$입니다.
따라서 ㉡에 알맞은 수는 32입니다.

평가 기준	배점(5점)
㉠에 알맞은 수를 구했나요?	2점
㉡에 알맞은 수를 구했나요?	3점

42 • $4\times2=8$이므로 $8\times1=8$입니다.
• $4\times4=16$이므로 $8\times2=16$입니다.
• $4\times6=24$이므로 $8\times3=24$입니다.

44 7단 곱셈구구에서는 곱하는 수가 1씩 커지면 곱은 7씩 커집니다.

45 • 7씩 4번 뛰었으므로 $7\times4=28$입니다.
• 7씩 6번 뛰었으므로 $7\times6=42$입니다.

46 7단 곱셈구구의 값은 7, 14, 21, 28, 35, 42, 49, 56, 63입니다.

내가 만드는 문제
47 ㉠ $7\times6=42$, $7\times8=56$

48 • 7×6은 7×5보다 7씩 1묶음이 더 많으므로 7×5에 7을 더하면 됩니다.
• 7×6은 7×3을 2번 더해서 구할 수 있습니다.
• 7×6은 7×2와 7×4를 더해서 구할 수 있습니다.

49 • $7\times7=49$이므로 $7\times\square<49$에서 □ 안에 알맞은 수는 7보다 작아야 합니다.
➡ $\square=1, 2, 3, 4, 5, 6$

• $7\times7=49$이므로 $7\times\square>49$에서 □ 안에 알맞은 수는 7보다 커야 합니다.
➡ $\square=8, 9$

50 9 cm씩 3번 이동했으므로 곱셈식으로 나타내면 $9\times3=27$입니다.

51 곱하는 수가 2배가 되면 곱도 2배가 됩니다.

52 $9\times3=27$, $9\times6=54$, $9\times8=72$

53 ㉠ $9\times1=9$ ㉡ $9\times3=27$ ㉢ $9\times5=45$

54 9단 곱셈구구에서 곱이 45, 81인 것을 찾아봅니다.
$9\times5=45$이므로 $45=9\times5$입니다.
$9\times9=81$이므로 $81=9\times9$입니다.

55 $9\times\square$의 □ 안에 수 카드 중에서 작은 수부터 차례로 넣어 계산해 봅니다.
➡ $9\times3=27$ (×), $9\times4=36$ (○),
$9\times5=45$ (×), $9\times6=54$ (○),
$9\times7=63$ (○)

56 어떤 수를 □라고 하면 $\square\times9=18$입니다.
곱하는 두 수의 순서를 서로 바꾸어도 곱은 같으므로 $9\times\square=18$입니다.
$9\times2=18$이므로 $\square=2$입니다.

서술형
57

평가 기준	배점(5점)
한 가지 방법으로 설명했나요?	2점
다른 한 가지 방법으로 설명했나요?	3점

58 금붕어가 1마리씩 들어 있는 어항이 2개 있으므로 $1\times2=2$입니다.

59 $1\times3=3$, $1\times5=5$, $1\times7=7$

60 (1) 1단 곱셈구구에서 곱이 4일 때를 찾아보면 $1\times4=4$입니다.
(2) (어떤 수)$\times1=$(어떤 수)

61 • 1보다 5만큼 더 큰 수는 6이므로 $1+5=6$입니다.
• 1과 5의 곱이 5이므로 $1\times5=5$입니다.

62 꽃이 0송이씩 꽂혀 있는 꽃병이 5개 있으므로 $0\times5=0$입니다.

63 (1) $0 \times$ (어떤 수)$=0$

(2) (어떤 수)$\times 0=0$

64 (어떤 수)$\times 0=0$, $0 \times$ (어떤 수)$=0$

😊 내가 만드는 문제

66 (1) ■단 곱셈구구는 곱이 ■씩 커집니다.

(2) ■씩 커지는 곱셈구구는 ■단 곱셈구구입니다.

67 $3 \times 8=24$이므로 곱이 같은 곱셈구구는 $4 \times 6=24$, $6 \times 4=24$, $8 \times 3=24$입니다.

68 ♥가 나타내는 수는 $3 \times 7=21$입니다. 곱셈표를 점선을 따라 접었을 때 3×7의 곱과 만나는 칸의 곱셈구구는 7×3으로 곱이 같습니다.

69 곱이 20보다 큰 수인 $3 \times 7=21$, $4 \times 6=24$, $4 \times 7=28$, $5 \times 5=25$, $5 \times 6=30$, $5 \times 7=35$가 적힌 칸을 색칠합니다.

70 7단 곱셈구구의 곱 중에서 짝수인 곱은 14, 28, 42, 56입니다. 이 중에서 십의 자리 숫자가 50을 나타내는 것은 56입니다.

71 $6 \times 3=18$(cm)

72 삼각형 모양 한 개를 만드는 데 필요한 면봉은 3개입니다.

➡ (삼각형 모양 4개를 만드는 데 필요한 면봉의 수)
$=3 \times 4=12$(개)

73 해수가 3번 이겼으므로 $8 \times 3=24$(점)을 얻었습니다.

서술형

74 ⑨ 현석이 나이의 5배는 $7 \times 5=35$입니다.
따라서 현석이 아버지의 나이는 $35+4=39$(살)입니다.

평가 기준	배점(5점)
현석이 나이의 5배를 구했나요?	3점
현석이 아버지의 나이는 몇 살인지 구했나요?	2점

75 (연주가 읽은 동화책 쪽수)$=5 \times 4=20$(쪽)
(민영이가 읽은 동화책 쪽수)$=6 \times 3=18$(쪽)
➡ $20>18$이므로 연주가 동화책을 더 많이 읽었습니다.

76 • 방법 1 3개씩 3줄과 2개씩 4줄로 나누어 구합니다.

• 방법 2 5개씩 4줄에서 3개를 빼서 구합니다.

STEP 3 자주 틀리는 유형   65~66쪽

1 6, 18 / 3, 18   **2** 3, 12 / 2, 12

3 4, 8, 32 / 8, 4, 32

4 5단   **5**

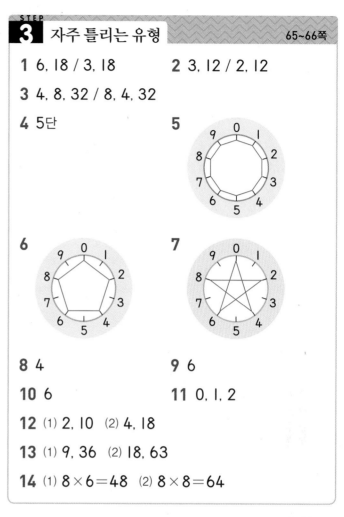

6   **7**

8 4   **9** 6

10 6   **11** 0, 1, 2

12 (1) 2, 10   (2) 4, 18

13 (1) 9, 36   (2) 18, 63

14 (1) $8 \times 6=48$ (2) $8 \times 8=64$

---

1 호두가 18개 있으므로 3단 곱셈구구에서는 $3 \times 6=18$, 6단 곱셈구구에서는 $6 \times 3=18$로 나타낼 수 있습니다.

2 • 물고기가 4마리씩 3묶음이므로 $4 \times 3=12$입니다.

• 물고기가 6마리씩 2묶음이므로 $6 \times 2=12$입니다.

3 젤리가 32개 있으므로 4단 곱셈구구에서는 $4 \times 8=32$, 8단 곱셈구구에서는 $8 \times 4=32$로 나타낼 수 있습니다.

4 5단 곱셈구구의 곱은 5씩 커지며 곱의 일의 자리 숫자는 0, 5가 반복됩니다.

5 9단 곱셈구구에서 곱의 일의 자리 숫자는 9부터 1까지 1씩 줄어듭니다.

참고 9단 곱셈구구에서 곱의 십의 자리 숫자는 0부터 8까지 1씩 커집니다.

6 8단 곱셈구구에서 곱의 일의 자리 숫자는 8, 6, 4, 2, 0이 반복됩니다.

7 6단 곱셈구구에서 곱의 일의 자리 숫자는 6, 2, 8, 4, 0이 반복됩니다.

8 $2 \times 8 = 16$이므로 $4 \times \blacksquare = 16$입니다.
4단 곱셈구구에서 $4 \times 4 = 16$이므로 $\blacksquare = 4$입니다.

9 $9 \times 2 = 18$이므로 $18 = \blacksquare \times 3$입니다.
곱하는 두 수의 순서를 서로 바꾸어도 곱은 같으므로 $3 \times \blacksquare = 18$입니다.
따라서 3단 곱셈구구에서 $3 \times 6 = 18$이므로 $\blacksquare = 6$입니다.

10 $4 \times 9 = 36$이므로 $\square \times 6 = 36$입니다.
곱하는 두 수의 순서를 서로 바꾸어도 곱은 같으므로 $6 \times \square = 36$입니다.
따라서 6단 곱셈구구에서 $6 \times 6 = 36$이므로 $\square = 6$입니다.

11 $3 \times 5 = 15$이므로 $6 \times \square < 15$입니다.
$6 \times 3 = 18 > 15$, $6 \times 2 = 12 < 15$이므로 $\square$ 안에는 3보다 작은 수가 들어가야 합니다.
따라서 $\square$ 안에 들어갈 수 있는 수는 0, 1, 2입니다.

12 (1) 2×5는 2를 5번 더한 것이고 2×4는 2를 4번 더한 것이므로 2×5는 2×4보다 2만큼 더 큽니다.
(2) 2×9는 2를 9번 더한 것이고 2×7은 2를 7번 더한 것이므로 2×9는 2×7보다 4만큼 더 큽니다.

13 (1) 9×4는 9를 4번 더한 것이고 9×5는 9를 5번 더한 것이므로 9×4는 9×5보다 9만큼 더 작습니다.
(2) 9×7은 9를 7번 더한 것이고 9×9는 9를 9번 더한 것이므로 9×7은 9×9보다 18만큼 더 작습니다.

14 (1) $8 \times 5 + 8$은 8×5보다 8만큼 더 크므로 8×6과 같습니다.
➡ $8 \times 6 = 48$
(2) $8 \times 9 - 8$은 8×9보다 8만큼 더 작으므로 8×8과 같습니다.
➡ $8 \times 8 = 64$

STEP 4 최상위 도전 유형 67~69쪽

1 15, 16, 17   **2** 25, 26
3 3개   **4** 2개
5 24   **6** 15
7 72, 0

8

9

10 5점   **11** 9점
12 15점   **13** 19개
14 86 cm   **15** 4개
16 21   **17** 48
18 4, 16

---

1 $2 \times 7 = 14$, $3 \times 6 = 18$이므로 14보다 크고 18보다 작은 수는 15, 16, 17입니다.

2 $4 \times 6 = 24$, $9 \times 3 = 27$이므로 24보다 크고 27보다 작은 수는 25, 26입니다.

3 $6 \times 6 = 36$, $8 \times 5 = 40$이므로 36보다 크고 40보다 작은 수는 37, 38, 39로 모두 3개입니다.

4 $\bigcirc = 7 \times 6 = 42$, $\bigcirc = 9 \times 5 = 45$
따라서 42와 45 사이에 있는 수는 43, 44로 모두 2개입니다.

5 가장 큰 곱은 가장 큰 수와 둘째로 큰 수의 곱입니다.
$6 > 4 > 2$이므로 가장 큰 수는 6이고 둘째로 큰 수는 4입니다.
따라서 가장 큰 곱은 $6 \times 4 = 24$입니다.

6 가장 작은 곱은 가장 작은 수와 둘째로 작은 수의 곱입니다.

$3<5<7<9$이므로 가장 작은 수는 3이고 둘째로 작은 수는 5입니다.

따라서 가장 작은 곱은 $3\times5=15$입니다.

7 $9>8>6>5>0$
- 가장 큰 수는 9이고 둘째로 큰 수는 8이므로 가장 큰 곱은 $9\times8=72$입니다.
- 0과 어떤 수의 곱은 항상 0이므로 0에 곱하는 수에 상관없이 가장 작은 곱은 0입니다.

8 보기 는 맨 위 칸의 수와 가운데 칸의 수의 곱을 오른쪽에, 가운데 칸의 수와 맨 아래 칸의 수의 곱을 왼쪽에 쓰는 규칙입니다.

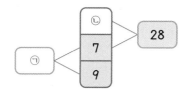

- $7\times9=63$이므로 ㉠$=63$입니다.
- ㉡$\times7=28$에서 $4\times7=28$이므로 ㉡$=4$입니다.

9 보기 는 $4\times2=8$, $2\times5=10$, $4\times5=20$이므로 양쪽 □ 안의 두 수의 곱을 가운데 ○ 안에 쓰는 규칙입니다.

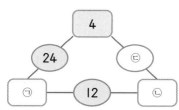

- $4\times$㉠$=24$에서 $4\times6=24$이므로 ㉠$=6$입니다.
- ㉠$\times$㉡$=12$, $6\times$㉡$=12$에서 $6\times2=12$이므로 ㉡$=2$입니다.
- $4\times$㉡$=$㉢에서 $4\times2=8$이므로 ㉢$=8$입니다.

10
- 0이 적힌 공을 2번 꺼내어 얻은 점수는 $0\times2=0$(점)입니다.
- 1이 적힌 공을 3번 꺼내어 얻은 점수는 $1\times3=3$(점)입니다.
- 2가 적힌 공을 1번 꺼내어 얻은 점수는 $2\times1=2$(점)입니다.
- ➡ (승우가 얻은 점수)$=0+3+2=5$(점)

11
- 1점짜리 점수판을 5번 맞혀 얻은 점수는 $1\times5=5$(점)입니다.

- 2점짜리 점수판을 2번 맞혀 얻은 점수는 $2\times2=4$(점)입니다.
- 4점짜리 점수판을 0번 맞혀 얻은 점수는 $4\times0=0$(점)입니다.
- ➡ (동원이가 얻은 점수)$=5+4+0=9$(점)

12
- 1등이 2명이므로 $3\times2=6$(점)입니다.
- 2등이 4명이므로 $2\times4=8$(점)입니다.
- 3등이 1명이므로 $1\times1=1$(점)입니다.
- ➡ (지호네 모둠이 얻은 점수)$=6+8+1=15$(점)

13 (동생 2명에게 나누어 준 수수깡의 수)
$=5\times2=10$(개)
(친구 7명에게 나누어 준 수수깡의 수)
$=2\times7=14$(개)
➡ (남은 수수깡의 수)$=43-10-14=19$(개)

14 (사용한 리본의 길이)$=8\times7=56\,(\mathrm{cm})$
➡ (처음에 가지고 있던 리본의 길이)
$=56+30=86\,(\mathrm{cm})$

15 (철사의 길이)$=6\times2=12\,(\mathrm{cm})$
(삼각형의 세 변의 길이의 합)$=1\times3=3\,(\mathrm{cm})$
만들 수 있는 삼각형의 수를 □개라고 하면
$3\times$□$=12$에서 $3\times4=12$이므로 □$=4$입니다.
따라서 삼각형을 4개까지 만들 수 있습니다.

16 7단 곱셈구구의 곱은 7, 14, 21, 28, 35, 42, 49, 56, 63입니다.
이 중에서 $5\times6=30$보다 작은 수는 7, 14, 21, 28이고, 7, 14, 21, 28 중에서 3단 곱셈구구의 곱은 21입니다.

17 6단 곱셈구구의 곱은 6, 12, 18, 24, 30, 36, 42, 48, 54입니다.
이 중에서 $7\times5=35$보다 큰 수는 36, 42, 48, 54이고, 36, 42, 48, 54 중에서 8단 곱셈구구의 곱도 되는 수는 48입니다.

18 4단 곱셈구구의 곱은 4, 8, 12, 16, 20, 24, 28, 32, 36입니다.
이 중에서 $3\times7=21$보다 작은 수는 4, 8, 12, 16, 20이고, 4, 8, 12, 16, 20 중에서 서로 같은 수의 곱은 $2\times2=4$, $4\times4=16$입니다.

수시 평가 대비 Level ❶

1 4　　　　　**2** 25

3 4, 32　　　**4** 21, 24, 27

5 (왼쪽에서부터) 40, 48 / 8

6 (위에서부터) 24, 6　　**7** 21, 35, 56

8 ⑤

9 (위에서부터) 7, 9 / 24, 36

10 (1) >　(2) <

11 예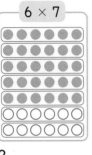

6 × 7

/ 12

12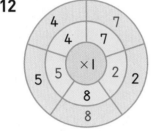

13 0　　　　　**14** 48

15 46, 47, 48　　**16** 19 cm

17 현석　　　　**18** 36

19 지석　　　　**20** 3줄

---

1 2씩 4번 뛰어 센 것은 2씩 4묶음과 같습니다.

2 구슬이 5개씩 5묶음이므로 곱셈식으로 나타내면 $5 \times 5 = 25$입니다.

3 8 cm씩 4번 이동했으므로 곱셈식으로 나타내면 $8 \times 4 = 32$입니다.

4 3단 곱셈구구를 외워 봅니다.

6 $3 \times 8 = 24$, $3 \times 2 = 6$, $6 \times 4 = 24$

7 7×3은 7을 3번 더한 것이고, 7×5는 7을 5번 더한 것이므로 7×3에 7×5를 더하면 7을 8번 더한 7×8과 같습니다.

8 ① $4 \times 4 = 16$　② $4 \times 5 = 20$　③ $4 \times 2 = 8$　④ $4 \times 6 = 24$

9 6단 곱셈구구를 외워 봅니다.
$6 \times 4 = 24$, $6 \times 6 = 36$, $6 \times 7 = 42$, $6 \times 9 = 54$

10 (1) $5 \times 4 = 20$, $6 \times 3 = 18$이므로 $20 > 18$입니다.
(2) $7 \times 6 = 42$, $6 \times 9 = 54$이므로 $42 < 54$입니다.

12 어떤 수와 1의 곱은 항상 어떤 수가 됩니다.

13 어떤 수와 0의 곱은 항상 0이므로 □ 안에 공통으로 들어갈 수 있는 수는 0입니다.

14 곱셈표를 점선을 따라 접었을 때 6×8과 만나는 곳은 8×6이므로 ★과 만나는 칸의 수는 48입니다.

15 $9 \times 5 = 45$, $7 \times 7 = 49$이므로 45보다 크고 49보다 작은 수는 46, 47, 48입니다.

16 리본의 길이의 4배는 $4 \times 4 = 16$이므로 종이테이프의 길이는 $16 + 3 = 19$(cm)입니다.

17 현석이의 점수는 $1 \times 3 = 3$(점), 지민이의 점수는 $0 \times 5 = 0$(점)입니다.
따라서 $3 > 0$이므로 현석이의 점수가 더 높습니다.

18 6단 곱셈구구와 9단 곱셈구구에서 모두 곱이 되는 수는 18, 36, 54입니다. 이 중에서 $4 \times 8 = 32$보다 크고 $7 \times 7 = 49$보다 작은 수는 36이므로 설명하는 수는 36입니다.

서술형
19 예 연결 모형은 7개씩 5묶음입니다.
동주: 7개씩 5묶음은 $7 + 7 + 7 + 7 + 7$로 구할 수 있습니다. (○)
지석: 7×5는 7×4보다 7만큼 더 큽니다. (×)
현진: 7개씩 5묶음은 7×5로 구할 수 있습니다.
(○)
따라서 잘못 구한 사람은 지석입니다.

평가 기준	배점(5점)
연결 모형이 몇 개씩 몇 묶음인지 구했나요?	2점
잘못 구한 사람을 찾았나요?	3점

서술형
20 예 9개씩 2줄을 곱셈식으로 나타내면 $9 \times 2 = 18$입니다. 따라서 $18 = 6 \times 3$이므로 지우개를 한 줄에 6개씩 놓으면 3줄이 됩니다.

평가 기준	배점(5점)
9개씩 2줄은 몇 개인지 구했나요?	2점
9개씩 2줄은 6개씩 몇 줄인지 구했나요?	3점

1 4, 20

2 42 / 6, 42

3 12, 20, 32

4 ②, ④

5 8

6 ㉘ | 3×5 | / 6

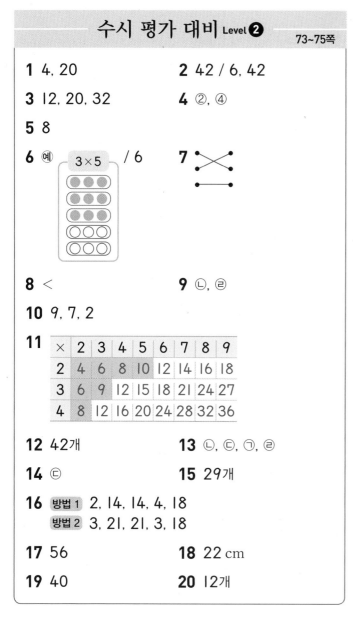

7 (선 잇기)

8 <

9 ㉡, ㉣

10 9, 7, 2

11

×	2	3	4	5	6	7	8	9
2	4	6	8	10	12	14	16	18
3	6	9	12	15	18	21	24	27
4	8	12	16	20	24	28	32	36

12 42개

13 ㉡, ㉢, ㉠, ㉣

14 ㉢

15 29개

16 방법 1 2, 14, 14, 4, 18

방법 2 3, 21, 21, 3, 18

17 56

18 22 cm

19 40

20 12개

2 ■+■+■+■+■+■=■×(더한 횟수)
=■×6

3 4×3은 4를 3번 더한 것이고, 4×5는 4를 5번 더한 것이므로 4×3과 4×5를 더하면 4를 8번 더한 4×8과 같습니다.

4 ② 6×3=18 ④ 6×5=30

5 곱셈에서 곱하는 두 수의 순서를 서로 바꾸어도 곱은 같습니다.
➡ 2×8=8×2=16

6 3×3=9이고 3×5는 3×3보다 3개씩 2묶음 더 많게 그려야 하므로 6만큼 더 큽니다.

다른 풀이
○○○
○○○ 으로 그릴 수도 있습니다.

7 2×6=12, 1×8=8, 9×4=36,
4×2=8, 3×4=12, 6×6=36

8 5×9=45, 8×8=64
➡ 45<64

9 9×0=0
㉠ 1×1=1 ㉡ 0×2=0
㉢ 1×7=7 ㉣ 4×0=0
따라서 9×0과 곱이 같은 것은 ㉡, ㉣입니다.

10 8×□의 □ 안에 수 카드 중에서 작은 수부터 차례로 넣어 계산해 봅니다.
➡ 8×2=16 (×), 8×7=56 (×),
8×9=72 (○)

11 12보다 작은 수인 2×2=4, 2×3=6,
2×4=8, 2×5=10, 3×2=6, 3×3=9,
4×2=8이 적힌 칸을 색칠합니다.

12 농구공이 한 상자에 6개씩 7상자 있으므로 농구공은 모두 6×7=42(개)입니다.

13 ㉠ 9×2=18 ㉡ 7×5=35
㉢ 6×4=24 ㉣ 4×4=16
➡ ㉡>㉢>㉠>㉣

14 ㉠ 2×□=14에서 2×7=14이므로 □=7입니다.
㉡ 4×□=24에서 4×6=24이므로 □=6입니다.
㉢ □×5=40에서 8×5=40이므로 □=8입니다.
㉣ □×7=35에서 5×7=35이므로 □=5입니다.
따라서 □ 안에 알맞은 수가 가장 큰 것은 ㉢입니다.

15 (친구 7명에게 나누어 준 구슬의 수)
=3×7=21(개)
➡ (남은 구슬의 수)=50-21=29(개)

16 • 방법 1 7개씩 2줄에 4개를 더해서 구합니다.
• 방법 2 7개씩 3줄에서 3개를 빼서 구합니다.

17 8단 곱셈구구의 곱은 8, 16, 24, 32, 40, 48, 56, 64, 72입니다.
이 중에서 9×6=54보다 큰 수는 56, 64, 72이고, 56, 64, 72 중에서 7×9=63보다 작은 수는 56입니다.

18 (색 테이프 3장의 길이의 합)=8×3=24(cm)
겹쳐진 부분은 2군데이므로 겹쳐진 부분의 길이의 합
은 1×2=2(cm)입니다.
➡ (이어 붙인 색 테이프의 전체 길이)
　=24-2=22(cm)

서술형
19 예 3×●=15에서 3×5=15이므로 ●=5입니다.
★×4=32에서 8×4=32이므로 ★=8입니다.
따라서 ●×★=5×8=40입니다.

평가 기준	배점(5점)
●와 ★에 알맞은 수를 각각 구했나요?	3점
●와 ★의 곱을 구했나요?	2점

서술형
20 예 7명의 펼친 손가락의 수를 알아보면
가위: 2×1=2(개), 바위: 0×4=0(개),
보: 5×2=10(개)입니다.
따라서 7명의 펼친 손가락은 모두
2+0+10=12(개)입니다.

평가 기준	배점(5점)
각각의 펼친 손가락의 수를 구했나요?	3점
7명의 펼친 손가락은 모두 몇 개인지 구했나요?	2점

사고력이 반짝 76쪽

③, ⑤, ②, ④, ①

3 길이 재기

1학기에 임의 단위의 불편함을 해소하기 위한 수단으로 보편 단위인 cm를 배웠습니다. 2학기에는 cm로 나타냈을 때 큰 수를 써야 하는 불편함을 느끼고 더 긴 길이의 단위인 m를 배웁니다. 물건의 길이를 단명수(cm)와 복명수(몇 m 몇 cm)로 각각 표현하여 길이를 재어 봅니다. 복명수는 이후 mm 단위나 km 단위에도 사용되므로 같은 단위끼리 자리를 맞추어 나타내야 한다는 점을 아이들이 이해할 수 있어야 합니다. 복명수끼리의 계산도 자연수의 덧셈처럼 같은 단위끼리 계산해야 함을 이해하고, 이후 100 cm=1 m임을 이용하여 올림과 내림까지 계산할 수 있도록 해 주세요. 그리고 1 m의 길이가 얼마 만큼인지를 숙지하여 자 없이도 물건의 길이를 어림해 보고 길이에 대한 양감을 기를 수 있도록 지도해 주세요.

STEP 1 교과개념 1. cm보다 더 큰 단위 알아보기 79쪽

1 ① **2 m 2 m 2 m 2 m**
② **3 m 3 m 3 m 3 m**

2 30 / 30, 1, 30 / 1, 30

3 ① 2 미터 70 센티미터 ② 5 미터 36 센티미터

4 ① 3 ② 600 ③ 4, 93 ④ 807

3 ● m ▲ cm는 ● 미터 ▲ 센티미터라고 읽습니다.

4 ③ 493 cm=400 cm+93 cm
　　　　=4 m+93 cm=4 m 93 cm
④ 8 m 7 cm=8 m+7 cm
　　　　=800 cm+7 cm=807 cm

STEP 1 교과개념 2. 자로 길이 재기 81쪽

1 (○)(　) **2** 180, 1, 80

3 101, 1, 6 **4** 2, 20

1 사물함 긴 쪽의 길이는 1 m보다 길므로 곧은 자를 사용하면 여러 번 재어야 하기 때문에 불편합니다.

2 줄넘기의 왼쪽 끝이 줄자의 눈금 0에 맞추어져 있으므로 오른쪽 끝에 있는 줄자의 눈금을 읽습니다.
➡ 눈금이 180이므로 줄넘기의 길이는 180 cm 또는 1 m 80 cm입니다.

3 주의 106 cm를 1 m 06 cm로 나타내지 않도록 주의합니다.

4 220 cm=200 cm+20 cm
　　　=2 m+20 cm=2 m 20 cm

STEP 1 교과개념 3. 길이의 합 구하기 　　　　　83쪽

1 3, 90

2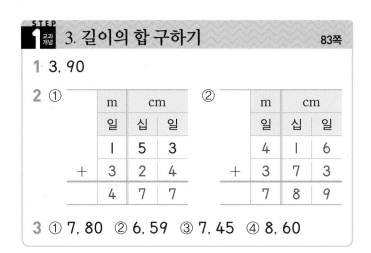

3 ① 7, 80　② 6, 59　③ 7, 45　④ 8, 60

2 같은 단위끼리 자리를 맞추어 씁니다.
➡ m는 m끼리, cm는 cm끼리 더합니다.

3 ① 3 m 60 cm+4 m 20 cm=7 m 80 cm

② 5 m 34 cm+1 m 25 cm=6 m 59 cm

STEP 1 교과개념 4. 길이의 차 구하기 　　　　　85쪽

1 3, 10

2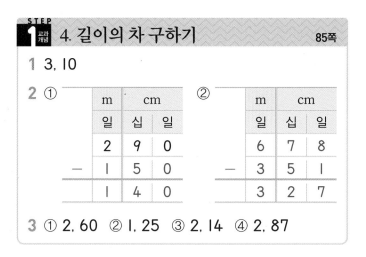

3 ① 2, 60　② 1, 25　③ 2, 14　④ 2, 87

---

2 같은 단위끼리 자리를 맞추어 씁니다.
➡ m는 m끼리, cm는 cm끼리 뺍니다.

3 ① 5 m 80 cm−3 m 20 cm=2 m 60 cm

② 8 m 67 cm−7 m 42 cm=1 m 25 cm

STEP 1 교과개념 5. 길이 어림하기 　　　　　87쪽

1 (　)(　)(○)　**2** 3

3 8　　　　**4**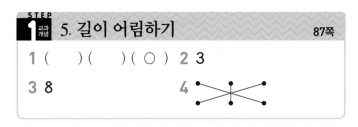

1 약 1 m는 걸음으로는 2걸음, 뼘으로는 6뼘, 양팔을 벌린 길이 정도 됩니다.

2 나무의 높이는 지수 동생의 키의 약 3배이므로 약 3 m입니다.

3 벽화 긴 쪽의 길이는 약 2 m의 4배 정도이므로 약 8 m입니다.

STEP 2 꼭 나오는 유형 　　　　　88~93쪽

1 (　)(○)(　)　**2** (1) 2, 4　(2) 538

3 　　　**4** 1740, 17, 40

5 (1) m　(2) cm　　**6** 840 cm

7 민지

8 ┌─────────────────┐　┌───┐ /
　　│ 258 cm = 25 m 8 cm │　│ × │
　　└─────────────────┘　└───┘
258 cm=2 m 58 cm
또는 2508 cm=25 m 8 cm

9 6, 5, 2

10 372 cm　　327 cm

11 130 cm   **12** 150, 1, 50

13 (예) 책상의 왼쪽 끝을 줄자의 눈금 0에 맞추지 않고 눈금 5에 맞추었으므로 1 m 40 cm가 아닙니다.

14 (위에서부터) 1 m 90 cm / 210 cm

15 (1) 6 m 65 cm   (2) 6 m 98 cm

16 5, 90   **17** 10, 54

18 >

19 (예) 1 m 20 cm, 3 m / 4 m 20 cm

20 22 m 68 cm   **21** 2 m 32 cm

22 ㉡   **23** 7, 99

24 4 m 67 cm   **25** 3 m 66 cm

26 (1) 3 m 24 cm   (2) 2 m 52 cm

27 4, 37   **28** 3 m 65 cm

29
$$\begin{array}{r} 4\text{ m }60\text{ cm} \\ -\ 1\text{ m }\ \ 2\text{ cm} \\ \hline 3\text{ m }58\text{ cm} \end{array}$$
30 ㉠

31 32 cm   **32** 선생님, 1, 14

33 도서관, 12 m 24 cm   **34** 1 m 35 cm

35 (예) 9, 4, 1   **36** 5 m

37 ㉠, ㉢   **38** 2 m / 1 m / 10 m

39 (예) 2 / 교실 문의 높이, 냉장고의 높이 등

40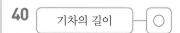

41 1 m 20 cm   **42** 4 m

---

1 숫자 1은 크게, 단위 m는 작게 씁니다.

2 (1) 204 cm＝200 cm＋4 cm
　　　　＝2 m＋4 cm＝2 m 4 cm
　(2) 5 m 38 cm＝5 m＋38 cm
　　　　＝500 cm＋38 cm＝538 cm

3 ・309 cm＝300 cm＋9 cm
　　　　＝3 m＋9 cm＝3 m 9 cm
　・390 cm＝300 cm＋90 cm
　　　　＝3 m＋90 cm＝3 m 90 cm
　・930 cm＝900 cm＋30 cm
　　　　＝9 m＋30 cm＝9 m 30 cm

5 1 m＝100 cm임을 생각하여 알맞은 단위를 써넣습니다.

6 (예) 8 m보다 40 cm 더 긴 길이는 8 m 40 cm입니다. 따라서 교실 긴 쪽의 길이는
8 m 40 cm＝8 m＋40 cm
　　　　＝800 cm＋40 cm＝840 cm
입니다.

평가 기준	배점(5점)
8 m보다 40 cm 더 긴 길이는 몇 m 몇 cm인지 알았나요?	2점
교실 긴 쪽의 길이는 몇 cm인지 구했나요?	3점

7 318 cm＝3 m 18 cm이므로
3 m 21 cm＞3 m 18 cm＞3 m 8 cm입니다.
따라서 가장 긴 길이를 말한 사람은 민지입니다.

8

m		cm	
2	5	8	➡ 2 m 58 cm

또는 25 m 8 cm＝25 m＋8 cm
　　　　＝2500 cm＋8 cm
　　　　＝2508 cm

9 큰 단위의 수가 클수록 길이가 깁니다.
수 카드의 수의 크기를 비교하면 6＞5＞2이므로 m 단위부터 큰 수를 차례로 쓰면 가장 긴 길이는 6 m 52 cm입니다.

10 372 cm＝3 m 72 cm이고,
327 cm＝3 m 27 cm입니다.
3 m 50 cm보다 낮은 높이는 327 cm이므로 이 터널을 지나갈 수 있는 차의 높이는 327 cm입니다.

11 밧줄의 왼쪽 끝이 줄자의 눈금 0에 맞추어져 있으므로 오른쪽 끝에 있는 줄자의 눈금을 읽습니다.
➡ 눈금이 130이므로 밧줄의 길이는 130 cm입니다.

12 책장의 왼쪽 끝이 줄자의 눈금 0에 맞추어져 있고 오른쪽 끝에 있는 눈금이 150이므로 책장 긴 쪽의 길이는 150 cm입니다.
150 cm＝100 cm＋50 cm＝1 m 50 cm

13

평가 기준	배점(5점)
길이를 잘못 잰 까닭을 썼나요?	5점

14 · 190 cm=100 cm+90 cm
$\quad$ =1 m+90 cm=1 m 90 cm
· 2 m 10 cm=2 m+10 cm
$\quad$ =200 cm+10 cm=210 cm

15 (1) 5 m 20 cm+1 m 45 cm=6 m 65 cm

16 3 m 40 cm+2 m 50 cm
$\quad$ =(3 m+2 m)+(40 cm+50 cm)
$\quad$ =5 m 90 cm

17 4 m 46 cm+6 m 8 cm=10 m 54 cm

18
$\quad$ 1
$\quad$ 4 m 63 cm
$\quad$ + 2 m 52 cm
$\quad$ ——————
$\quad$ 7 m 15 cm

➡ 7 m 15 cm>7 m

☺ 내가 만드는 문제
19 고른 두 길이의 합을 구하면 됩니다.
$\quad$ 예 1 m 20 cm+3 m=4 m 20 cm

서술형
20 예 (두 사람이 가지고 있는 털실의 길이의 합)
$\quad$ =(지원이가 가지고 있는 털실의 길이)
$\qquad$ +(은지가 가지고 있는 털실의 길이)
$\quad$ =10 m 23 cm+12 m 45 cm
$\quad$ =22 m 68 cm

평가 기준	배점(5점)
두 사람이 가지고 있는 털실의 길이의 합을 구하는 식을 세웠나요?	2점
두 사람이 가지고 있는 털실의 길이의 합은 몇 m 몇 cm인지 구했나요?	3점

21 1 m 3 cm+1 m 29 cm=2 m 32 cm

22 ㉠ $\quad$ 20 m 46 cm
$\qquad$ + 29 m 30 cm
$\qquad$ ——————
$\qquad$ 49 m 76 cm

$\quad$ ㉡ $\quad$ 35 m 57 cm
$\qquad$ + 14 m 27 cm
$\qquad$ ——————
$\qquad$ 49 m 84 cm

➡ 49 m 76 cm<49 m 84 cm

23 471 cm+3 m 28 cm
$\quad$ =4 m 71 cm+3 m 28 cm=7 m 99 cm

24 206 cm=2 m 6 cm이므로 가장 긴 길이는
$\quad$ 2 m 61 cm이고, 가장 짧은 길이는 206 cm입니다.

➡ 2 m 61 cm+206 cm
$\quad$ =2 m 61 cm+2 m 6 cm
$\quad$ =4 m 67 cm

25 (받침대의 높이)+(조각상의 높이)
$\quad$ =120 cm+246 cm
$\quad$ =1 m 20 cm+2 m 46 cm
$\quad$ =3 m 66 cm

26 (1) 4 m 56 cm-1 m 32 cm=3 m 24 cm

27 6 m 50 cm-2 m 13 cm
$\quad$ =(6 m-2 m)+(50 cm-13 cm)
$\quad$ =4 m 37 cm

28
$\qquad$ 6 $\quad$ 100
$\quad$ 7 m 62 cm
$\quad$ - 3 m 97 cm
$\quad$ ——————
$\quad$ 3 m 65 cm

29 cm끼리의 계산에서 자리에 맞추어 쓴 후
$\quad$ 받아내림에 주의하여 계산합니다.

$\qquad$ 5 10
$\qquad$ 6 0
$\qquad$ - $\quad$ 2
$\qquad$ ————
$\qquad$ 5 8

30 ㉠ 9 m 63 cm-4 m 30 cm=5 m 33 cm
➡ 5 m 33 cm<5 m 40 cm

31 (영지가 쌓은 탑의 높이)-(민우가 쌓은 탑의 높이)
$\quad$ =1 m 46 cm-1 m 14 cm=32 cm

32 2 m 32 cm-1 m 18 cm=1 m 14 cm

33 38 m 22 cm<50 m 46 cm이므로
$\quad$ 집에서 더 가까운 곳은 도서관이고,
$\quad$ 50 m 46 cm-38 m 22 cm
$\quad$ =12 m 24 cm 더 가깝습니다.

서술형
34 예 380 cm=3 m 80 cm입니다.
$\quad$ (고무줄이 늘어난 길이)
$\quad$ =(잡아당긴 후 고무줄의 길이)
$\qquad$ -(처음 고무줄의 길이)
$\quad$ =3 m 80 cm-2 m 45 cm
$\quad$ =1 m 35 cm

평가 기준	배점(5점)
380 cm를 몇 m 몇 cm로 나타냈나요?	2점
고무줄이 늘어난 길이는 몇 m 몇 cm인지 구했나요?	3점

35 8 m 23 cm−2 m 5 cm=6 m 18 cm
주어진 수 카드로 만들 수 있는 길이 중 6 m 18 cm
보다 더 긴 길이는 9 m 14 cm, 9 m 41 cm입니다.

36 1 m의 약 5배이므로 밧줄의 길이는 약 5 m입니다.

37 ⓒ 실내화의 길이, ⓔ 젓가락의 길이를 두 번 더한 길
이는 1 m보다 짧습니다.

😊 내가 만드는 문제
39 약 1 m인 물건: 내 책상의 긴 쪽, 야구 방망이 등
약 5 m인 것: 축구 골대의 긴 쪽
약 10 m인 것: 버스의 길이

40 방문의 높이, 농구대의 높이는 5 m보다 짧습니다.

41 창문의 높이는 한 뼘의 약 10배입니다.
➡ 12+12+12+12+12+12+12+12+12
+12=120(cm)
120 cm=1 m 20 cm이므로 창문의 높이는
약 1 m 20 cm입니다.

42 8걸음은 2걸음씩 4번입니다.
2걸음이 약 1 m이므로 8걸음은 약 4 m입니다.

STEP 3 자주 틀리는 유형   94~95쪽

1 (1) < (2) <   **2** ②
3 서우   **4** ⓒ, ⓒ, ⓔ, ㉠
5 7 m 31 cm   **6** 3 m 15 cm
7 1 m 11 cm   **8** (위에서부터) 26, 3
9 (위에서부터) 5, 64   **10** 3, 58
11 (위에서부터) 44, 5   **12** 1 m 50 cm
13 1 m 20 cm   **14** 1 m 10 cm

1 (1) 2 m=200 cm ➡ 185 cm<200 cm
(2) 6 m 6 cm=6 m+6 cm
=600 cm+6 cm=606 cm
➡ 606 cm<660 cm

2 ② 5 m 95 cm=595 cm
④ 5 m 85 cm=585 cm
➡ 595 cm>585 cm>580 cm>559 cm
>508 cm

3 1 m 32 cm=132 cm
➡ 132 cm>128 cm이므로 키가 더 큰 사람은 서우
입니다.

4 ㉠ 8 m 40 cm=840 cm
ⓒ 4 m 97 cm=497 cm
➡ 480 cm<497 cm<835 cm<840 cm
따라서 길이가 짧은 것부터 차례로 기호를 쓰면 ⓒ,
ⓒ, ⓔ, ㉠입니다.

5 310 cm=3 m 10 cm
➡ 310 cm+4 m 21 cm
=3 m 10 cm+4 m 21 cm
=7 m 31 cm

6 245 cm=2 m 45 cm
➡ (사용한 색 테이프의 길이)
=(처음 색 테이프의 길이)−(남은 색 테이프의 길이)
=5 m 60 cm−2 m 45 cm
=3 m 15 cm

7 184 cm=1 m 84 cm
(아버지의 줄넘기의 길이)−(민호의 줄넘기의 길이)
=2 m 95 cm−1 m 84 cm=1 m 11 cm

8
```
      1  m  ⓒ  cm
  +   ㉠  m  24  cm
  ─────────────────
      4  m  50  cm
```
• ⓒ+24=50 ➡ 50−24=ⓒ, ⓒ=26
• 1+㉠=4 ➡ 4−1=㉠, ㉠=3

9
```
      ㉠  m  75  cm
  −   3   m  ⓒ  cm
  ─────────────────
      2   m  11  cm
```
• 75−ⓒ=11 ➡ 75−11=ⓒ, ⓒ=64
• ㉠−3=2 ➡ 2+3=㉠, ㉠=5

10
```
      ㉠  m  26  cm
  +   4   m  ⓒ  cm
  ─────────────────
      7   m  84  cm
```
• 26+ⓒ=84 ➡ 84−26=ⓒ, ⓒ=58
• ㉠+4=7 ➡ 7−4=㉠, ㉠=3

11

$$8 \text{ m } \boxed{ⓒ} \text{ cm}$$
$$- \boxed{ⓐ} \text{ m } 24 \text{ cm}$$
$$\overline{ 3 \text{ m } 20 \text{ cm}}$$

- ⓒ$-24=20$ ➡ $20+24=$ⓒ, ⓒ$=44$
- $8-$ⓐ$=3$ ➡ $8-3=$ⓐ, ⓐ$=5$

12 장식장의 높이는 항아리 높이의 약 3배입니다.
➡ $50+50+50=150$(cm)
150 cm$=$1 m 50 cm이므로 장식장의 높이는 약
1 m 50 cm입니다.

13 아이스하키 스틱의 길이는 신발의 길이의 약 6배입니다.
➡ $20+20+20+20+20+20=120$(cm)
120 cm$=$1 m 20 cm이므로 아이스하키 스틱의 길
이는 약 1 m 20 cm입니다.

14 액자 긴 쪽의 길이는 한 뼘의 길이의 약 5배입니다.
➡ $22+22+22+22+22=110$(cm)
110 cm$=$1 m 10 cm이므로 액자 긴 쪽의 길이는 약
1 m 10 cm입니다.

STEP 4 최상위 도전 유형 96~97쪽

1 7, 8, 9   **2** 6, 7, 8, 9

3 4개   **4** 5

5 민서   **6** 영지

7 유진

8
$$\boxed{6} \text{ m } \boxed{4}\boxed{1} \text{ cm}$$
$$+ 1 \text{ m } 2 5 \text{ cm}$$
$$\overline{\boxed{7} \text{ m } \boxed{6}\boxed{6} \text{ cm}}$$

9
$$\boxed{9} \text{ m } \boxed{8}\boxed{6} \text{ cm}$$
$$- \boxed{2} \text{ m } \boxed{4}\boxed{5} \text{ cm}$$
$$\overline{\boxed{7} \text{ m } \boxed{4}\boxed{1} \text{ cm}}$$

10 5 m 65 cm   **11** 4 m 21 cm

12 4 m 10 cm

---

1 4 m 69 cm$=$469 cm
4□5$>$469이므로 □ 안에는 6보다 큰 수가 들어가
야 합니다.
따라서 □ 안에 들어갈 수 있는 수는 7, 8, 9입니다.

2 7 m □2 cm$=$7□2 cm
758$<$7□2이므로 □ 안에는 5보다 큰 수가 들어가
야 합니다.
따라서 □ 안에 들어갈 수 있는 수는 6, 7, 8, 9입니
다.

3 3 m 45 cm$=$345 cm
345$>$3□8이므로 □ 안에는 4보다 작은 수가 들어
가야 합니다.
따라서 □ 안에 들어갈 수 있는 수는 0, 1, 2, 3으로
모두 4개입니다.

4 9 m □1 cm$=$9□1 cm
9□1$<$956이므로 □ 안에는 5와 같거나 5보다 작
은 수가 들어가야 합니다.
따라서 □ 안에 들어갈 수 있는 수는 1, 2, 3, 4, 5이
고 이 중에서 가장 큰 수는 5입니다.

5 자른 끈의 길이와 2 m의 차를 구합니다.
현우: 2 m 10 cm$-$2 m$=$10 cm
민서: 2 m$-$1 m 95 cm$=$5 cm
따라서 10 cm$>$5 cm이므로 2 m에 더 가깝게 어림
한 사람은 민서입니다.

6 어림한 길이와 3 m 50 cm의 차를 구합니다.
지후: 3 m 50 cm$-$3 m 35 cm$=$15 cm
영지: 3 m 60 cm$-$3 m 50 cm$=$10 cm
따라서 15 cm$>$10 cm이므로 3 m 50 cm에 더 가
깝게 어림한 사람은 영지입니다.

7 자른 털실의 길이와 5 m의 차를 구합니다.
한서: 5 m$-$4 m 86 cm$=$14 cm
동영: 512 cm$-$5 m$=$5 m 12 cm$-$5 m
$=$12 cm
유진: 5 m 5 cm$-$5 m$=$5 cm
따라서 5 cm$<$12 cm$<$14 cm이므로 5 m에 가장
가깝게 어림한 사람은 유진입니다.

8 6$>$4$>$1이므로 가장 긴 길이는 6 m 41 cm입니다.
➡ 6 m 41 cm$+$1 m 25 cm$=$7 m 66 cm

9 9>8>6>5>4>2이므로 가장 긴 길이는
9 m 86 cm, 가장 짧은 길이는 2 m 45 cm입니다.
➡ 9 m 86 cm−2 m 45 cm=7 m 41 cm

10 (색 테이프 2장의 길이의 합)
=3 m 45 cm+2 m 50 cm
=5 m 95 cm
➡ (이어 붙인 색 테이프의 전체 길이)
=(색 테이프 2장의 길이의 합)
−(겹쳐진 부분의 길이)
=5 m 95 cm−30 cm
=5 m 65 cm

11 (색 테이프 2장의 길이의 합)
=2 m 38 cm+2 m 38 cm
=4 m 76 cm
➡ (이어 붙인 색 테이프의 전체 길이)
=(색 테이프 2장의 길이의 합)
−(겹쳐진 부분의 길이)
=4 m 76 cm−55 cm
=4 m 21 cm

12 (색 테이프 3장의 길이의 합)
=1 m 50 cm+1 m 50 cm+1 m 50 cm
=4 m 50 cm
(겹쳐진 부분의 길이의 합)
=20 cm+20 cm=40 cm
➡ (이어 붙인 색 테이프의 전체 길이)
=(색 테이프 3장의 길이의 합)
−(겹쳐진 부분의 길이의 합)
=4 m 50 cm−40 cm
=4 m 10 cm

수시 평가 대비 Level ❶

1 3 미터 15 센티미터 **2** (1) 800 (2) 4, 9

3 1 m 10 cm **4** (1) △ (2) ◯

5 8 m **6** (1) 10 m (2) 175 cm

7 ⓒ **8** >

9 (1) 9 m 22 cm (2) 3 m 22 cm

10 6, 24 **11** 준서

12 7 m 17 cm **13** (위에서부터) 24, 5

14 6 m 40 cm **15** 1 m 7 cm

16 4 m **17** 30 m 35 cm

18 (위에서부터) 9, 7, 5 / 1, 3, 4 / 8, 4, 1

19 210 cm **20** 10 m 99 cm

1 m는 미터로, cm는 센티미터로 읽습니다.

2 1 m=100 cm임을 이용하여 단위를 바르게 바꾸어
나타냅니다.
(1) 8 m=800 cm
(2) 409 cm=400 cm+9 cm
=4 m+9 cm=4 m 9 cm

3 밧줄의 왼쪽 끝이 줄자의 눈금 0에 맞추어져 있으므로
오른쪽 끝에 있는 줄자의 눈금을 읽으면 110입니다.
따라서 밧줄의 길이는 110 cm=1 m 10 cm입니다.

5 1 m의 약 8배이므로 약 8 m입니다.

7 ⓒ 909 cm=900 cm+9 cm=9 m 9 cm

8 770 cm=7 m 70 cm이므로
770 cm>7 m 7 cm입니다.

10　　14 m 93 cm
　　−　8 m 69 cm
　　─────────────
　　　　6 m 24 cm

11 준서가 잰 소파 긴 쪽의 길이는 약 5 m이고, 유미가
잰 책상 긴 쪽의 길이는 약 2 m입니다.
따라서 더 긴 길이를 어림한 사람은 준서입니다.

12 8 m 52 cm−1 m 35 cm=7 m 17 cm

13 cm 단위의 계산: □+15=39, 39−15=□,
　　　　　　　　　　　　□=24

m 단위의 계산: 3+□=8, 8−3=□, □=5

14 (정민이가 가지고 있는 리본의 길이)
　＝(재현이가 가지고 있는 리본의 길이)＋2 m 25 cm
　＝4 m 15 cm＋2 m 25 cm＝6 m 40 cm

15 (늘어난 길이)
　＝(잡아당긴 고무줄의 길이)−(처음 고무줄의 길이)
　＝2 m 32 cm−1 m 25 cm＝1 m 7 cm

16 130 cm＝1 m 30 cm입니다.
1 m 30 cm＋1 m 30 cm＋1 m 30 cm
＝3 m 90 cm이므로
물건의 길이는 약 3 m 90 cm이고 3 m 90 cm는
3 m와 4 m 중에서 4 m에 가까우므로 물건의 길이
는 약 4 m입니다.

17 (집에서 문구점을 거쳐 학교까지 가는 거리)
　＝51 m 16 cm＋47 m 55 cm
　＝98 m 71 cm
(집~문구점~학교)−(집~학교)
　＝98 m 71 cm−68 m 36 cm
　＝30 m 35 cm

18 9＞7＞5＞4＞3＞1이므로 가장 긴 길이는 m 단위
부터 큰 수를 차례로 쓰면 9 m 75 cm이고 가장 짧은
길이는 m 단위부터 작은 수를 차례로 쓰면
1 m 34 cm입니다.

```
    9 m 75 cm
 −  1 m 34 cm
 ─────────────
    8 m 41 cm
```

서술형
19 예) 2 m보다 10 cm 더 긴 길이는 2 m 10 cm입니다.
1 m＝100 cm이므로 에어컨의 높이는
2 m 10 cm＝200 cm＋10 cm＝210 cm입니다.

평가 기준	배점(5점)
2 m보다 10 cm 더 긴 길이는 몇 m 몇 cm인지 구했나요?	3점
에어컨의 높이는 몇 cm인지 구했나요?	2점

서술형
20 예) 519 cm＝5 m 19 cm이므로 가장 긴 길이는
5 m 90 cm, 가장 짧은 길이는 5 m 9 cm입니다.
따라서 가장 긴 길이와 가장 짧은 길이의 합은
5 m 90 cm＋5 m 9 cm＝10 m 99 cm입니다.

평가 기준	배점(5점)
가장 긴 길이와 가장 짧은 길이를 찾았나요?	2점
두 길이의 합을 구했나요?	3점

수시 평가 대비 Level ❷
101~103쪽

1 1 m 50 cm, 1 미터 50 센티미터

2 1 m 5 cm　　　**3** (1) cm　(2) m

4 276 cm　　　**5** ＞

6 3 m　　　　**7** ㉠

8
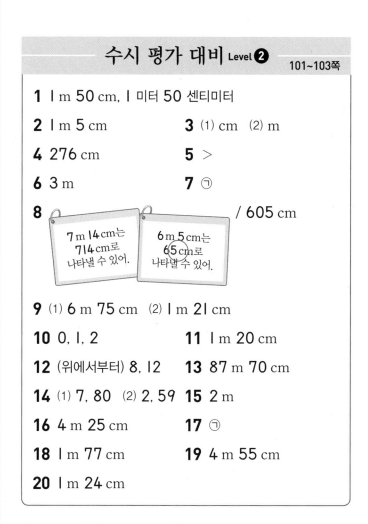
/ 605 cm

9 (1) 6 m 75 cm　(2) 1 m 21 cm

10 0, 1, 2　　　**11** 1 m 20 cm

12 (위에서부터) 8, 12　　**13** 87 m 70 cm

14 (1) 7, 80　(2) 2, 59　**15** 2 m

16 4 m 25 cm　　　**17** ㉠

18 1 m 77 cm　　　**19** 4 m 55 cm

20 1 m 24 cm

---

1 1 m＋50 cm＝1 m 50 cm

2 색 테이프의 길이는 100보다 작은 눈금 5칸 더 긴 길
이이므로 105 cm입니다.
➡ 105 cm＝100 cm＋5 cm
　　　　　＝1 m＋5 cm＝1 m 5 cm

3 1 m＝100 cm임을 생각하여 알맞은 단위를 써넣습니
다.

4 2 m 76 cm＝2 m＋76 cm
　　　　　　≒200 cm＋76 cm＝276 cm

5 718 cm=700 cm+18 cm
　　　　=7 m+18 cm=7 m 18 cm
➡ 7 m 18 cm>7 m 8 cm

6 약 1 m의 3배 정도이므로 칠판 긴 쪽의 길이는 약 3 m입니다.

7 길이를 잴 때 짧은 길이로 잴수록 더 여러 번 재어야 합니다.
따라서 몸의 일부가 더 짧은 길이인 것을 찾으면 ㉠입니다.

8 6 m 5 cm=6 m+5 cm
　　　　=600 cm+5 cm=605 cm

9 m는 m끼리, cm는 cm끼리 계산합니다.

10 9 m 32 cm=932 cm
932>9□8이므로 □ 안에는 3보다 작은 수가 들어가야 합니다.
따라서 □ 안에 들어갈 수 있는 수는 0, 1, 2입니다.

11 책상 긴 쪽의 길이는 한 뼘의 길이의 약 8배입니다.
➡ 15+15+15+15+15+15+15+15
　=120(cm)
120 cm=1 m 20 cm이므로 책상 긴 쪽의 길이는 약 1 m 20 cm입니다.

12

㉠ m	54 cm
− 2 m	㉡ cm
6 m	42 cm

・54−㉡=42 ➡ 54−42=㉡, ㉡=12
・㉠−2=6 ➡ 6+2=㉠, ㉠=8

13 (놀이터에서 도서관을 거쳐 문구점까지 가는 거리)
　=35 m 44 cm+52 m 26 cm
　=87 m 70 cm

14 (1) 5 m 63 cm+217 cm
　　　=5 m 63 cm+2 m 17 cm
　　　=7 m 80 cm
(2) 697 cm−4 m 38 cm
　　=6 m 97 cm−4 m 38 cm
　　=2 m 59 cm

15 영민이의 9뼘이 약 1 m이므로 18뼘인 창문 긴 쪽의 길이는 9+9=18에서 약 1 m가 2번입니다.
따라서 창문 긴 쪽의 길이는 약 2 m입니다.

16 (색 테이프 2장의 길이의 합)
　=2 m 30 cm+2 m 30 cm
　=4 m 60 cm
➡ (이어 붙인 색 테이프의 전체 길이)
　=(색 테이프 2장의 길이의 합)
　　−(겹쳐진 부분의 길이)
　=4 m 60 cm−35 cm=4 m 25 cm

17 ㉠ 1 m 47 cm+4 m 25 cm=5 m 72 cm
㉡ 8 m 90 cm−3 m 14 cm=5 m 76 cm
➡ 5 m 72 cm<5 m 76 cm

18 (우주의 키)=1 m 64 cm−36 cm=1 m 28 cm
(아버지의 키)=1 m 28 cm+49 cm=1 m 77 cm

서술형
19 예 (받침대의 높이)=135 cm=1 m 35 cm
➡ (받침대의 높이)+(조각상의 높이)
　=1 m 35 cm+3 m 20 cm
　=4 m 55 cm

평가 기준	배점(5점)
받침대의 높이를 몇 m 몇 cm로 나타냈나요?	2점
받침대 밑에서부터 조각상 꼭대기까지의 높이는 몇 m 몇 cm인지 구했나요?	3점

서술형
20 예 은행나무는 453 cm=4 m 53 cm입니다.
따라서 키가 가장 큰 나무는 은행나무로 4 m 53 cm이고, 키가 가장 작은 나무는 소나무로 3 m 29 cm입니다.
➡ 4 m 53 cm−3 m 29 cm=1 m 24 cm

평가 기준	배점(5점)
키가 가장 큰 나무와 가장 작은 나무를 각각 찾았나요?	2점
키가 가장 큰 나무는 가장 작은 나무보다 몇 m 몇 cm 더 큰지 구했나요?	3점

💡 **사고력이 반짝**　104쪽

㉣

4 시각과 시간

긴바늘이 한 바퀴 돌 때 짧은바늘은 숫자 눈금 한 칸을 움직인다는 원리를 바탕으로 '몇 시 몇 분'까지 읽어 봅니다. 또 시계의 바늘을 그릴 때에는 두 바늘의 속도가 다르므로 긴바늘이 30분을 가리킬 때는 짧은바늘이 숫자와 숫자 사이의 중앙을 가리키고 30분 이전을 가리킬 때는 앞의 숫자에 가깝게, 30분 이후를 가리킬 때는 뒤의 숫자에 가깝게 짧은바늘을 그려야 함을 이해하게 해주세요. 또 시각과 시간의 정확한 개념을 이해하여 이후 시각과 시간의 덧셈과 뺄셈의 학습과도 매끄럽게 연계될 수 있도록 지도해 주세요.

STEP 1 교과개념 1. 몇 시 몇 분 읽기 107쪽

1 ① 5, 6   ② 4   ③ 5, 20

2 ① 2, 3   ② 6, 1   ③ 2, 31

3 ① 1, 25   ② 11, 53   ③ 3, 47   ④ 8, 6

3 ① 짧은바늘은 1과 2 사이를 가리키고 긴바늘은 5를 가리키므로 1시 25분입니다.
② 짧은바늘은 11과 12 사이를 가리키고 긴바늘은 11에서 작은 눈금 2칸 덜 간 곳을 가리키므로 11시 53분입니다.

STEP 1 교과개념 2. 여러 가지 방법으로 시각 읽기 109쪽

1 ① 7, 50   ② 10   ③ 8, 10

2 ① 3, 50 / 4, 10   ② 8, 55 / 9, 5

3

4   ,

2 ① 짧은바늘은 3과 4 사이를 가리키고 긴바늘은 10을 가리키므로 3시 50분입니다.
3시 50분은 4시가 되려면 10분이 더 지나야 하므로 4시 10분 전이라고도 합니다.
② 짧은바늘은 8과 9 사이를 가리키고 긴바늘은 11을 가리키므로 8시 55분입니다.
8시 55분은 9시가 되려면 5분이 더 지나야 하므로 9시 5분 전이라고도 합니다.

3 2시 10분 전은 2시가 되기 10분 전의 시각과 같으므로 1시 50분입니다. 따라서 긴바늘이 10을 가리키도록 그립니다.

4 5시 10분 전의 시각은 4시 50분이고, 5시 10분 후의 시각은 5시 10분입니다.

STEP 1 교과개념 3. 1시간, 걸린 시간 알아보기 111쪽

1 | 2시 | 10분 | 20분 | 30분 | 40분 | 50분 | 3시 | 10분 | 20분 | 30분 | 40분 | 50분 | 4시 |

/ 1, 시간에 ○표(또는 60, 분에 ○표)

2 ① 120   ② 1   ③ 110   ④ 2, 10

3 | 8시 | 10분 | 20분 | 30분 | 40분 | 50분 | 9시 | 10분 | 20분 | 30분 | 40분 | 50분 | 10시 | 10분 | 20분 | 30분 | 40분 | 50분 | 11시 |

/ 1, 10, 70 / 1, 20, 80

1 시간 띠의 칸 수를 세어 보면 6칸이므로 60분입니다.
60분=1시간입니다.

2 ③ 1시간 50분=1시간+50분
=60분+50분=110분
④ 130분=60분+60분+10분
=2시간+10분=2시간 10분

3 • 시간 띠의 칸 수를 세어 보면 7칸이므로 70분입니다. 70분=60분+10분=1시간 10분입니다.
• 시간 띠의 칸 수를 세어 보면 8칸이므로 80분입니다. 80분=60분+20분=1시간 20분입니다.

STEP 1 교과개념 4. 하루의 시간 알아보기   113쪽

1 ① 오전   ② 오후

2 ① l   ② 48   ③ 29   ④ l, 9

3 ①

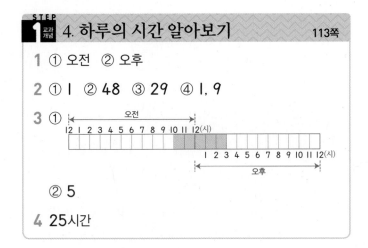

  ② 5

4 25시간

---

1 • 오전: 전날 밤 l2시부터 낮 l2시까지
   • 오후: 낮 l2시부터 밤 l2시까지

2 ③ l일 5시간＝l일＋5시간
             ＝24시간＋5시간＝29시간
  ④ 33시간＝24시간＋9시간
          ＝l일＋9시간＝l일 9시간

3 ① 오전 l0시부터 오후 3시까지 5칸을 색칠합니다.
  ② ①의 시간 띠에 5칸을 색칠했으므로 민수가 놀이
     공원에 있었던 시간은 5시간입니다.

4 첫날 오전 l0시 $\xrightarrow{24시간 후}$ 다음날 오전 l0시 $\xrightarrow{l시간 후}$
  다음날 오전 ll시
  ➡ 24시간＋l시간＝25시간

STEP 1 교과개념 5. 달력 알아보기   115쪽

1 ① 4   ② 토   ③ l2

2 3l, 30, 3l, 3l, 30

3 ① 7, l4   ② l2, 24   ③ l, 2, l, 2, l
  ④ 4, 2, 4, 2, 4

---

1 ① 월요일은 모두 같은 세로줄에 있으므로 7일, l4
   일, 2l일, 28일로 4번 있습니다.
  ③ l주일은 7일이므로 7일 후는 한 칸 아래인 l2일입
   니다.

STEP 2 꼭 나오는 유형   116~121쪽

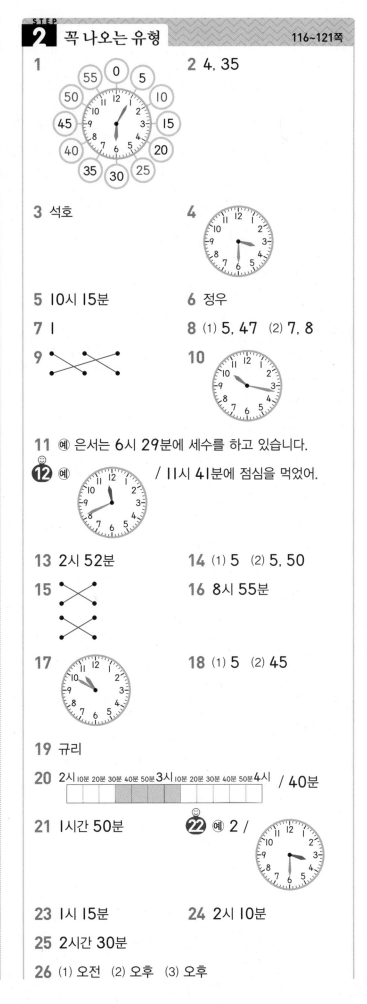

1

2 4, 35

3 석호

4

5 l0시 l5분

6 정우

7 l

8 (1) 5, 47   (2) 7, 8

9

10

11 예 은서는 6시 29분에 세수를 하고 있습니다.

12 예 / ll시 4l분에 점심을 먹었어.

13 2시 52분

14 (1) 5   (2) 5, 50

15

16 8시 55분

17

18 (1) 5   (2) 45

19 규리

20 2시 l0분 20분 30분 40분 50분 3시 l0분 20분 30분 40분 50분 4시 / 40분

21 l시간 50분

22 예 2 /

23 l시 l5분

24 2시 l0분

25 2시간 30분

26 (1) 오전   (2) 오후   (3) 오후

27 오전에 ○표, 8, 13   (2) 오후에 ○표, 7, 13

28 예

 / 5시간 30분

29 민수   **30** 12시간

31 6대   **32** (1) 36   (2) 2

33

| 1월, 10월 | , | 5월, 7월 |

34 (1) 10월 31일   (2) 11월 15일, 금요일

35 9일   **36** 4월 28일

37 토요일

---

2 짧은바늘은 4와 5 사이를 가리키고 긴바늘은 7을 가리키므로 4시 35분입니다.

3 8시이므로 짧은바늘은 8과 9 사이를 가리키고 10분이므로 긴바늘은 2를 가리키고 있는 시계를 찾습니다.

4 3:30은 3시 30분이므로 긴바늘이 6을 가리키도록 그립니다.

5 짧은바늘은 10과 11 사이를 가리키고 긴바늘은 3을 가리키므로 10시 15분입니다.

6  ➡ 10시 25분   ➡ 7시 40분

7 시계에서 숫자와 숫자 사이에 작은 눈금이 5칸 있으므로 긴바늘이 가리키는 작은 눈금 한 칸은 1분을 나타냅니다.

8 (1) 짧은바늘은 5와 6 사이를 가리키고 긴바늘은 9에서 작은 눈금 2칸 더 간 곳을 가리키므로 5시 47분입니다.
(2) 짧은바늘은 7과 8 사이를 가리키고 긴바늘은 2에서 작은 눈금 2칸 덜 간 곳을 가리키므로 7시 8분입니다.

9 4:26 ➡ 4시 26분
6:52 ➡ 6시 52분
9:34 ➡ 9시 34분

10 17분은 긴바늘이 3에서 작은 눈금 2칸 더 간 곳을 가리키도록 그립니다.

---

11 짧은바늘은 6과 7 사이를 가리키므로 6시, 긴바늘은 5에서 작은 눈금 4칸 더 간 곳을 가리키므로 29분입니다.

13 짧은바늘은 2와 3 사이를 가리키므로 2시, 긴바늘은 10에서 작은 눈금 2칸 더 간 곳을 가리키므로 52분입니다.

14 (1) 1시 55분은 2시가 되려면 5분이 더 지나야 하므로 2시 5분 전입니다.
(2) 6시 10분 전은 6시가 되려면 10분이 더 지나야 하므로 5시 50분입니다.

15 ・12시 55분은 5분 후에 1시가 되므로 1시 5분 전과 같습니다.
・3시 50분은 10분 후에 4시가 되므로 4시 10분 전과 같습니다.

16 시계는 9시를 나타내므로 9시에서 5분 전은 긴바늘이 12에서 숫자 눈금 1칸 덜 간 11을 가리키므로 8시 55분입니다.

17 11시 10분 전의 시각은 10시 50분입니다.
따라서 긴바늘이 10을 가리키도록 그립니다.

18 (1) 시계의 시각은 6시 55분입니다.
6시 55분=7시 5분 전
(2) 시계의 시각은 3시 45분입니다.
3시 45분=4시 15분 전

서술형
19 예 8시가 되기 15분 전의 시각은 7시 45분입니다. 7시 50분과 7시 45분 중에서 더 이른 시각은 7시 45분입니다.
따라서 더 일찍 일어난 사람은 규리입니다.

평가 기준	배점(5점)
8시 15분 전을 몇 시 몇 분으로 나타냈나요?	3점
더 일찍 일어난 사람은 누구인지 구했나요?	2점

20 시간 띠 한 칸은 10분을 나타내고, 4칸을 색칠했으므로 40분이 흐른 시간입니다.

21 수영을 시작한 시각은 10시이고 끝낸 시각은 11시 50분입니다.

10시 ──1시간 후──➡ 11시 ──50분 후──➡ 11시 50분

➡ 1시간 50분
따라서 진영이가 수영을 한 시간은 1시간 50분입니다.

⊙ 내가 만드는 문제
22 ㈎ 1시 30분에서 2시간 후의 시각은 3시 30분입니다.

23 피아노 연습을 시작한 시각은 12시 30분입니다.
45분=30분+15분이므로

12시 30분 $\xrightarrow{\text{30분 후}}$ 1시 $\xrightarrow{\text{15분 후}}$ 1시 15분

따라서 피아노 연습을 마친 시각은 1시 15분입니다.

24 40분=30분+10분입니다.

1시 $\xrightarrow{\text{30분 후}}$ 1시 30분 $\xrightarrow{\text{30분 후}}$ 2시

$\xrightarrow{\text{10분 후}}$ 2시 10분

25 4시부터 6시 30분까지는 몇 시간 몇 분인지 구합니다.

4시 $\xrightarrow{\text{2시간 후}}$ 6시 $\xrightarrow{\text{30분 후}}$ 6시 30분

➡ 2시간 30분

26 오전: 전날 밤 12시부터 낮 12시까지입니다.
오후: 낮 12시부터 밤 12시까지입니다.

27 (1) 긴바늘이 한 바퀴 돌면 1시간이 지납니다.
(2) 짧은바늘이 한 바퀴 돌면 12시간이 지납니다.

⊙ 내가 만드는 문제
28 ㈎ 박물관에 들어간 시각은 오전 10시 30분이고, 박물관에서 나온 시각을 오후 4시라고 하면

오전 10시 30분 $\xrightarrow{\text{5시간 후}}$ 오후 3시 30분

$\xrightarrow{\text{30분 후}}$ 오후 4시 ➡ 5시간 30분

따라서 박물관에 있었던 시간은 5시간 30분입니다.

29 점심 식사는 오후에 했습니다.

30 오전 8시부터 오후 8시까지는 12시간이므로 은수네 가족이 여행하는 데 걸린 시간은 모두 12시간입니다.

31 낮 12시까지 출발하는 버스가 모두 몇 대인지 알아봅니다. 버스가 출발하는 시각은 6시 30분, 7시 30분, 8시 30분, 9시 30분, 10시 30분, 11시 30분이므로 오전에 출발하는 버스는 모두 6대입니다.

32 (1) 3년=12개월+12개월+12개월=36개월
(2) 14일=7일+7일=2주일

33 ·1월, 10월은 31일로 날수가 같습니다.
·2월은 28(29)일, 4월은 30일로 날수가 다릅니다.
·3월은 31일, 6월은 30일로 날수가 다릅니다.
·5월, 7월은 31일로 날수가 같습니다.

34 (1) 11월 7일의 일주일 전은 10월 마지막 날입니다. 10월은 31일까지 있으므로 우진이의 생일은 10월 31일입니다.
(2) 11월 7일의 8일 후는 7+8=15에서 11월 15일이고, 금요일입니다.

35 4월에 월요일은 2일, 9일, 16일, 23일, 30일로 5일이고, 수요일은 4일, 11일, 18일, 25일로 4일입니다.
따라서 4월 한 달 동안 찬호가 태권도 학원에 가는 날은 모두 5+4=9(일)입니다.

36 달력에서 넷째 토요일을 찾아보면 28일입니다.
따라서 태권도 발표회를 하는 날은 4월 28일입니다.

서술형
37 ㈎ 7일마다 같은 요일이 반복됩니다.
24일, 24−7=17(일), 17−7=10(일),
10−7=3(일)은 모두 같은 요일입니다.
따라서 24일은 3일과 같은 토요일입니다.

평가 기준	배점(5점)
7일마다 같은 요일이 반복됨을 알았나요?	2점
8월 24일은 무슨 요일인지 구했나요?	3점

STEP 3 자주 틀리는 유형   122~124쪽

1 ㉡   **2** ②

3 ㉡

4 ㈎ 긴바늘이 가리키는 3을 15분이 아니라 3분이라고 읽었기 때문입니다. / 9시 15분

5 ㈎ 긴바늘이 가리키는 11을 55분이 아니라 11분이라고 읽었기 때문입니다. / 3시 55분

6 동원   **7** 준호

8 민경   **9** 1시 20분

10 7시 17분   **11** 11시 15분 전

12 3바퀴   **13** 3바퀴

14 6바퀴   **15** 7바퀴

16 ㉢   **17** ④

18 ㈎ 민유와 지후의 생일이 25−18=7(일) 차이가 나고, 7일마다 같은 요일이 반복되기 때문입니다.

1 ⓒ I40분＝60분＋60분＋20분＝2시간 20분

2 ② 25개월＝I2개월＋I2개월＋I개월＝2년 I개월

3 ㉠ I시간 35분＝60분＋35분＝95분
　ⓒ I일 8시간＝24시간＋8시간＝32시간
　㉣ 50시간＝24시간＋24시간＋2시간
　　　　　＝2일 2시간

6 80분＝60분＋20분＝I시간 20분
따라서 I시간 I0분＜I시간 20분이므로 농구를 더 오랫동안 한 사람은 동원입니다.

7 95분＝60분＋35분＝I시간 35분
따라서 I시간 35분＜I시간 40분이므로 공부를 더 오랫동안 한 사람은 준호입니다.

8 3년 5개월＝I2개월＋I2개월＋I2개월＋5개월
　　　　　＝41개월
따라서 42개월＞41개월＞38개월이므로 피아노를 가장 오랫동안 배운 사람은 민경입니다.

9 짧은바늘은 I과 2 사이를 가리키고 긴바늘은 4를 가리키므로 I시 20분입니다.

10 짧은바늘은 7과 8 사이를 가리키고 긴바늘은 3에서 작은 눈금 2칸 더 간 곳을 가리키므로 7시 I7분입니다.

11 짧은바늘은 I0과 II 사이를 가리키고 긴바늘은 9를 가리키므로 I0시 45분입니다.
I0시 45분은 II시가 되려면 I5분이 더 지나야 하므로 II시 I5분 전입니다.

12 왼쪽 시계는 2시, 오른쪽 시계는 5시입니다.
I시간 동안 긴바늘은 한 바퀴 돕니다.
2시 $\xrightarrow{\text{3시간 후}}$ 5시 ➡ 3시간
따라서 시계의 긴바늘은 3바퀴 돕니다.

13 I시간 동안 긴바늘은 한 바퀴 돕니다.
오전 I시부터 오전 4시까지 걸린 시간은 3시간이고, 3시간 동안 시계의 긴바늘은 3바퀴 돕니다.

14 I시간 동안 긴바늘은 한 바퀴 돕니다.
오전 II시 $\xrightarrow{\text{I시간 후}}$ 낮 I2시 $\xrightarrow{\text{5시간 후}}$ 오후 5시 ➡ 6시간
따라서 시계의 긴바늘은 6시간 동안 6바퀴 돕니다.

15 I시간 동안 짧은바늘은 숫자 눈금 한 칸을 움직이고, 긴바늘은 한 바퀴를 돕니다.
따라서 짧은바늘이 3에서 I0까지 가는 데 걸린 시간은 7시간이고, 7시간 동안 긴바늘은 7바퀴를 돕니다.

16 7일마다 같은 요일이 반복되므로 두 날짜의 차가 7일, I4일, 2I일, 28일이면 같은 요일입니다.
　㉠ I5−I＝I4(일)　　　ⓒ I7−I0＝7(일)
　ⓒ 25−5＝20(일)　　　㉣ 28−7＝2I(일)
따라서 같은 요일끼리 짝 지어지지 않은 것은 ⓒ입니다.

17 7일마다 같은 요일이 반복되므로 두 날짜의 차가 7일, I4일, 2I일, 28일이면 같은 요일입니다.
　① 30−2＝28(일)　　　② I8−4＝I4(일)
　③ 3I−I0＝2I(일)　　　④ 23−I5＝8(일)
　⑤ 28−2I＝7(일)
따라서 같은 요일끼리 짝 지어지지 않은 것은 ④입니다.

STEP 4 최상위 도전 유형　　　　125~127쪽

1 3시 I0분	**2** 4시 35분
3 오전 I0시 30분	**4** 3시 20분
5 2시 30분	**6** 4시 45분
7 태석	**8** 형석
9 25일	**10** 49일
11 57일	
12 2일, 9일, I6일, 23일, 30일	
13 4번	**14** 토요일
15 오전 6시 24분	**16** 오후 3시 I2분
17 오전 8시 20분	

1 30분＝20분＋I0분
2시 40분 $\xrightarrow{\text{20분 후}}$ 3시 $\xrightarrow{\text{I0분 후}}$ 3시 I0분
따라서 민주가 줄넘기 연습을 끝낸 시각은 3시 I0분입니다.

2 4시 $\xrightarrow{\text{20분 후}}$ 4시 20분 $\xrightarrow{\text{15분 후}}$ 4시 35분
(전반전 시작)　　　　　(전반전 종료)　　　　　(후반전 시작)

3　• 1교시 수업이 끝나는 시각:

9시 $\xrightarrow{\text{40분 후}}$ 9시 40분

• 2교시 수업이 시작하는 시각:

9시 40분 $\xrightarrow{\text{10분 후}}$ 9시 50분

• 2교시 수업이 끝나는 시각:

9시 50분 $\xrightarrow{\text{10분 후}}$ 10시 $\xrightarrow{\text{30분 후}}$ 10시 30분

따라서 2교시 수업이 끝나는 시각은 오전 10시 30분입니다.

4 영화가 시작된 시각은 4시 50분에서 1시간 30분 전입니다.

4시 50분 $\xrightarrow{\text{1시간 전}}$ 3시 50분 $\xrightarrow{\text{30분 전}}$ 3시 20분

따라서 영화가 시작된 시각은 3시 20분입니다.

5 봉사 활동을 시작한 시각은 5시 10분에서 2시간 40분 전입니다.

5시 10분 $\xrightarrow{\text{2시간 전}}$ 3시 10분 $\xrightarrow{\text{10분 전}}$ 3시

$\xrightarrow{\text{30분 전}}$ 2시 30분

따라서 봉사 활동을 시작한 시각은 2시 30분입니다.

6 공연이 끝난 시각: 6시 25분

100분=60분+40분=1시간 40분

공연이 시작된 시각은 6시 25분에서 1시간 40분 전입니다.

6시 25분 $\xrightarrow{\text{1시간 전}}$ 5시 25분 $\xrightarrow{\text{25분 전}}$ 5시

$\xrightarrow{\text{15분 전}}$ 4시 45분

따라서 공연이 시작된 시각은 4시 45분입니다.

7　• 태석: 10시 $\xrightarrow{\text{2시간 후}}$ 12시 $\xrightarrow{\text{30분 후}}$ 12시 30분

➡ 2시간 30분

• 진수: 9시 30분 $\xrightarrow{\text{2시간 후}}$ 11시 30분

$\xrightarrow{\text{20분 후}}$ 11시 50분

➡ 2시간 20분

따라서 2시간 30분>2시간 20분이므로 야구를 더 오랫동안 한 사람은 태석입니다.

8　• 민주: 6시 30분 $\xrightarrow{\text{1시간 후}}$ 7시 30분 $\xrightarrow{\text{30분 후}}$ 8시

$\xrightarrow{\text{10분 후}}$ 8시 10분 ➡ 1시간 40분

• 형석: 7시 35분 $\xrightarrow{\text{1시간 후}}$ 8시 35분 $\xrightarrow{\text{25분 후}}$ 9시

$\xrightarrow{\text{20분 후}}$ 9시 20분 ➡ 1시간 45분

따라서 1시간 40분<1시간 45분이므로 공부를 더 오랫동안 한 사람은 형석입니다.

9 3월에는 25일부터 31일까지 7일 동안, 4월에는 1일부터 18일까지 18일 동안 장수풍뎅이를 관찰하였습니다. 따라서 장수풍뎅이를 관찰한 기간은
7+18=25(일)입니다.

10 9월은 30일까지 있으므로 9월에는 10일부터 30일까지 21일 동안 사진전이 열리고, 10월에는 1일부터 28일까지 28일 동안 사진전이 열립니다.
따라서 사진전이 열리는 기간은
21+28=49(일)입니다.

11 6월은 30일까지 있으므로 6월에는 15일부터 30일까지 16일 동안 전시회가 열리고, 7월은 31일까지 있으므로 7월에는 1일부터 31일까지 31일 동안, 8월에는 1일부터 10일까지 10일 동안 전시회가 열립니다.
따라서 전시회가 열리는 기간은
16+31+10=57(일)입니다.

12 1월의 마지막 날은 31일입니다.
같은 요일이 7일마다 반복되고 2일이 금요일이므로
2+7=9(일), 9+7=16(일), 16+7=23(일),
23+7=30(일)도 금요일입니다.

13 9월 4일이 토요일이므로 5일은 일요일, 6일은 월요일, 7일은 화요일입니다. 9월의 마지막 날은 30일이고, 같은 요일이 7일마다 반복되므로 9월의 화요일인 날짜를 모두 써 보면 7일, 14일, 21일, 28일입니다.
따라서 이달에는 화요일이 모두 4번 있습니다.

14 4월은 30일까지 있고, 같은 요일이 7일마다 반복되므로 4월의 마지막 날과 요일이 같은 날짜는
30-7=23(일), 23-7=16(일),
16-7=9(일), 9-7=2(일)입니다.
4월 2일이 월요일이므로 4월의 마지막 날인 30일도 월요일입니다.
따라서 5월 1일은 화요일이므로 5월 5일 어린이날은 토요일입니다.

15 오늘 오전 6시부터 내일 오전 6시까지는 하루이고, 하루는 24시간이므로 시계는 24분 빨라집니다.
따라서 내일 오전 6시에 이 시계가 가리키는 시각은 오전 6시 24분입니다.

16 오늘 오전 9시부터 오후 3시까지는 6시간입니다.
시계는 1시간에 2분씩 빨라지므로 6시간 동안에는 2×6=12(분) 빨라집니다.
따라서 오후 3시에 이 시계가 가리키는 시각은 오후 3시 12분입니다.

17 시계는 하루에 4분씩 빨라지므로 5일 동안 4×5=20(분) 빨라집니다.
따라서 5일 후 오전 8시에 찬우의 시계가 가리키는 시각은 오전 8시 20분입니다.

수시 평가 대비 Level **❶**
128~130쪽

1 (   ) (◯)   **2** 3, 47

3 (1) 60 (2) 1, 40   **4** 8, 50 / 9, 10

5 오후   **6** (1) 23 (2) 일

7 ⓐ 지선이는 7시 24분에 일어났습니다.

8 (1) 72 (2) 1, 14   **9** 3시 55분

10 ⓐ 시계의 긴바늘이 5를 가리키므로 25분인데 5분으로 잘못 읽었습니다. / 9시 25분

11 ③   **12** 9시 10분

13 경후   **14** 5시 45분

15 7시간   **16** 5, 10

17 6시 5분   **18** 5월 22일

19 1시간 20분   **20** 금요일

---

1 12시 30분에 짧은바늘은 12와 1 사이를, 긴바늘은 6을 가리킵니다.

2 짧은바늘은 3과 4 사이를 가리키므로 3시, 긴바늘은 9에서 작은 눈금 2칸 더 간 곳을 가리키므로 45+2=47(분)입니다.

3 (2) 100분=60분+40분=1시간 40분

4 시계가 나타내는 시각은 8시 50분입니다.
8시 50분은 9시가 되려면 10분이 더 지나야 하므로 9시 10분 전입니다.

5 오전 9시 30분과 오후 9시 30분 중 저녁 식사 후 잠자리에 든 시각은 오후 9시 30분입니다.

6 (1) 금요일인 날짜를 살펴보면 넷째 금요일은 23일입니다.
(2) 26일의 8일 전은 26−8=18(일)이고 18일은 일요일입니다.

7 시계가 나타내는 시각이 7시 24분이므로 지선이의 상황에 맞게 한 일을 씁니다.

8 (1) 1일=24시간이므로
3일=24시간+24시간+24시간=72시간입니다.
(2) 38시간=24시간+14시간=1일 14시간

9 시계가 나타내는 시각 4시에서 5분 전은 4시가 되려면 5분이 지나야 하는 시각이므로 3시 55분입니다.

10 긴바늘이 가리키는 5는 숫자 눈금으로 5칸이므로 25분입니다.

11 3월, 5월, 7월, 12월은 날수가 31일이고 6월은 날수가 30일입니다.

12 시계가 나타내는 시각은 8시 10분입니다.
60분=1시간이므로 한 시간 후는 9시 10분입니다.

13 경후가 집에 도착한 시각은 1시 8분, 진아가 집에 도착한 시각은 1시 38분이므로 경후가 더 일찍 도착했습니다.

14 민지가 집에서 출발한 시각은 6시 15분 전이므로 5시 45분입니다.

15

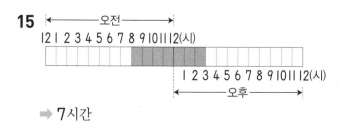

➡ 7시간

16 9시 30분 $\xrightarrow{5시간 후}$ 오후 2시 30분

$\xrightarrow{10분 후}$ 오후 2시 40분 ➡ 5시간 10분

17 5시 10분 20분 30분 40분 50분 6시 10분 20분 30분 40분 50분 7시

|←——1부——→|←쉼→|

따라서 2부 공연은 6시 5분에 시작합니다.

18 5월은 31일까지 있으므로 송희의 생일은 5월 31일입니다. 민구의 생일은 송희의 생일의 9일 전이므로 5월 22일입니다.

서술형
19 예) 운동을 시작한 시각은 3시 25분이고 끝낸 시각은 4시 45분입니다.

3시 25분 $\xrightarrow{1시간 후}$ 4시 25분 $\xrightarrow{20분 후}$ 4시 45분

따라서 운동을 한 시간은 1시간 20분입니다.

평가 기준	배점(5점)
운동을 시작한 시각과 끝낸 시각을 읽었나요?	2점
운동을 한 시간을 구했나요?	3점

서술형
20 예) 10월의 날수는 31일이고 7일마다 같은 요일이 반복되므로 31일은 31−7=24(일), 24−7=17(일), 17−7=10(일), 10−7=3(일)과 같은 요일입니다.

따라서 10월의 마지막 날인 31일은 금요일입니다.

평가 기준	배점(5점)
10월의 날수를 알았나요?	2점
10월의 마지막 날이 무슨 요일인지 구했나요?	3점

수시 평가 대비 Level ❷
131~133쪽

1 2, 38 **2** 10

3

4 예) 긴바늘이 2를 가리키고 있으므로 6시 10분입니다.

5 (1) 85 (2) 2, 50 **6** ㉢, ㉣, ㉥

7 9시 19분

8

9

11월

일	월	화	수	목	금	토
			1	2	3	4
5	6	7	8	9	10	11
12	13	14	15	16	17	18
19	20	21	22	23	24	25
26	27	28	29	30		

10 11월 29일 **11** 55개월

12 오전에 ○표, 3, 39 **13** 1시간 45분

14 4시 45분 **15** 5시 10분 전

16 6시 55분 **17** 1시 45분

18 토요일 **19** 61일

20 오후 1시 52분

1 짧은바늘은 2와 3 사이를 가리키고 긴바늘은 8에서 작은 눈금 2칸 덜 간 곳을 가리키므로 2시 38분입니다.

2 9시 50분은 10시가 되려면 10분이 더 지나야 하므로 10시 10분 전입니다.

3 25분을 나타내야 하므로 긴바늘이 5를 가리키게 그립니다.

4 긴바늘이 1을 가리키면 5분, 2를 가리키면 10분입니다.

5 (1) 1시간 25분=60분+25분=85분
(2) 170분=60분+60분+50분=2시간 50분

6 밤 12시부터 낮 12시까지의 활동을 모두 찾으면 운동, 아침 식사, 책 읽기, 공부하기입니다. ➡ ㉢, ㉣, ㉥

7 짧은바늘은 9와 10 사이를 가리키고 긴바늘은 3에서 작은 눈금 4칸 더 간 곳을 가리키므로 9시 19분입니다.

8 1시 15분 전의 시각은 12시 45분입니다. 따라서 긴바늘이 9를 가리키도록 그립니다.

9 11월은 30일까지 있습니다.

10 달력에서 다섯째 수요일을 찾아보면 29일입니다.
따라서 현진이가 식물원에 가는 날은 11월 29일입니다.

11 4년 7개월
　＝12개월＋12개월＋12개월＋12개월＋7개월
　＝55개월
　따라서 동수가 수영을 배운 기간은 모두 55개월입니다.

12 짧은바늘이 한 바퀴 돌면 12시간이 지납니다.
　따라서 오후 3시 39분에서 12시간이 지나면 오전 3시 39분이 됩니다.

13 출발한 시각은 9시 20분, 도착한 시각은 11시 5분입니다.

$$9시\ 20분 \xrightarrow{\ 1시간\ 후\ } 10시\ 20분 \xrightarrow{\ 40분\ 후\ } 11시$$
$$\xrightarrow{\ 5분\ 후\ } 11시\ 5분 \Rightarrow 1시간\ 45분$$

　따라서 민주네 가족이 동물원에 가는 데 걸린 시간은 1시간 45분입니다.

14
$$3시 \xrightarrow{\ 45분\ 후\ } 3시\ 45분 \xrightarrow{\ 15분\ 후\ } 4시$$
　(전반전 시작)　(전반전 종료)　(후반전 시작)
$$\xrightarrow{\ 45분\ 후\ } 4시\ 45분$$
　(후반전 종료)

　따라서 축구 경기가 끝난 시각은 4시 45분입니다.

15 짧은바늘이 4와 5 사이를 가리키고 긴바늘은 10을 가리키므로 4시 50분입니다.
　4시 50분은 5시가 되려면 10분이 더 지나야 하므로 5시 10분 전입니다.

16 80분＝60분＋20분＝1시간 20분
$$5시\ 35분 \xrightarrow{\ 1시간\ 후\ } 6시\ 35분 \xrightarrow{\ 20분\ 후\ } 6시\ 55분$$
　따라서 할머니 댁에 도착한 시각은 6시 55분입니다.

17 $$3시\ 55분 \xrightarrow{\ 2시간\ 전\ } 1시\ 55분 \xrightarrow{\ 10분\ 전\ } 1시\ 45분$$
　따라서 영화가 시작한 시각은 1시 45분입니다.

18 토요일: 오전 11시 20분 $\xrightarrow{\ 3시간\ 후\ }$ 오후 2시 20분
$$\xrightarrow{\ 30분\ 후\ } 오후\ 2시\ 50분 \Rightarrow 3시간\ 30분$$

　일요일: 오후 2시 50분 $\xrightarrow{\ 3시간\ 후\ }$ 오후 5시 50분
$$\xrightarrow{\ 10분\ 후\ } 오후\ 6시 \xrightarrow{\ 10분\ 후\ } 오후\ 6시\ 10분$$
$$\Rightarrow 3시간\ 20분$$
　따라서 운동을 더 오랫동안 한 날은 토요일입니다.

서술형
19 ㉔ 6월의 날수는 30일, 7월의 날수는 31일입니다.
　따라서 정현이가 강낭콩을 기른 기간은 모두
　30＋31＝61(일)입니다.

평가 기준	배점(5점)
6월과 7월의 날수를 각각 알았나요?	3점
강낭콩을 기른 기간은 모두 며칠인지 구했나요?	2점

서술형
20 ㉔ 오늘 오전 10시부터 오늘 오후 2시까지는 4시간입니다. 시계는 1시간에 2분씩 느려지므로 4시간 동안에는 2×4＝8(분) 느려집니다. 따라서 오후 2시에 이 시계가 가리키는 시각은 오후 1시 52분입니다.

평가 기준	배점(5점)
오늘 오후 2시까지 몇 분 느려지는지 구했나요?	2점
시계가 가리키는 시각은 몇 시 몇 분인지 구했나요?	3점

사고력이 반짝　134쪽

5 표와 그래프

자료의 분류와 정리는 중요한 통계 활동입니다. 다양한 자료를 분류하고 정리함으로써 미래를 예측하고 합리적인 의사 결정을 하는 데 밑거름이 됩니다. 자료를 정리하고 표현하는 대표적인 방법으로는 표와 그래프가 사용됩니다. 학급 시간표, 급식표 등 교실 상황에서 쉽게 접할 수 있는 표와 그래프를 통해 익숙해질 수 있도록 지도합니다. 이후 그래프는 그림그래프, 막대그래프 등으로 점차 기호화 되고 유형이 늘어나므로 자료를 도식화하여 나타내는 연습을 충분히 해 볼 수 있도록 지도해 주세요.

STEP 1 교과개념 1. 자료를 분류하여 표로 나타내기 137쪽

1 ①

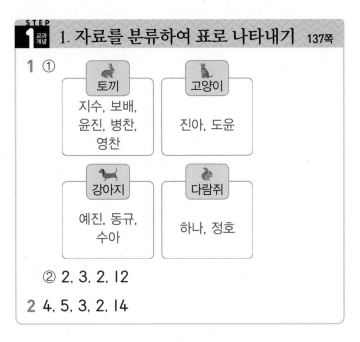

토끼	고양이
지수, 보배, 윤진, 병찬, 영찬	진아, 도윤

강아지	다람쥐
예진, 동규, 수아	하나, 정호

② 2, 3, 2, 12

2 4, 5, 3, 2, 14

1 ② 자료를 보고 표로 나타낼 때 동물별 학생 수를 더하여 합계에 쓰고 조사한 전체 학생 수와 같은지 확인합니다.

STEP 1 교과개념 2. 자료를 분류하여 그래프로 나타내기 139쪽

1

영호가 가지고 있는 색깔별 공깃돌 수

6			○	
5	○		○	
4	○		○	○
3	○		○	○
2	○		○	○
1	○	○	○	○
공깃돌 수(개) / 색깔	노랑	빨강	파랑	초록

2

석주네 반 학생들이 좋아하는 운동별 학생 수

태권도	×	×	×					
농구	×	×	×	×	×			
수영	×	×	×	×				
축구	×	×	×	×	×	×	×	×
운동 / 학생 수(명)	1	2	3	4	5	6	7	8

1 색깔별 공깃돌 수만큼 ○를 아래에서 위로 한 칸에 하나씩 빈칸 없이 채워서 그립니다.

2 좋아하는 운동별 학생 수만큼 ×를 왼쪽에서 오른쪽으로 한 칸에 하나씩 빈칸 없이 채워서 그립니다.

STEP 1 교과개념 3. 표와 그래프의 내용 알기 141쪽

1 19명   2 4명

3 동물원   4 박물관, 동물원

1 표에서 합계가 19이므로 민유네 반 학생은 모두 19명입니다.

2 표를 보면 식물원에 가 보고 싶은 학생은 4명입니다.

3 그래프에서 /이 가장 높게 올라간 장소는 동물원입니다.

4 그래프에서 /이 4개보다 많은 장소는 박물관, 동물원입니다.

STEP 2 꼭 나오는 유형 142~147쪽

1 딸기 맛   2 3, 4, 6, 3, 16

3 16명   4 현지, 명규, 동섭, 도영

5 4, 2, 3, 3, 12   6 ㉡

7 7, 6, 10, 23   8 3, 4

9 (예) 6, 2, 4, 1, 13   10 7, 2, 8, 2, 19

11 ◆에 ○표   12 6, 3, 1, 10

13 예 혈액형 / 예 학생 수

14

은지네 반 학생들의 혈액형별 학생 수			
7			○	
6	○		○	
5	○		○	
4	○	○	○	
3	○	○	○	○
2	○	○	○	○
1	○	○	○	○
학생 수(명) / 혈액형	A형	B형	O형	AB형

15 예 혈액형별 학생 수가 많고 적음을 한눈에 알아보기 편리합니다.

16 3, 6, 5, 2, 16   **17** ㉡, ㉢, ㉠, ㉣

18

승빈이네 반 학생들이 좋아하는 주스별 학생 수			
6		○		
5		○	○	
4		○	○	
3	○	○	○	
2	○	○	○	○
1	○	○	○	○
학생 수(명) / 주스	사과 주스	딸기 주스	키위 주스	레몬 주스

19 주스

20

승빈이네 반 학생들이 좋아하는 주스별 학생 수					
레몬 주스	×	×				
키위 주스	×	×	×	×		
딸기 주스	×	×	×	×	×	×
사과 주스	×	×	×			
주스 / 학생 수(명)	1	2	3	4	5	6

21 학생 수

22 예 계곡에 가 보고 싶은 학생 수 6명을 나타낼 수 없기 때문입니다.

23

지아네 반 학생들이 가 보고 싶은 장소별 학생 수					
공원	/	/	/			
계곡	/	/	/	/	/	/
바다	/	/	/	/		
산	/	/	/			
장소 / 학생 수(명)	1	2	3	4	5	6

24 20명

25

동규네 반 학생들의 장래 희망별 학생 수			
7				/
6		/		/
5		/		/
4		/		/
3	/	/		/
2	/	/		/
1	/	/	/	/
학생 수(명) / 장래 희망	의사	운동 선수	선생님	과학자

26 과학자   **27** 미끄럼틀, 2명

28 ㉡

29 예 우리 반에서 가장 많은 학생들이 좋아하는 놀이 기구인 그네는 많이, 가장 적은 학생들이 좋아하는 미끄럼틀은 적게 있으면 좋을 것 같아요.

30 9, 7, 7, 8, 31

31 9일

32 1일

33

1월의 날씨별 날수									
눈	△	△	△	△	△	△	△	△	△
비	△	△	△	△	△	△	△		
흐림	△	△	△						
맑음	△	△	△	△	△	△	△	△	
날씨 / 날수(일)	1	2	3	4	5	6	7	8	9

34 맑음, 눈   **35** 표

1 자료를 보면 준수가 좋아하는 아이스크림은 딸기 맛입니다.

2 아이스크림별 학생 수를 세어 표로 나타냅니다.
(합계)=3+4+6+3=16(명)

3 2의 표에서 합계를 보면 16명입니다.

5 계절별로 빠뜨리거나 두 번 세지 않도록 표시를 하면서 세어 표의 빈칸에 씁니다.

6 ㉠은 자료로 나타냈을 때 편리한 점입니다.

7 모양별 쿠키의 수를 세어 표로 나타냅니다.

8 먹은 쿠키 수는 10개에서 먹고 남은 쿠키 수를 뺍니다.
⬤ 모양: $10-7=3$(개), 🖤 모양: $10-6=4$(개),
⭐ 모양: $10-10=0$(개)

😊 내가 만드는 문제
9 각자 가지고 있는 연필, 지우개, 색연필, 자의 수를 세어 표로 나타냅니다.

10 모양을 만드는 데 사용한 조각별로 표시를 하면서 세어 표의 빈칸에 씁니다.

서술형
11 예 **10**의 표에서 조각 수 7, 2, 8 중에서 가장 큰 수는 8입니다.
따라서 가장 많이 사용한 조각은 ◇ 입니다.

평가 기준	배점(5점)
표의 조각 수 중에서 가장 큰 수를 찾았나요?	3점
가장 많이 사용한 조각은 무엇인지 구했나요?	2점

12 음표별로 빠뜨리거나 두 번 세지 않도록 표시를 하면서 세어 표의 빈칸에 씁니다.

13 그래프의 가로와 세로에 각각 조사한 것과 학생 수를 나타냅니다. 가로에 학생 수, 세로에 혈액형을 나타낼 수도 있습니다.

14 혈액형별 학생 수만큼 ○를 아래에서 위로 한 칸에 하나씩 빈칸 없이 채워서 표시합니다.

서술형
15

평가 기준	배점(5점)
그래프로 나타내면 좋은 점을 바르게 썼나요?	5점

16 주스별로 빠뜨리거나 두 번 세지 않도록 표시를 하면서 세어 표의 빈칸에 씁니다.

18 주스별 학생 수만큼 ○를 아래에서 위로 한 칸에 하나씩 빈칸 없이 채워서 표시합니다.

19 가로에 주스, 세로에 학생 수를 나타냈습니다.

20 주스별 학생 수만큼 ✕를 왼쪽에서 오른쪽으로 한 칸에 하나씩 빈칸 없이 채워서 표시합니다.

21 가로에 학생 수, 세로에 주스를 나타냈습니다.

서술형
22

평가 기준	배점(5점)
그래프를 완성할 수 없는 까닭을 썼나요?	5점

23 표를 그래프로 나타내기 위해 먼저 학생 수를 6칸으로 나눈 후 장소별 학생 수를 /을 이용하여 나타냅니다.

24 (동규네 반 학생 수)$=3+6+4+7=20$(명)

25 장래 희망별 학생 수만큼 /을 아래에서 위로 한 칸에 하나씩 빈칸 없이 채워서 표시합니다.

26 **25**의 그래프에서 /이 가장 높게 올라간 장래 희망은 과학자입니다.

> 참고 /의 수가 가장 많은 것이 가장 높게 올라갑니다.

27 그래프에서 ○가 가장 낮게 내려간 놀이 기구를 찾으면 미끄럼틀이고, 2명입니다.

28 ⓛ 은호가 좋아하는 놀이 기구는 무엇인지 표나 그래프를 보고 알 수 없습니다.

31 **30**의 표를 보면 맑은 날이 9일이므로 1월에 맑은 날은 9일입니다.

32 눈이 온 날은 8일, 비가 온 날은 7일입니다.
➡ $8-7=1$(일)

34 **33**의 그래프에서 7보다 큰 수에 △가 표시된 날씨를 찾으면 맑음과 눈입니다.

35 표는 날씨별 날수를 알아보기에 편리합니다.

STEP
3 자주 틀리는 유형 148~149쪽

1 8장 **2** 빨강

3 9명

4 예 아래에서 위로 ○를 빈칸 없이 그려야 하는데 장미, 백합에서 중간에 빈칸이 있으므로 잘못 그렸습니다.

5 승우네 반 학생들이 배우고 싶은 악기별 학생 수

악기 / 학생 수(명)	1	2	3	4	5
우쿨렐레	✕	✕	✕	✕	
피아노	✕	✕	✕	✕	✕
오카리나	✕	✕	✕		

6 로봇　　　　　　**7** 가을

8 2, 3 /

어느 가게에서 팔린 붕어빵 수				
4			○	
3	○		○	○
2	○	○	○	○
1	○	○	○	○
수(봉지)／종류	슈크림	초코	팥	치즈

9 6, 2, 16 /

혜수네 반 학생들이 좋아하는 간식별 학생 수						
떡볶이	/	/	/	/	/	
김밥	/	/				
라면	/	/	/	/	/	/
튀김	/	/	/	/	/	/
간식／학생 수(명)	1	2	3	4	5	6

1 (도영이가 모은 붙임딱지 수)
$=30-7-5-10=8$(장)

2 (현서가 가지고 있는 **빨간색** 색연필 수)
$=21-5-3-6=7$(자루)
➡ $7>6>5>3$이므로 현서가 가장 많이 가지고 있는 색연필의 색깔은 빨강입니다.

3 (1반과 2반 여학생 수의 합)$=37-11-8=18$(명)
따라서 $9+9=18$이므로 2반 여학생은 9명입니다.

5 가로에 학생 수를 나타낸 그래프를 그릴 때에는 ○, ×, / 등을 왼쪽에서 오른쪽으로 한 칸에 하나씩 빈칸 없이 채워서 그려야 합니다.

6

선물	인형	책	로봇
표	3명	2명	4명
자료	3명	2명	3명

따라서 민건이가 받고 싶은 선물은 로봇입니다.

7

계절	봄	여름	가을	겨울
표	2명	3명	2명	2명
자료	2명	3명	1명	2명

따라서 재희가 좋아하는 계절은 가을입니다.

8 표에서 슈크림 붕어빵 수와 팥 붕어빵 수를 각각 찾아 그래프를 완성하고, 그래프에서 초코 붕어빵 수와 치즈 붕어빵 수를 각각 찾아 표를 완성합니다.

9 표에서 라면과 떡볶이를 좋아하는 학생 수를 각각 찾아 그래프를 완성하고, 그래프에서 튀김과 김밥을 좋아하는 학생 수를 각각 찾아 표를 완성합니다.

STEP 4 최상위 도전 유형　　　150~151쪽

1

영재네 반 학생들이 좋아하는 곤충별 학생 수				
7		○		
6		○		
5	○	○		
4	○	○	○	
3	○	○	○	
2	○	○	○	○
1	○	○	○	○
학생 수(명)／곤충	개미	나비	꿀벌	무당벌레

2

동민이네 반 학생들이 원하는 학급 티셔츠 색깔별 학생 수						
보라	/	/	/	/	/	
초록	/	/	/			
노랑	/	/				
빨강	/	/	/			
색깔／학생 수(명)	1	2	3	4	5	6	7

3 9, 8

4

민재네 반 학생들이 좋아하는 케이크별 학생 수				
6	△			
5	△	△		
4	△	△	△	
3	△	△	△	△
2	△	△	△	△
1	△	△	△	△
학생 수(명)／케이크	생크림	치즈	초콜릿	딸기

5 찬재　　　　　　**6** 혜민

7 7점　　　　　　**8** 16점

1 (꿀벌을 좋아하는 학생 수)
$=18-5-7-2=4$(명)

2 (노란색을 원하는 학생 수)
$=20-3-7-4=6$(명)

3 (호재가 가지고 있는 연결 모형 수)
$+$(재인이가 가지고 있는 연결 모형 수)
$=33-6-10=17$(개)
➡ 호재가 재인이보다 1개 더 많이 가지고 있으므로
$9+8=17$에서 호재는 9개, 재인이는 8개 가지
고 있습니다.

4 (치즈 케이크를 좋아하는 학생 수)
$+$(딸기 케이크를 좋아하는 학생 수)
$=18-6-4=8$(명)
➡ 치즈 케이크를 좋아하는 학생이 딸기 케이크를 좋
아하는 학생보다 2명 더 많으므로 $5+3=8$에서
치즈 케이크를 좋아하는 학생은 5명, 딸기 케이크
를 좋아하는 학생은 3명입니다.

5 (민정이가 성공한 횟수)$=10-7=3$(회)
(찬재가 성공한 횟수)$=10-2=8$(회)
(석규가 성공한 횟수)$=10-4=6$(회)
따라서 $8>7>6>3$이므로 성공한 횟수가 가장 많은
사람은 찬재입니다.

6 (철우가 맞힌 문제 수)$=10-4=6$(개)
(석진이가 맞힌 문제 수)$=10-6=4$(개)
(혜민이가 맞힌 문제 수)$=10-3=7$(개)
따라서 $7>6>5>4$이므로 문제를 가장 많이 맞힌
사람은 혜민입니다.

> **참고** 맞힌 문제 수만 비교하면 됩니다.

7 (이겨서 얻은 점수)$=3\times3=9$(점)
(비겨서 얻은 점수)$=2\times1=2$(점)
(져서 잃은 점수)$=1\times4=4$(점)
➡ (민혁이가 얻은 점수)$=9+2-4=7$(점)

8 (현영이가 진 횟수)$=9-4-3=2$(번)
(이겨서 얻은 점수)$=3\times4=12$(점)
(비겨서 얻은 점수)$=2\times3=6$(점)
(져서 잃은 점수)$=1\times2=2$(점)
➡ (현영이가 얻은 점수)$=12+6-2=16$(점)

수시 평가 대비 Level ❶
152~154쪽

1 스위스   **2** 4, 6, 2, 3, 15

3 4명   **4** 15명

5 예 과목 / 예 학생 수

6

우혁이네 반 학생들이 좋아하는 과목별 학생 수

학생 수(명) / 과목	국어	수학	과학	체육
7				○
6				○
5		○		○
4	○	○	○	○
3	○	○	○	○
2	○	○	○	○
1	○	○	○	○

7 체육   **8** 국어, 과학

9 3, 2, 14 /

민주네 반 학생들이 좋아하는 색깔별 학생 수

학생 수(명) / 색깔	빨강	노랑	파랑	초록
5			/	
4	/		/	
3	/		/	
2	/	/	/	/
1	/	/	/	/

10 14명   **11** 그래프

12 예 파랑 / 예 반에서 가장 많은 학생들이 좋아하는
색깔이기 때문입니다.

13 2, 3, 3, 5, 4   **14** 4, 2, 3, 5, 3

15 인규

16

정우네 반 학생들이 읽은 책 수별 학생 수

책 수 / 학생 수(명)	1	2	3	4	5	6	7
6권	○	○					
5권	○						
4권	○	○	○	○	○	○	○
3권	○	○	○	○	○		
2권	○	○					

17 3권   **18** 4, 7, 3, 5

19 8명   **20** 6명

2 나라별 학생 수를 세어 표를 완성합니다.
(합계)=4+6+2+3=15(명)

3 2의 표를 보면 미국을 가 보고 싶어 하는 학생은 4명입니다.

4 2의 표에서 합계를 보면 15명입니다.

5 가로에 학생 수, 세로에 과목을 나타낼 수도 있습니다.

6 과목별 학생 수만큼 ○를 아래에서 위로 한 칸에 하나씩 빈칸 없이 채워서 표시합니다.

7 6의 그래프에서 ○의 수가 가장 많은 체육이 가장 많은 학생들이 좋아하는 과목입니다.

8 6의 그래프에서 ○의 수가 같은 과목은 국어와 과학입니다.

9 • 표에서 빨강은 4명, 파랑은 5명이 좋아합니다.
 • 그래프에서 노랑은 3명, 초록은 2명이 좋아합니다.
(합계)=4+3+5+2=14(명)

11 그래프는 조사한 자료별 수를 한눈에 비교하기 편리합니다.

12 그래프에서 /의 수가 가장 많은 색깔로 정하는 것이 좋습니다.

15 학생별 맞힌 문제 수를 나타낸 13의 표를 보면 맞힌 문제 수가 가장 많은 학생은 5문제를 맞힌 인규입니다.

17 읽은 책 수가 4권보다 많은 학생 수는 5권과 6권을 읽은 1+2=3(명)이므로 공책은 3권 필요합니다.

18 읽은 책 수별 학생 수를 비교하면 7>5>3>2>1이므로 가장 많은 학생들이 읽은 책 수는 4권이고 7명입니다. 둘째로 많은 학생들이 읽은 책 수는 3권이고 5명입니다.

서술형
19 예 (야구를 좋아하는 학생 수)
=(수영을 좋아하는 학생 수)×2=3×2=6(명)
(축구를 좋아하는 학생 수)
=23-6-4-3-2=8(명)

평가 기준	배점(5점)
야구를 좋아하는 학생 수를 구했나요?	2점
축구를 좋아하는 학생 수를 구했나요?	3점

서술형
20 예 가장 많은 학생들이 좋아하는 운동은 축구로 8명이 좋아하고 가장 적은 학생들이 좋아하는 운동은 배구로 2명이 좋아합니다.

따라서 학생 수의 차는 8-2=6(명)입니다.

평가 기준	배점(5점)
가장 많은 학생들이 좋아하는 운동과 가장 적은 학생들이 좋아하는 운동의 학생 수를 각각 구했나요?	4점
학생 수의 차를 구했나요?	1점

수시 평가 대비 Level ❷
155~157쪽

1 4, 3, 2, 1, 10 **2** 3명

3 만화 **4** 표

5 날수 **6** 4일

7 10월 **8** 12월, 9월, 11월, 10월

9 4명

10
효주네 반 학생들이 타고 싶은 교통수단별 학생 수

학생 수(명) / 교통수단	기차	배	버스	비행기
6		×		
5	×	×		
4	×	×		×
3	×	×	×	×
2	×	×		×
1	×	×	×	×

11 기차 **12** 5권

13 2권

14 5, 2, 15 /
승기네 반 학급 문고에 있는 종류별 책 수

책 수(권) / 종류	동화책	위인전	과학책	만화책
5	○			
4	○	○		○
3	○	○		○
2	○	○	○	○
1	○	○	○	○

15 3권 **16** 2명

17 혜나 **18** 40점

19 예 • 가장 많은 학생들이 좋아하는 생선은 고등어입니다.
 • 갈치를 좋아하는 학생은 3명입니다.

20 5명

1 프로그램별 학생 수를 세어 표를 완성합니다.
(합계)$=4+3+2+1=10$(명)

2 1의 표에서 예능을 좋아하는 학생은 3명입니다.

3 1의 표에서 학생 수가 4명인 것을 찾으면 만화입니다.

4 표는 좋아하는 프로그램별 학생 수를 알아보기에 편리합니다.

5 가로에 날수를, 세로에 월을 나타냈습니다.

7 그래프에서 △의 수가 가장 많은 달은 10월입니다.

8 그래프에서 △의 수가 적은 달부터 차례로 씁니다.

9 (비행기를 타고 싶은 학생 수)
$=18-5-6-3=4$(명)

10 교통수단별 학생 수만큼 ×를 아래에서 위로 한 칸에 하나씩 빈칸 없이 채워서 표시합니다.

11 10의 그래프에서 ×의 수가 비행기보다 많고 배보다 적은 교통수단은 기차입니다.

12 그래프를 보면 5권입니다.

13 그래프를 보면 2권입니다.

14 (합계)$=5+4+2+4=15$(권)

15 종류별 책 수를 비교하면 $5>4>2$이므로 가장 많이 있는 책은 동화책으로 5권이고, 가장 적게 있는 책은 과학책으로 2권입니다. ➡ $5-2=3$(권)

16 가고 싶은 산별 학생 수를 알아보면 한라산은 3명, 백두산은 6명, 지리산은 4명입니다.
따라서 설악산에 가고 싶은 학생은
$15-3-6-4=2$(명)입니다.

17 (혜나가 넣지 못한 화살 수)$=10-4=6$(개)
(주성이가 넣지 못한 화살 수)$=10-5=5$(개)
따라서 넣지 못한 화살 수를 비교하면 $6>5>3>2$이므로 넣지 못한 화살 수가 가장 많은 사람은 혜나입니다.

18 넣지 못한 화살 수가 가장 적은 창민이가 얻은 점수가 가장 높습니다.
(창민이가 넣은 화살 수)$=10-2=8$(개)
➡ (창민이가 얻은 점수)$=5\times8=40$(점)

서술형
19

평가 기준	배점(5점)
그래프를 보고 알 수 있는 내용을 1가지 썼나요?	3점
그래프를 보고 알 수 있는 다른 내용을 1가지 썼나요?	2점

서술형
20 예 (인형을 받고 싶은 학생 수)
$+$(로봇을 받고 싶은 학생 수)
$=22-8-3=11$(명)
➡ 인형을 받고 싶은 학생이 로봇을 받고 싶은 학생보다 1명 더 적으므로 $5+6=11$에서 인형을 받고 싶은 학생은 5명입니다.

평가 기준	배점(5점)
인형, 로봇을 받고 싶은 학생 수의 합을 구했나요?	2점
인형을 받고 싶은 학생은 몇 명인지 구했나요?	3점

사고력이 반짝   158쪽

ⓒ

6 규칙 찾기

규칙을 인식하고 사용하는 능력은 수학의 기초이기 때문에 신체 활동, 소리, 운동 등의 반복 등을 바탕으로 도형, 그림, 수 등을 사용하여 규칙을 익힐 수 있도록 도와주세요. 또 물체나 무늬의 배열에서 다음에 올 것이나 중간에 빠진 것을 추측함으로써 문제 해결 능력도 기를 수 있으므로 다양한 형태의 규칙 문제를 해결하도록 합니다. 규칙이 있는 수의 배열은 고등 과정에서 배우는 여러 가지 형태의 수열 개념과 연결이 되고 하나의 규칙을 여러 가지 배열에 적용해 보는 것은 1:1 대응 개념을 익히는 기초 학습이 되므로 여러 배열을 보고 내재된 규칙성을 인지할 수 있도록 지도해 주세요.

STEP 1 교과개념 1. 무늬에서 규칙 찾기 161쪽

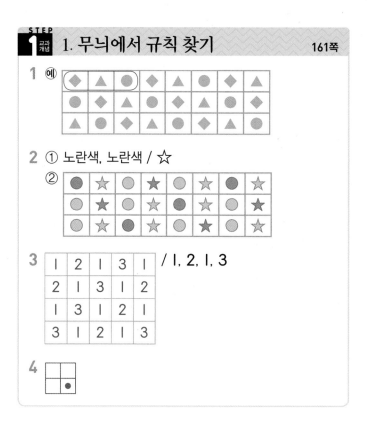

1 예
2 ① 노란색, 노란색 / ☆
 ②
3 / 1, 2, 1, 3
4

---

1 ◆, ▲, ●가 반복됩니다.

4 ●이 시계 방향으로 한 칸씩 이동하고 있습니다.

STEP 1 교과개념 2. 쌓은 모양에서 규칙 찾기 163쪽

1 ① 1, 2 ② 2, 1, 1

2 ① 3, 2, 1 ② 1

3 예 쌓기나무가 오른쪽으로 2개씩 늘어납니다.

---

3 쌓기나무를 2층으로 쌓았으며 쌓기나무의 수를 세어 보면 2개, 4개, 6개이므로 쌓기나무가 2개씩 늘어납니다.

STEP 1 교과개념 3. 덧셈표에서 규칙 찾기 165쪽

1

+	0	1	2	3	4	5	6	7	8	9
0	0	1	2	3	4	5	6	7	8	9
1	1	2	3	4	5	6	7	8	9	10
2	2	3	4	5	6	7	8	9	10	11
3	3	4	5	6	7	8	9	10	11	12
4	4	5	6	7	8	9	10	11	12	13
5	5	6	7	8	9	10	11	12	13	14
6	6	7	8	9	10	11	12	13	14	15

2 1 3 1
4 2 5 ㉡

---

1 세로줄과 가로줄이 만나는 칸에 두 수의 합을 씁니다.

2 7, 8, 9, 10, 11, 12, 13은 1씩 커집니다.

3 5, 6, 7, 8, 9, 10, 11, 12, 13, 14는 1씩 커집니다.

4 1, 3, 5, 7, 9, 11, 13은 2씩 커집니다.

5 ㉡ ╱ 방향에 있는 수는 모두 같습니다.

STEP 1 교과개념 4. 곱셈표에서 규칙 찾기 167쪽

1

×	1	2	3	4	5	6
1	1	2	3	4	5	6
2	2	4	6	8	10	12
3	3	6	9	12	15	18
4	4	8	12	16	20	24
5	5	10	15	20	25	30
6	6	12	18	24	30	36

2 2 3 4
4 같습니다에 ○표 5 ㉢

---

1 세로줄과 가로줄이 만나는 칸에 두 수의 곱을 씁니다.

2 2, 4, 6, 8, 10, 12는 2씩 커집니다.

3 4, 8, 12, 16, 20, 24는 4씩 커집니다.

5 ㉢ 6단 곱셈구구의 곱입니다.

STEP **1** 교과개념 **5. 생활에서 규칙 찾기** 169쪽

1 ( ) (○)

2

1	2	3	4	5	6	7	8	9
10	11	12	13	14	15	16	17	18
19	20	21	22	23	24	25	26	27
28	29	30	31	32	33	34	35	36

3 ① 7 ② 6
③ 예 4부터 ↘ 방향으로 8씩 커집니다.

1 왼쪽 옷은 초록색, 흰색, 하늘색이 반복됩니다.

2 사물함의 번호는 오른쪽으로 갈수록 1씩 커지고, 아래로 내려갈수록 9씩 커집니다.

3 ① 월요일은 5일, 12일, 19일, 26일로 7일마다 반복됩니다.
② 3, 9, 15, 21, 27은 6씩 커집니다.

STEP **2** **꼭 나오는 유형** 170~174쪽

1 ⬤

2 (1) ★, ◆ (2)

1	2	3	1	2	3	1	2
3	1	2	3	1	2	3	1
2	3	1	2	3	1	2	3

(3) 예 1, 2, 3이 반복됩니다.

3

---

4 예
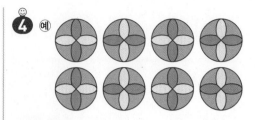

5 ◼, ▲ / 예 색깔은 빨간색, 초록색, 노란색이 반복되고, 모양은 ☐, ☐, △, ○가 반복됩니다.

6 (1) △ (2) ◼ (3) ⊗

7

8
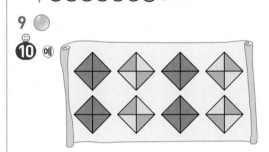

9 ⚫

10 예
(그림)

11 ㉠   **12** 6개

13 10개

14

+	0	1	2	3	4	5	6	7
0	0	1	2	3	4	5	6	7
1	1	2	3	4	5	6	7	8
2	2	3	4	5	6	7	8	9
3	3	4	5	6	7	8	9	10
4	4	5	6	7	8	9	10	11
5	5	6	7	8	9	10	11	12
6	6	7	8	9	10	11	12	13
7	7	8	9	10	11	12	13	14

15 예 아래로 내려갈수록 1씩 커집니다.

16 (1) 1 (2) 2

17

+	1	3	5	7	9
1	2	4	6	8	10
3	4	6	8	10	12
5	6	8	10	12	14
7	8	10	12	14	16
9	10	12	14	16	18

18 2씩

19 4씩

20 규칙1 예 오른쪽으로 갈수록 1씩 커집니다.
   규칙2 예 아래로 내려갈수록 2씩 커집니다.

21

+	3	6	9	12	/ 5
3	6	9	12	15	
5	8	11	14	17	
7	10	13	16	19	
9	12	15	18	21	

22

×	1	2	3	4	5
1	1	2	3	4	5
2	2	4	6	8	10
3	3	6	9	12	15
4	4	8	12	16	20
5	5	10	15	20	25

23 예 오른쪽으로 갈수록 5씩 커집니다.

24

×	1	2	3	4	5
1	1	2	3	4	5
2	2	4	6	8	10
3	3	6	9	12	15
4	4	8	12	16	20
5	5	10	15	20	25

25 63

26 8씩

27 은호

28

×	2	4	6	8	/ 8
2	4	8	12	16	
4	8	16	24	32	
6	12	24	36	48	
8	16	32	48	64	

29 예

×	3	5	7	9
2	6	10	14	18
4	12	20	28	36
6	18	30	42	54
8	24	40	56	72

/ 예 곱셈표 안에 있는 수들은 모두 짝수입니다.

30 (○) ( )

31 (1) 1 (2) 3

32 규칙1 예 위로 올라갈수록 1씩 커집니다.
   규칙2 예 오른쪽으로 갈수록 6씩 커집니다.

33 예 버스는 1시간 간격으로 출발합니다.

1 색깔은 초록색, 노란색이 반복되고, 모양은 △, ○, □가 반복됩니다.

2 (1) ♥, ★, ◆가 반복됩니다.

3 바탕 색깔은 회색, 흰색이 반복되고, 글자 색깔은 흰색, 검은색이 반복됩니다. 한글은 ㄱ, ㄴ, ㄷ이 반복됩니다.

내가 만드는 문제
4 규칙을 정하여 정한 규칙에 맞게 색칠합니다.

서술형
5

평가 기준	배점(5점)
□ 안에 알맞은 모양을 그리고 색칠했나요?	3점
규칙을 찾아 썼나요?	2점

6 (1) 색칠된 부분이 시계 방향으로 한 칸씩 이동하도록 색칠합니다.
(2) 색칠된 부분이 시계 방향으로 한 칸씩 이동하도록 색칠합니다.
(3) 색칠된 부분이 시계 반대 방향으로 한 칸씩 이동하도록 색칠합니다.

7

●을 시계 반대 방향으로 ③ → ④ → ⑤ → ① → ②의 순서로 이동하도록 그립니다.

8 노란색 구슬과 분홍색 구슬이 반복되고, 노란색 구슬이 1개씩 늘어납니다.
따라서 노란색 구슬 4개 다음에는 분홍색 구슬 1개, 노란색 구슬 5개, 분홍색 구슬 1개를 차례로 꿰어야 합니다.

9 흰색 바둑돌과 검은색 바둑돌이 반복되면서 같은 수만큼 놓으며 바둑돌의 수는 1개, 2개, 3개, ...로 1개씩 늘어납니다.

내가 만드는 문제
10 자신이 정한 규칙에 따라 포장지의 무늬를 만들어 봅니다.

11 ㉡ 쌓기나무가 왼쪽에서 오른쪽으로 2층, 1층, 2층이 반복됩니다.

12 오른쪽에 있는 쌓기나무 위에 쌓기나무가 1개씩 늘어나는 규칙이므로 5개 다음에 이어질 모양에 쌓을 쌓기나무는 모두 6개입니다.

13 다음에 이어질 모양은  입니다.

　1층에 4개, 2층에 3개, 3층에 2개, 4층에 1개이므로 쌓기나무는 모두 4+3+2+1=10(개) 필요합니다.

14 세로줄과 가로줄이 만나는 칸에 두 수의 합을 씁니다.

15 3, 4, 5, 6, 7, 8, 9, 10은 1씩 커집니다.

16 (2) 0, 2 ,4, 6, 8, 10, 12, 14는 2씩 커집니다.

17 세로줄과 가로줄이 만나는 칸에 두 수의 합을 씁니다.

18 4, 6, 8, 10, 12는 2씩 커집니다.

19 2, 6, 10, 14, 18은 4씩 커집니다.

서술형
20

평가 기준	배점(5점)
규칙을 한 가지 찾아 썼나요?	2점
다른 한 가지 규칙을 찾아 썼나요?	3점

21 • 세로줄과 가로줄이 만나는 칸에 두 수의 합을 씁니다.
　• 9, 14, 19는 5씩 커집니다.

22 초록색으로 칠해진 곳은 3단 곱셈구구의 곱이므로 3씩 커집니다.
　따라서 가로줄에서 3단 곱셈구구의 곱을 찾아 색칠합니다.

23 5, 10, 15, 20, 25로 5단 곱셈구구의 곱이므로 5씩 커집니다.

24 1부터 25까지 선을 그은 후 선을 따라 접으면 만나는 수가 서로 같습니다.

25 $7 \times 9 = 63$, $9 \times 7 = 63$

26 40, 48, 56, 64, 72는 8단 곱셈구구의 곱이므로 8씩 커집니다.

27 은호: 초록색 선에 놓인 수들은 25, 36, 49, 64, 81로 11, 13, 15, 17만큼 커집니다.

28 • 세로줄과 가로줄이 만나는 칸에 두 수의 곱을 씁니다.
　• 8, 16, 24, 32는 8씩 커집니다.

30 오른쪽 지붕은 노란색, 파란색이 반복됩니다.

32 • 1, 2, 3, 4, 5, 6으로 위로 올라갈수록 1씩 커집니다.
　• 1, 7, 13, 19로 오른쪽으로 갈수록 6씩 커집니다.

33 3시 20분 $\xrightarrow{\text{1시간 후}}$ 4시 20분 $\xrightarrow{\text{1시간 후}}$ 5시 20분 …
　이므로 3시 20분부터 1시간 간격으로 출발합니다.

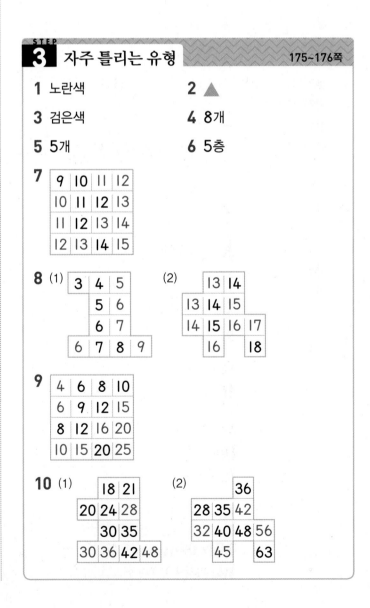

STEP 3 자주 틀리는 유형　175~176쪽

1 노란색　　　　**2** ▲

3 검은색　　　　**4** 8개

5 5개　　　　　**6** 5층

1 전구의 색깔이 주황색, 노란색, 초록색이 반복됩니다.
따라서 14째에 놓일 전구는 3+3+3+3+2=14
에서 3개씩 4번 반복된 후 둘째 전구이므로 노란색입
니다.

2 ♥, ♥, ▲, ▲가 반복됩니다.
따라서 20째에 놓일 모양은
4+4+4+4+4=20에서 4개씩 5번 반복되므로
넷째 모양인 ▲입니다.

3 검은색 바둑돌과 흰색 바둑돌이 반복되면서 바둑돌의
수가 1개씩 늘어납니다.
흰색 바둑돌 4개 다음에는 검은색 바둑돌 5개, 흰색
바둑돌 6개, 검은색 바둑돌 7개, …를 차례로 놓아야
합니다.
➡ 1+2+3+4+5+6=21이고,
1+2+3+4+5+6+7=28이므로 24째에
놓일 바둑돌은 검은색입니다.

4 쌓기나무가 2개씩 늘어나므로 5층으로 쌓으려면 쌓기
나무는 모두 6+2=8(개) 필요합니다.

5 쌓기나무가 2개, 3개, …씩 늘어나므로 4층으로 쌓기
위해 필요한 쌓기나무는 모두 1+2+3+4=10(개)
입니다.
따라서 남은 쌓기나무는 15-10=5(개)입니다.

6 각 층의 쌓기나무가 1개, 3개, 5개로 아래층으로 내려
갈수록 2개씩 늘어납니다.
1개 4개 9개 16개 25개 …
　　+3　+5　+7　+9
따라서 쌓기나무 25개를 모두 쌓아 만든 모양은 5층
이 됩니다.

7 같은 줄에서 오른쪽으로 갈수록, 아래로 내려갈수록
1씩 커집니다.

8 같은 줄에서 오른쪽으로 갈수록, 아래로 내려갈수록
1씩 커집니다.

9 각 단의 곱셈구구의 곱은 오른쪽으로 갈수록, 아래로
내려갈수록 단의 수만큼씩 커집니다.

10 각 단의 곱셈구구의 곱은 오른쪽으로 갈수록, 아래로
내려갈수록 단의 수만큼씩 커집니다.

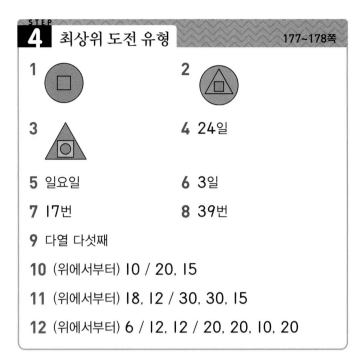

177~178쪽

STEP 4 최상위 도전 유형

1 □○

2 △□○

3 ◎△

4 24일

5 일요일

6 3일

7 17번

8 39번

9 다열 다섯째

10 (위에서부터) 10 / 20, 15

11 (위에서부터) 18, 12 / 30, 30, 15

12 (위에서부터) 6 / 12, 12 / 20, 20, 10, 20

1 모양은 바깥쪽은 ○, □가 반복되고, 안쪽은 □, ○가
반복됩니다. 색깔은 바깥쪽부터 빨간색, 파란색이 색
칠됩니다.

2 모양은 바깥쪽은 □, ○, △가 반복되고, 가운데는 ○,
△, □가 반복되고, 안쪽은 △, □, ○가 반복됩니다.
색깔은 바깥쪽부터 초록색, 주황색, 보라색이 색칠됩
니다.

3 모양은 바깥쪽은 △, ○, □가 반복되고, 가운데는 □,
△, ○가 반복되고, 안쪽은 ○, □, △가 반복됩니다.
색깔은 바깥쪽부터 보라색, 노란색, 파란색이 색칠됩
니다.

4 첫째 금요일은 3일, 둘째 금요일은 3+7=10(일),
셋째 금요일은 10+7=17(일), 넷째 금요일은
17+7=24(일)입니다.

5 29일은 29-7=22(일), 22-7=15(일),
15-7=8(일), 8-7=1(일)과 같은 일요일입니다.

6 10월은 31일까지 있고, 같은 요일이 7일마다 반복되
므로 10월의 마지막 날과 요일이 같은 날짜는
31-7=24(일), 24-7=17(일),
17-7=10(일), 10-7=3(일)입니다. 10월 3일
이 일요일이므로 10월의 마지막 날인 31일도 일요일
입니다.
따라서 11월 1일은 월요일이므로 11월 첫째 수요일은
3일입니다.

7 의자가 한 열에 **7**개씩 있으므로 의자의 번호가 가로로 **1**씩, 세로로 **7**씩 커집니다.
따라서 가열 셋째 자리는 **3**번이므로 다열 셋째 자리는 $3+7+7=17$(번)입니다.

8 의자가 한 열에 **11**개씩 있으므로 의자의 번호가 가로로 **1**씩, 세로로 **11**씩 커집니다.
따라서 가열 여섯째 자리는 **6**번이므로 라열 여섯째 자리는 $6+11+11+11=39$(번)입니다.

9 의자의 번호가 가로로 **1**씩, 세로로 **11**씩 커집니다.
따라서 $11+11+5=27$이므로 영서의 자리는 다열 다섯째 자리입니다.

10 바로 위와 오른쪽 위에 있는 두 수의 합을 써넣는 규칙입니다.

11 왼쪽 위와 바로 위에 있는 두 수의 합을 써넣는 규칙입니다.

12 가운데를 중심으로 왼쪽은 바로 위와 오른쪽 위에 있는 두 수의 합을, 오른쪽은 왼쪽 위와 바로 위에 있는 두 수의 합을 써넣는 규칙입니다.

9

+	0	1	2	3	4	5
0	0	1	2	3	4	5
1	1	2	3	4	5	6
2	2	3	4	5	6	7
3	3	4	5	6	7	8
4	4	5	6	7	8	9
5	5	6	7	8	9	10

10 ㉢

11 2 / 작아집니다에 ○표

12. 14

×	2	3	4	5	6
2	4	6	8	10	12
3	6	9	12	15	18
4	8	12	16	20	24
5	10	15	20	25	30
6	12	18	24	30	36

13 예 아래로 내려갈수록 **4**씩 커집니다.

15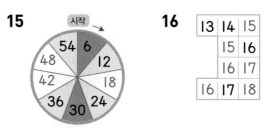

16

13	14	15
	15	16
	16	17
16	17	18

17 [도형]

18 일곱째

19 규칙 1 예 오른쪽으로 갈수록 **4**씩 커집니다.
규칙 2 예 아래로 내려갈수록 **1**씩 작아집니다.

20 25일

수시 평가 대비 Level ❶
179~181쪽

1 ( ) (○) ( )   **2** ㉢

3
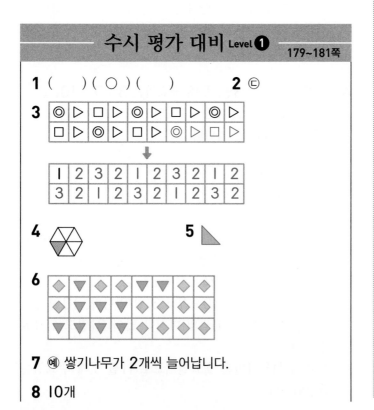

4 [육각형]   **5** [삼각형]

6 [도형 표]

7 예 쌓기나무가 **2**개씩 늘어납니다.

8 10개

---

2 ㉢ ▲, ■, ●, ●가 반복되는 규칙입니다.

3 ◎, ▷, □, ▷가 반복됩니다.
➡ **1**, **2**, **3**, **2**가 반복됩니다.

4 색칠된 부분이 시계 반대 방향으로 한 칸씩 이동하고 있습니다.

5 모양은 ♡, ◺가 반복되고, 색깔은 파란색, 초록색, 보라색이 반복됩니다.

6 ◆와 ▼가 반복되고 각 모양의 수가 한 개씩 늘어납니다.

7 쌓기나무가 1개, 3개, 5개, 7개로 2개씩 늘어납니다.

8 쌓기나무가 2개, 4개, 6개로 2개씩 늘어나므로 5층으로 쌓으려면 쌓기나무는 모두 $6+2+2=10$(개) 필요합니다.

9 세로줄과 가로줄이 만나는 칸에 두 수의 합을 씁니다.

10 ㉢ ╱ 방향의 수들은 모두 같은 수입니다.

11 10, 8, 6, 4, 2, 0은 2씩 작아집니다.

12 세로줄과 가로줄이 만나는 칸에 두 수의 곱을 씁니다.

13 빨간색 선 안의 수들은 4단 곱셈구구의 곱입니다.

14 가로줄에서 4단 곱셈구구의 곱을 찾아 색칠합니다.

15 6씩 커지는 6단 곱셈구구의 곱입니다.

16 덧셈표에서 오른쪽으로 갈수록, 아래로 내려갈수록 1씩 커집니다.

17 모양은 바깥쪽은 ○, □, △가 반복되고, 가운데는 □, △, ○가 반복되고, 안쪽은 △, ○, □가 반복됩니다. 색깔은 바깥쪽부터 노란색, 빨간색, 파란색이 색칠됩니다.

18
첫째	둘째	셋째	넷째	다섯째	여섯째	일곱째
1개	3개	6개	10개	15개	21개	28개

$+2$ $+3$ $+4$ $+5$ $+6$ $+7$

따라서 쌓기나무 28개를 모두 사용하여 만든 모양은 일곱째입니다.

서술형
19
평가 기준	배점(5점)
규칙을 한 가지 찾아 썼나요?	2점
다른 한 가지 규칙을 찾아 썼나요?	3점

서술형
20 예 같은 요일은 7일마다 반복됩니다.
첫째 금요일은 4일, 둘째 금요일은 $4+7=11$(일),
셋째 금요일은 $11+7=18$(일),
넷째 금요일은 $18+7=25$(일)입니다.

평가 기준	배점(5점)
같은 요일은 며칠마다 반복되는지 알고 있나요?	1점
넷째 금요일은 며칠인지 구했나요?	4점

수시 평가 대비 Level ❷

182~184쪽

1 ■

2

3 ★, ☆

4 유진

5 9개

6
+	6	7	8	9
1	7	8	9	10
3	9	10	11	12
5	11	12	13	14
7	13	14	15	16

7 2씩

8 1씩

9
×	2	3	4	5
2	4	6	8	10
3	6	9	12	15
4	8	12	16	20
5	10	15	20	25

10 4

11
	42	48	54	
	42	49	56	63
40	48	56	64	72

12 ⑴ 1 ⑵ 5

13

14 8씩

15 검은색

16 예 평일은 15분 간격으로, 주말은 20분 간격으로 버스가 출발합니다.

17 1층 다섯째

18 40

19 ■, ■ / 예 색깔이 초록색, 주황색, 보라색이 반복됩니다.

20 25개

1 ■, ▲, ▲가 반복됩니다.

2 시계 방향으로 빨간색, 초록색, 노란색, 보라색이 반복됩니다.

3 별 모양에 ●이 시계 방향으로 이동하도록 그립니다.

4 쌓기나무가 왼쪽에서 오른쪽으로 1개, 3개씩 반복되고 있습니다.

5 쌓기나무가 첫째에 1개, 둘째에 2개씩 2층, 넷째에 4개씩 4층이므로 셋째에는 3개씩 3층입니다.
따라서 □ 안에 알맞은 모양을 쌓는 데 필요한 쌓기나무는 모두 9개입니다.

6 세로줄과 가로줄이 만나는 칸에 두 수의 합을 씁니다.

7 7, 9, 11, 13은 2씩 커집니다.

8 10, 11, 12, 13은 1씩 커집니다.

9 세로줄과 가로줄이 만나는 칸에 두 수의 곱을 씁니다.

10 8, 12, 16, 20은 4씩 커집니다.

11 각 단의 곱셈구구의 곱은 오른쪽으로 갈수록, 아래로 내려갈수록 단의 수만큼씩 커집니다.

12 (1) 5, 4, 3, 2, 1은 1씩 작아집니다.
(2) 1, 6, 11은 5씩 커집니다.

13 4시 $\xrightarrow{\text{30분 후}}$ 4시 30분 $\xrightarrow{\text{30분 후}}$ 5시 $\xrightarrow{\text{30분 후}}$

5시 30분이므로 30분씩 지나는 규칙이 있습니다.
따라서 마지막 시계에 알맞은 시각은

5시 30분 $\xrightarrow{\text{30분 후}}$ 6시입니다.

14 1, 9, 17, 25는 8씩 커집니다.

15 ◐, ●이 반복되는 규칙이므로 홀수째에는 검은색 바둑돌이 놓이고 짝수째에는 흰색 바둑돌이 놓입니다.
따라서 15째 바둑돌은 검은색입니다.

17 사물함의 번호가 오른쪽으로 갈수록 1씩, 아래로 내려갈수록 9씩 커집니다.
2층의 첫째 사물함의 번호는 10+9=19(번)이고
1층의 첫째 사물함의 번호는 19+9=28(번)입니다.
따라서 동민이의 사물함의 위치는 1층 다섯째입니다.

18 바로 위와 오른쪽 위에 있는 두 수의 합을 써넣는 규칙입니다.
따라서 ◆에 알맞은 수는 24+16=40입니다.

19

평가 기준	배점(5점)
빈칸에 알맞게 색칠했나요?	3점
규칙을 찾아 썼나요?	2점

20 예 쌓기나무가 각 층에 1개, 3개, 5개로 아래층으로 내려갈수록 2개씩 늘어납니다.
따라서 쌓기나무를 5층으로 쌓으려면 쌓기나무는 모두 1+3+5+7+9=25(개) 필요합니다.

평가 기준	배점(5점)
쌓기나무의 규칙을 찾았나요?	2점
5층으로 쌓으려면 쌓기나무는 모두 몇 개 필요한지 구했나요?	3점

수시평가 자료집 정답과 풀이

1 네 자리 수

서술형 50% 수시 평가 대비
2~5쪽

1 10	**2** 3758
3 2, 1, 6, 3, 2163	**4** 8089
5 ②	**6** 5691, 6691, 8691
7 3000, 900, 40, 6	**8** 600
9 3800원	**10** <
11 ㉠	**12** 44
13 5000장	**14** 9000원
15 ㉠	**16** 8842
17 1658	**18** 3973
19 5	**20** 8354

2 1000이 3개, 100이 7개, 10이 5개, 1이 8개인 수는 3758입니다.

4 읽지 않은 백의 자리에는 숫자 0을 씁니다.

5 각 수에서 십의 자리 숫자를 알아봅니다.
① 1 ② 5 ③ 0 ④ 9 ⑤ 3

6 1000씩 뛰어 세면 천의 자리 수가 1씩 커집니다.
➡ 3691−4691−5691−6691−7691− 8691

7 각 자리의 숫자가 나타내는 수의 합으로 나타냅니다.

8 2694에서 6은 백의 자리 숫자이므로 600을 나타냅니다.

9 예 1000이 3개이면 3000이므로 천 원짜리 지폐 3장은 3000원이고, 100이 8개이면 800이므로 백원짜리 동전 8개는 800원입니다.
따라서 영지가 낸 돈은 모두
3000+800=3800(원)입니다.

평가 기준	배점(5점)
지폐와 동전이 각각 얼마인지 알았나요?	3점
영지가 낸 돈은 모두 얼마인지 구했나요?	2점

10 1970 < 2008
└ 1 < 2 ┘

11 ㉠ 800보다 100만큼 더 큰 수는 900입니다.
㉡ 950보다 50만큼 더 큰 수는 1000입니다.
㉢ 100이 10개인 수는 1000입니다.
따라서 나타내는 수가 다른 하나는 ㉠입니다.

12 예 ㉠은 일의 자리 숫자이므로 ㉠이 나타내는 수는 4이고, ㉡은 십의 자리 숫자이므로 ㉡이 나타내는 수는 40입니다.
따라서 ㉠이 나타내는 수와 ㉡이 나타내는 수의 합은 4+40=44입니다.

평가 기준	배점(5점)
㉠과 ㉡이 나타내는 수를 각각 구했나요?	3점
㉠과 ㉡이 나타내는 수의 합을 구했나요?	2점

13 예 100이 10개이면 1000입니다.
따라서 100이 50개이면 5000이므로 50상자에 들어 있는 색종이는 모두 5000장입니다.

평가 기준	배점(5점)
100이 10개이면 1000임을 알았나요?	2점
50상자에 들어 있는 색종이는 모두 몇 장인지 구했나요?	3점

14 예 5000부터 1000씩 뛰어 세면
〈8월〉 〈9월〉 〈10월〉 〈11월〉 〈12월〉
5000−6000−7000−8000−9000입니다.
따라서 9월부터 12월까지 한 달에 1000원씩 계속 저금통에 넣으면 모두 9000원이 됩니다.

평가 기준	배점(5점)
5000부터 1000씩 뛰어 세었나요?	3점
모두 얼마가 되는지 구했나요?	2점

15 예 ㉠ 5080, ㉡ 5082입니다.
두 수의 천의 자리, 백의 자리, 십의 자리 수가 각각 같고 일의 자리 수를 비교하면 0<2이므로 ㉠ 5080이 더 작은 수입니다.

평가 기준	배점(5점)
㉠, ㉡을 각각 수로 나타냈나요?	2점
더 작은 수를 찾아 기호를 썼나요?	3점

16 예 8342−8442에서 백의 자리 수가 1 커졌으므로 100씩 뛰어 센 것입니다.
8542에서 100씩 뛰어 세면

8542—8642—8742—8842이므로 ㉠에 알맞은 수는 8842입니다.

평가 기준	배점(5점)
몇씩 뛰어 센 것인지 구했나요?	2점
㉠에 알맞은 수는 얼마인지 구했나요?	3점

17 ⑩ 십의 자리 숫자가 5인 네 자리 수를 □□5□라 하고 남은 수 1, 8, 6을 작은 수부터 차례로 천의 자리, 백의 자리, 일의 자리에 놓습니다.
따라서 십의 자리 숫자가 5인 가장 작은 네 자리 수는 1658입니다.

평가 기준	배점(5점)
십의 자리 숫자가 5인 네 자리 수를 □□5□라고 나타냈나요?	2점
십의 자리 숫자가 5인 가장 작은 네 자리 수를 구했나요?	3점

18 ⑩ 4023에서 10씩 거꾸로 5번 뛰어 세면
4023—4013—4003—3993—3983—3973
입니다.
따라서 어떤 수는 3973입니다.

평가 기준	배점(5점)
4023에서 거꾸로 10씩 5번 뛰어 세었나요?	3점
어떤 수를 구했나요?	2점

19 ⑩ 천의 자리 수가 같고 십의 자리 수가 2<3이므로 □ 안에 들어갈 수 있는 수는 6보다 작은 수인 0, 1, 2, 3, 4, 5입니다.
따라서 □ 안에 들어갈 수 있는 가장 큰 수는 5입니다.

평가 기준	배점(5점)
□ 안에 들어갈 수 있는 수를 모두 구했나요?	3점
□ 안에 들어갈 수 있는 수 중에서 가장 큰 수를 구했나요?	2점

20 ⑩ 8300보다 크고 8400보다 작은 수를 83□□라고 하면 일의 자리 숫자가 4이므로 83□4입니다. 십의 자리 숫자는 백의 자리 숫자보다 2만큼 더 크므로 3+2=5입니다.
따라서 조건을 모두 만족하는 네 자리 수는 8354입니다.

평가 기준	배점(5점)
8300보다 크고 8400보다 작은 수를 83□□라고 나타냈나요?	2점
조건을 모두 만족하는 네 자리 수를 구했나요?	3점

다시 점검하는 **수시 평가 대비**
6~8쪽

1 ㉢	**2** (1) 800 (2) 999
3 (1) 900 (2) 990	**4** 5000, 오천
5 3000개	**6** ㉢
7 5000, 800, 2	**8** 5680, 5780, 5880
9 300	**10** 2202
11 17	**12** 훈민정음
13 6250	**14** 650원
15 30개	**16** 4059
17 6859, 5689	**18** 5번
19 0, 1, 2, 3	**20** 4개

1 ㉠ 100이 10개인 수는 1000입니다.
㉡ 500보다 500만큼 더 큰 수는 1000입니다.
㉢ 10이 10개인 수는 100입니다.

2 (1) 1000은 800보다 200만큼 더 큰 수입니다.
(2) 1000은 999보다 1만큼 더 큰 수입니다.

3 (1) 수직선의 눈금 한 칸은 100을 나타냅니다.
㉠은 1000보다 100만큼 더 작은 수이므로 900입니다.
(2) 수직선의 눈금 한 칸은 10을 나타냅니다.
㉠은 1000보다 10만큼 더 작은 수이므로 990입니다.

5 100이 30개인 수는 3000이므로 클립은 모두 3000개입니다.

6 ㉠ 100이 70개인 수는 7000입니다.
㉡ 6000보다 1000만큼 더 큰 수는 7000입니다.
㉢ 1000이 6개인 수는 6000입니다.
따라서 나타내는 수가 다른 하나는 ㉢입니다.

8 5980에서 100씩 거꾸로 뛰어 세면
5980—5880—5780—5680입니다.

9 ㉠은 2533—2833에서 백의 자리 수가 3 커졌으므로 300씩 뛰어 센 것입니다. ➡ ■=300
㉡은 8612—8812에서 백의 자리 수가 2 커졌으므로 200씩 뛰어 센 것입니다. ➡ ▲=200
따라서 더 큰 수는 300입니다.

10 5<u>2</u>49 ➡ 200, <u>2</u>930 ➡ 2000, 711<u>2</u> ➡ 2
따라서 세 수에서 숫자 2가 나타내는 수의 합은
2000＋200＋2＝2202입니다.

11 6734는 1000이 6개, 100이 7개, 10이 3개, 1이
4개인 수이고 1000은 100이 10개인 수입니다.
따라서 6734는 1000이 5개, 100이 17개, 10이
3개, 1이 4개인 수입니다.

12 밑줄 친 숫자가 나타내는 수를 알아봅니다.
① 4<u>9</u>01 ➡ 900 ➡ 훈
② 19<u>7</u>2 ➡ 70 ➡ 민
③ <u>7</u>856 ➡ 7000 ➡ 정
④ 277<u>9</u> ➡ 9 ➡ 음

13 6110－6130에서 십의 자리 수가 2 커졌으므로 20
씩 뛰어 센 것입니다. 6190에서 20씩 3번 뛰어 세
면 6190－6210－6230－6250이므로 ㉠에 알
맞은 수는 6250입니다.

14 3800＞3650이므로 둘 중 가격이 더 싼 것은 요요
입니다. 요요는 3650원이므로 3000원을 내고
650원을 더 내야 합니다.

15 10원짜리 10개 ➡   100원
100원짜리 16개 ➡ 1600원
─────────────────
                1700원

2000원이 되려면 300원이 더 있어야 합니다. 300
은 10이 30개인 수이므로 10원짜리 동전이 30개 더
있어야 합니다.

16 네 수의 크기를 비교하면 0＜4＜5＜9입니다.
가장 작은 수는 천의 자리부터 차례로 작은 수를 놓습
니다. 하지만 천의 자리에는 0을 놓을 수 없으므로 만
들 수 있는 가장 작은 네 자리 수는 4059입니다.

17 천의 자리 수를 비교하면 5＜6입니다.
천의 자리 수가 6인 두 수 6859와 6598의 백의 자
리 수를 비교하면 8＞5이므로 가장 큰 수는 6859입
니다.
천의 자리 수가 5인 두 수 5689와 5698의 백의 자
리 수는 6으로 같고, 십의 자리 수를 비교하면 8＜9
이므로 가장 작은 수는 5689입니다.

18 5450에서 5700이 될 때까지 50씩 뛰어 세면
5450－5500－5550－5600－5650

－5700입니다.
따라서 5번 뛰어 세어야 합니다.

서술형
19 예 8000＋30＋3＝8033입니다.
8033과 80□1은 천의 자리와 백의 자리 수가 각각
같고 일의 자리 수가 3＞1이므로 □ 안에 들어갈 수는
3과 같거나 3보다 작아야 합니다.
따라서 □ 안에 들어갈 수 있는 수는 0, 1, 2, 3입니다.

평가 기준	배점(5점)
8000＋30＋3을 8033으로 나타냈나요?	2점
□ 안에 들어갈 수 있는 수를 모두 구했나요?	3점

서술형
20 예 10이 200개이면 2000이므로 10원짜리 동전
200개는 2000원입니다.
1000은 500이 2개인 수이므로 2000은 500이
4개인 수입니다.
따라서 2000원은 모두 500원짜리 동전 4개로 바꿀
수 있습니다.

평가 기준	배점(5점)
10원짜리 동전 200개가 얼마인지 알고 있나요?	2점
주어진 돈을 모두 500원짜리 동전 몇 개로 바꿀 수 있는지 구했나요?	3점

2 곱셈구구

서술형 50% 수시 평가 대비
9~12쪽

1 6, 18

2 6, 30

3 0, 2, 4, 7

4 (1) 16 (2) 56

5 6 / 12, 12, 6, 18

6

7

×	7	8	9
3	21	24	27
4	28	32	36
5	35	40	45

8 16, 40

9 21명

10 8, 4

11 ㉡

12 6

13 0

14 4, 20 / 5, 20

15 0, 4, 2 / 6점

16 48

17 18권

18 방법 1 예 5×8을 이용하여 구하면
$5 \times 8 = 40$(개)입니다.
방법 2 예 5×4를 2번 더해서 구합니다.
$5 \times 4 = 20$이므로 연결 모형은 모두
$20 + 20 = 40$(개)입니다.

19 0, 1, 2, 3

20 42개

---

1 세발자전거 한 대의 바퀴는 3개이고, 세발자전거가 6
대 있으므로 곱셈식으로 나타내면 $3 \times 6 = 18$입니다.

2 5씩 6번 뛰었으므로 $5 \times 6 = 30$입니다.

3 $1 \times 0 = 0$, $1 \times 2 = 2$, $1 \times 4 = 4$, $1 \times 7 = 7$

5 6단 곱셈구구에서 곱하는 수가 1씩 커지면 곱은 6씩
커집니다.

6 곱셈에서 곱하는 두 수의 순서를 서로 바꾸어도 곱은
같습니다.
• $1 \times 3 = 3 \times 1 = 3$
• $5 \times 9 = 9 \times 5 = 45$
• $7 \times 4 = 4 \times 7 = 28$

7 $3 \times 7 = 21$, $3 \times 8 = 24$, $3 \times 9 = 27$
$4 \times 7 = 28$, $4 \times 8 = 32$, $4 \times 9 = 36$
$5 \times 7 = 35$, $5 \times 8 = 40$, $5 \times 9 = 45$

8 예 $8 \times 2 = 16$, $8 \times 5 = 40$
따라서 8단 곱셈구구의 곱을 모두 찾아 쓰면 16, 40
입니다.

평가 기준	배점(5점)
8단 곱셈구구를 알았나요?	3점
8단 곱셈구구의 곱을 모두 찾아 썼나요?	2점

9 예 놀이 기구 한 대에 7명이 탈 수 있고, 놀이 기구가
3대이므로 7×3을 계산합니다.
따라서 놀이 기구 3대에는 모두 $7 \times 3 = 21$(명)이 탈
수 있습니다.

평가 기준	배점(5점)
알맞은 곱셈식을 세웠나요?	2점
놀이 기구 3대에는 모두 몇 명이 탈 수 있는지 구했나요?	3점

10 토마토가 24개 있으므로 3단 곱셈구구에서는
$3 \times 8 = 24$, 6단 곱셈구구에서는 $6 \times 4 = 24$로 나
타낼 수 있습니다.

11 예 ㉠ $6 \times 8 = 48$, ㉡ $9 \times 7 = 63$입니다.
따라서 $48 < 63$이므로 곱이 더 큰 것은 ㉡입니다.

평가 기준	배점(5점)
㉠, ㉡의 곱을 각각 구했나요?	3점
곱이 더 큰 것을 찾아 기호를 썼나요?	2점

12 예 어떤 수를 □라고 하면 $9 \times □ = 54$입니다.
$9 \times 6 = 54$이므로 □ = 6입니다.
따라서 어떤 수는 6입니다.

평가 기준	배점(5점)
어떤 수를 구하는 식을 세웠나요?	2점
어떤 수를 구했나요?	3점

13 예 (어떤 수)$\times 0 = 0$, $0 \times$(어떤 수)$= 0$입니다.
따라서 □ 안에 공통으로 들어갈 수 있는 수는 0입니
다.

평가 기준	배점(5점)
어떤 수와 0의 곱 사이의 관계를 알았나요?	2점
□ 안에 공통으로 들어갈 수 있는 수를 구했나요?	3점

14 · 축구공이 5개씩 4줄이므로 5×4=20입니다.
· 축구공이 4개씩 5줄이므로 4×5=20입니다.

15 · 0이 적힌 공 3번: 0×3=0(점)
· 1이 적힌 공 4번: 1×4=4(점)
· 2가 적힌 공 1번: 2×1=2(점)
➡ (지성이가 얻은 점수)=0+4+2=6(점)

16 예 가장 큰 곱은 가장 큰 수와 둘째로 큰 수의 곱입니다. 수 카드의 수의 크기를 비교하면 8>6>3이므로 가장 큰 수는 8이고 둘째로 큰 수는 6입니다. 따라서 가장 큰 곱은 8×6=48입니다.

평가 기준	배점(5점)
가장 큰 곱은 가장 큰 수와 둘째로 큰 수의 곱임을 알았나요?	2점
가장 큰 곱은 얼마인지 구했나요?	3점

17 예 산하가 가지고 있는 공책은 3권씩 2묶음이므로 3×2=6(권)입니다. 동수가 가지고 있는 공책은 산하의 3배만큼이므로 6×3=18(권)입니다.

평가 기준	배점(5점)
산하가 가지고 있는 공책은 몇 권인지 구했나요?	2점
동수가 가지고 있는 공책은 몇 권인지 구했나요?	3점

18

평가 기준	배점(5점)
한 가지 방법으로 설명했나요?	2점
다른 한 가지 방법으로 설명했나요?	3점

19 예 6×3=18, 6×4=24이므로 6×□<20에서 □ 안에는 4보다 작은 수가 들어가야 합니다. 따라서 □ 안에 들어갈 수 있는 수는 0, 1, 2, 3입니다.

평가 기준	배점(5점)
□ 안에 들어갈 수 있는 수의 범위를 알았나요?	2점
□ 안에 들어갈 수 있는 수를 모두 구했나요?	3점

20 예 처음 과일 가게에 있던 복숭아는 8×9=72(개)이고, 판 복숭아는 5×6=30(개)입니다. 따라서 팔고 남은 복숭아는 72-30=42(개)입니다.

평가 기준	배점(5점)
처음 과일 가게에 있던 복숭아는 몇 개인지 구했나요?	2점
판 복숭아는 몇 개인지 구했나요?	2점
팔고 남은 복숭아는 몇 개인지 구했나요?	1점

다시 점검하는 **수시 평가 대비** 13~15쪽

1 12
2 0
3 (1) 21 (2) 10 (3) 48
4 15, 20, 25, 30에 ○표
5 ②, ④
6 (1) 0 (2) 0
7 6
8 12 cm

9

×	3	4	5	6	7	8	9
3	9	12	15	18	21	24	27
4	12	16	20	24	28	32	36
5	15	20	25	30	35	40	45
6	18	24	30	36	42	48	54

10 5×6, 6×5
11 3, 9, 27 / 9, 3, 27
12 예 3, 4 / 6, 2
13
14 (1) 63, 63, 9, 54 (2) 49, 49, 14, 63
15 35개
16 6
17 예 6, 3, 18
18 18점
19 방법1 예 7×6은 7×3을 두 번 더해서 구하면 21+21=42입니다.
방법2 예 7×6은 7×5에 7을 더해서 구하면 35+7=42입니다.
20 18송이

1 4개씩 3묶음이므로 4×3=12입니다.

4 5단 곱셈구구에서 곱의 일의 자리 숫자는 5와 0이 반복됩니다.

5 ② 9×1=9 ④ 0×8=0

6 (1) (어떤 수)×□=0이 되려면 □=0입니다.
(2) □×(어떤 수)=0이 되려면 □=0입니다.

7 6단 곱셈구구에서 곱하는 수가 1씩 커지면 곱은 6씩 커집니다.

8 2 cm씩 6개이므로 2×6=12(cm)입니다.

9 세로줄과 가로줄이 만나는 칸에 두 수의 곱을 써넣습니다.

10 곱셈표에서 5×6=30, 6×5=30이므로 곱이 30인 곱셈구구는 5×6, 6×5입니다.

11 3씩 묶으면 9묶음입니다. ➡ 3×9=27
9씩 묶으면 3묶음입니다. ➡ 9×3=27

13 3단 곱셈구구에서 곱의 일의 자리 숫자는 3, 6, 9, 2, 5, 8, 1, 4, 7입니다.

14 (1) 9×6은 9×7보다 9만큼 더 작습니다.
(2) 7×9는 7×7보다 7×2=14만큼 더 큽니다.

15 모양을 한 개 만드는 데 필요한 면봉은 5개입니다.
(모양을 7개 만드는 데 필요한 면봉의 수)
=5×7=35(개)

16 4×9=36이므로 36=6×□입니다.
6단 곱셈구구에서 6×6=36이므로 □=6입니다.

17 6개씩 묶으면 3묶음이 되고 3개씩 묶으면 6묶음이 됩니다. ➡ 6×3=18, 3×6=18
다른 풀이
⑩ ●를 2개씩 묶으면 9묶음이 되고 9개씩 묶으면 2묶음이 됩니다. ➡ 2×9=18, 9×2=18

18 6이 1번: 6×1=6(점)
4가 3번: 4×3=12(점)
1이 0번: 1×0=0(점)
➡ (효진이가 얻은 점수)=6+12+0=18(점)

서술형
19

평가 기준	배점(5점)
7×6을 계산하는 방법을 설명했나요?	2점
7×6을 계산하는 다른 방법을 설명했나요?	3점

서술형
20 ⑩ (꽃다발을 만드는 데 사용한 장미 수)
=8×4=32(송이)입니다.
따라서 (남은 장미 수)=50−32=18(송이)입니다.

평가 기준	배점(5점)
꽃다발을 만드는 데 사용한 장미는 몇 송이인지 구했나요?	3점
꽃다발을 만들고 남은 장미는 몇 송이인지 구했나요?	2점

3 길이 재기

1 7 미터 21 센티미터   **2** ( ) (○)
3 1, 28   **4** (1) 100 (2) 10
5 3 m 46 cm   **6** 3 m
7 ㉡, ㉣
8 m / ⑩ 축구장의 짧은 쪽의 길이는 1 m보다 길고 1 cm로 재면 여러 번 재어야 하므로 약 70 m가 알맞습니다.
9 =   **10** (1) 9, 63 (2) 4, 32
11 8 m 65 cm   **12** 1 m 35 cm
13 ㉢, ㉠, ㉡   **14** 정원, 5 cm
15 ㉢, ㉡, ㉠   **16** 4 m 42 cm
17 약 4 m   **18** 상규
19

	7	m	5	4	cm
+	1	m	2	3	cm
	8	m	7	7	cm

20 6 m 75 cm

1 ● m ▲ cm ➡ ● 미터 ▲ 센티미터

3 128 cm=1 m 28 cm

4 (1) 1 m=100 cm이므로 1 m는 1 cm를 100번 이은 것과 같습니다.
(2) 1 m=100 cm이므로 1 m는 10 cm를 10번 이은 것과 같습니다.

5 ⑩ 100 cm=1 m이므로
346 cm=300 cm+46 cm
=3 m+46 cm
=3 m 46 cm
입니다.

평가 기준	배점(5점)
100 cm=1 m임을 알았나요?	2점
346 cm는 몇 m 몇 cm인지 구했나요?	3점

6 책장의 높이는 우산의 길이의 약 3배이므로 약 3 m입니다.

7 ㉠ 지우개의 길이, ㉢ 신발의 길이는 1 m보다 짧습니다.

8

평가 기준	배점(5점)
□ 안에 cm와 m 중 알맞은 단위를 썼나요?	2점
그렇게 생각한 까닭을 썼나요?	3점

9 $9 \text{ m } 3 \text{ cm} = 9 \text{ m} + 3 \text{ cm}$
$= 900 \text{ cm} + 3 \text{ cm} = 903 \text{ cm}$
➡ $9 \text{ m } 3 \text{ cm} = 903 \text{ cm}$

10 m는 m끼리, cm는 cm끼리 계산합니다.

11 예 (이어 붙인 색 테이프의 전체 길이)
$=$ (파란색 테이프의 길이) $+$ (초록색 테이프의 길이)
$= 5 \text{ m } 20 \text{ cm} + 3 \text{ m } 45 \text{ cm}$
$= 8 \text{ m } 65 \text{ cm}$

평가 기준	배점(5점)
색 테이프의 전체 길이를 구하는 식을 세웠나요?	2점
색 테이프의 전체 길이는 몇 m 몇 cm인지 구했나요?	3점

12 예 (동규가 던진 거리) $-$ (민수가 던진 거리)
$= 5 \text{ m } 95 \text{ cm} - 4 \text{ m } 60 \text{ cm}$
$= 1 \text{ m } 35 \text{ cm}$

평가 기준	배점(5점)
동규가 민수보다 몇 m 몇 cm 더 멀리 던졌는지 구하는 식을 세웠나요?	2점
동규가 민수보다 몇 m 몇 cm 더 멀리 던졌는지 구했나요?	3점

13 예 ㉡ $6 \text{ m } 9 \text{ cm} = 609 \text{ cm}$이므로
$960 \text{ cm} > 690 \text{ cm} > 609 \text{ cm}$입니다.
따라서 길이가 긴 것부터 차례로 기호를 쓰면 ㉢, ㉠, ㉡입니다.

평가 기준	배점(5점)
단위를 같게 하여 길이를 나타냈나요?	2점
길이가 긴 것부터 차례로 기호를 썼나요?	3점

14 예 $136 \text{ cm} = 1 \text{ m } 36 \text{ cm}$
$1 \text{ m } 41 \text{ cm} > 1 \text{ m } 36 \text{ cm}$이므로
$1 \text{ m } 41 \text{ cm} - 1 \text{ m } 36 \text{ cm} = 5 \text{ cm}$입니다.
따라서 정원이의 키가 5 cm 더 큽니다.

평가 기준	배점(5점)
단위를 같게 하여 길이를 나타냈나요?	2점
누구의 키가 몇 cm 더 큰지 구했나요?	3점

15 길이를 잴 때 긴 것으로 잴수록 적은 횟수로 잴 수 있습니다.
따라서 몸의 부분의 길이가 긴 것부터 차례로 기호를 쓰면 ㉢, ㉡, ㉠입니다.

16 예 (㉡에서 ㉢까지의 거리)
$=$ (㉠에서 ㉢까지의 거리) $-$ (㉠에서 ㉡까지의 거리)
$= 6 \text{ m } 59 \text{ cm} - 2 \text{ m } 17 \text{ cm}$
$= 4 \text{ m } 42 \text{ cm}$

평가 기준	배점(5점)
㉡에서 ㉢까지의 거리를 구하는 식을 세웠나요?	2점
㉡에서 ㉢까지의 거리는 몇 m 몇 cm인지 구했나요?	3점

17 예 $1 \text{ m } 30 \text{ cm} + 1 \text{ m } 30 \text{ cm} + 1 \text{ m } 30 \text{ cm}$
$= 3 \text{ m } 90 \text{ cm}$입니다.
$1 \text{ m} = 100 \text{ cm}$이므로 $3 \text{ m } 90 \text{ cm}$는 3 m와 4 m 중 4 m에 더 가깝습니다.
따라서 게시판 긴 쪽의 길이는 약 4 m입니다.

평가 기준	배점(5점)
양팔을 벌린 길이의 3배의 길이를 구했나요?	3점
게시판 긴 쪽의 길이는 약 몇 m인지 구했나요?	2점

18 예 자른 실의 길이와 $4 \text{ m } 50 \text{ cm}$의 차를 구하면 지호는 10 cm, 정우는 15 cm, 상규는 5 cm입니다.
따라서 $5 \text{ cm} < 10 \text{ cm} < 15 \text{ cm}$이므로 $4 \text{ m } 50 \text{ cm}$에 가장 가까운 사람은 상규입니다.

평가 기준	배점(5점)
4 m 50 cm와 세 사람이 자른 실의 길이의 차를 각각 구했나요?	3점
자른 실의 길이가 4 m 50 cm에 가장 가까운 사람은 누구인지 구했나요?	2점

19 $7 > 5 > 4 > 3 > 2 > 1$이므로 가장 긴 길이는 $7 \text{ m } 54 \text{ cm}$, 가장 짧은 길이는 $1 \text{ m } 23 \text{ cm}$입니다.
➡ $7 \text{ m } 54 \text{ cm} + 1 \text{ m } 23 \text{ cm} = 8 \text{ m } 77 \text{ cm}$

20 예 (이어 붙인 막대의 전체 길이)
$= 2 \text{ m } 25 \text{ cm} + 2 \text{ m } 25 \text{ cm} + 2 \text{ m } 25 \text{ cm}$
$= 6 \text{ m } 75 \text{ cm}$

평가 기준	배점(5점)
문제에 알맞은 식을 세웠나요?	2점
이어 붙인 막대의 전체 길이는 몇 m 몇 cm인지 구했나요?	3점

다시 점검하는 **수시 평가 대비** 20~22쪽

1

2 (1) cm (2) m

3 1 m 80 cm

4 (1) 4, 73 (2) 209

5 은정

6 (1) ✕ (2) ○ (3) ○

7 ㄹ, ㄱ, ㄷ, ㄴ

8 5, 70

9 ㄴ, ㄷ

10 4 m

11 3 m 26 cm

12 91 m 63 cm

13 8 m 45 cm

14 6 m 55 cm

15 <

16 0, 1, 2, 3, 4

17 수호

18 812

19 예 cm끼리의 계산에서 2는 일의 자리 숫자인데 십의 자리 숫자로 계산하여 틀렸습니다. /

$$\begin{array}{r} 9\ \text{m}\ \ 36\ \text{cm} \\ -\ \ 3\ \text{m}\ \ \ \ 2\ \text{cm} \\ \hline 6\ \text{m}\ \ 34\ \text{cm} \end{array}$$

20 9 m 60 cm

---

1 700 cm=7 m, 500 cm=5 m, 200 cm=2 m

2 1 m=100 cm임을 생각하여 m와 cm를 알맞게 써넣습니다.

3 옷장의 높이는 180 cm입니다.
➡ 180 cm=100 cm+80 cm
    =1 m+80 cm=1 m 80 cm

4 (1) 473 cm=400 cm+73 cm
          =4 m+73 cm=4 m 73 cm
(2) 2 m 9 cm=200 cm+9 cm=209 cm

5 1 m=100 cm
은정: 1 cm가 100장이면 100 cm입니다.
미영: 10 cm가 8장이면 80 cm입니다.

6 (1) 606 cm=6 m 6 cm
(2) 10 m 5 cm=10 m+5 cm
              =1000 cm+5 cm=1005 cm
(3) 1101 cm=1100 cm+1 cm
          =11 m+1 cm=11 m 1 cm

7 ㄱ 5 m 1 cm=501 cm
ㄴ 2 m 30 cm=230 cm
➡ 511 cm>501 cm>230 cm>205 cm
따라서 길이가 긴 것부터 차례로 쓰면 ㄹ, ㄱ, ㄷ, ㄴ입니다.

8 m는 m끼리, cm는 cm끼리 더합니다.

9 ㄱ 방문의 높이: 약 2 m
ㄴ 건물 3층의 높이: 약 9 m
ㄷ 농구장 짧은 쪽의 길이: 약 15 m
ㄹ 스케치북 긴 쪽의 길이: 약 40 cm

10 은희의 걸음을 그림으로 나타내 봅니다.

따라서 거실 긴 쪽의 길이는 약 4 m입니다.

11 (사용한 색 테이프의 길이)
=(처음 길이)-(남은 길이)
=4 m 65 cm-1 m 39 cm=3 m 26 cm

12 (집에서 놀이터까지의 거리)
+(놀이터에서 공원까지의 거리)
=62 m 45 cm+29 m 18 cm
=91 m 63 cm

13 340 cm=3 m 40 cm입니다.

$$\begin{array}{r} 3\ \text{m}\ \ 40\ \text{cm} \\ +\ \ 5\ \text{m}\ \ \ \ 5\ \text{cm} \\ \hline 8\ \text{m}\ \ 45\ \text{cm} \end{array}$$

14 865 cm=8 m 65 cm,
313 cm=3 m 13 cm이므로
8 m 65 cm>5 m 43 cm>3 m 13 cm
>2 m 10 cm입니다.
따라서 가장 긴 길이는 8 m 65 cm, 가장 짧은 길이는 2 m 10 cm이므로 두 길이의 차는
8 m 65 cm-2 m 10 cm=6 m 55 cm입니다.

15 2365 cm=23 m 65 cm,
305 cm=3 m 5 cm이므로
36 m 94 cm-23 m 65 cm=13 m 29 cm,
3 m 5 cm+10 m 84 cm=13 m 89 cm입니다.
➡ 13 m 29 cm<13 m 89 cm

16 5 m 47 cm＝500 cm＋47 cm＝547 cm

5□5＜547이므로 □는 4와 같거나 4보다 작아야 합니다.

따라서 □ 안에 들어갈 수 있는 수는 0, 1, 2, 3, 4입니다.

17 책장의 실제 높이는 170 cm＝1 m 70 cm입니다. 어림한 책장의 높이와 실제 책장의 높이의 차가 작을수록 실제 높이에 더 가깝게 어림한 것입니다.

민주: 1 m 90 cm－1 m 70 cm＝20 cm

수호: 1 m 70 cm－1 m 65 cm＝5 cm

따라서 5 cm＜20 cm이므로 수호가 실제 높이에 더 가깝게 어림하였습니다.

18 13 m 58 cm－□ cm＝5 m 46 cm이면

□ cm＝13 m 58 cm－5 m 46 cm입니다.

13 m 58 cm－5 m 46 cm＝8 m 12 cm

＝812 cm

따라서 □ 안에 알맞은 수는 812입니다.

서술형
19 예 cm끼리의 계산에서 2는 일의 자리 숫자인데 십의 자리 숫자로 계산하여 틀렸습니다.

평가 기준	배점(5점)
틀린 까닭을 바르게 썼나요?	2점
바르게 계산했나요?	3점

서술형
20 예 (은주가 자른 철사의 길이)＝540 cm

＝5 m 40 cm

(지민이가 자른 철사의 길이)

＝(은주가 자른 철사의 길이)－1 m 20 cm

＝5 m 40 cm－1 m 20 cm＝4 m 20 cm

따라서 은주와 지민이가 자른 철사의 길이의 합은

5 m 40 cm＋4 m 20 cm＝9 m 60 cm입니다.

평가 기준	배점(5점)
지민이가 자른 철사의 길이를 구했나요?	2점
은주와 지민이가 자른 철사의 길이의 합을 구했나요?	3점

4 시각과 시간

서술형 50% 수시 평가 대비 23~26쪽

1 분에 ○표	**2** 8, 20
3 오전	**4** 1, 24, 32
5 6	**6**
7 2, 50 / 3, 10	**8** 독서, 축구
9 3시간 20분	**10** 5번
11 목요일	**12** 11시 55분
13 31일	**14** ㉣
15 1시간 20분	**16** 4바퀴
17 8시 14분	**18** 9시 50분
19 36시간	**20** 목요일

2 짧은바늘은 8과 9 사이를 가리키고 긴바늘은 4를 가리키므로 8시 20분입니다.

3 오전 8시 30분과 오후 8시 30분 중 아침 식사를 하는 시각으로 알맞은 시각은 오전 8시 30분입니다.

4 1일＝24시간입니다.

5 시간 띠에서 1칸은 1시간을 나타내고, 6칸이 색칠되어 있으므로 민재가 등산을 하는 데 걸린 시간은 6시간입니다.

6 46분을 나타내야 하므로 긴바늘이 9에서 작은 눈금 1칸 더 간 곳을 가리키게 그립니다.

7 짧은바늘은 2와 3 사이를 가리키고 긴바늘은 10을 가리키므로 2시 50분입니다. 2시 50분은 3시가 되려면 10분이 더 지나야 하므로 3시 10분 전이라고도 합니다.

8 예 전날 밤 12시부터 낮 12시까지를 오전이라고 합니다.

따라서 오전에 하는 활동은 독서, 축구입니다.

평가 기준	배점(5점)
언제를 오전이라고 하는지 알았나요?	2점
오전에 하는 활동을 모두 썼나요?	3점

9 ㉠ 60분＝1시간이므로
200분＝60분＋60분＋60분＋20분
　　　＝3시간＋20분
　　　＝3시간 20분

평가 기준	배점(5점)
60분＝1시간임을 알았나요?	2점
200분은 몇 시간 몇 분인지 구했나요?	3점

10 ㉠ 토요일은 3일, 10일, 17일, 24일, 31일이므로 모두 5번 있습니다.

평가 기준	배점(5점)
달력을 보고 토요일인 날짜를 모두 찾았나요?	3점
토요일은 모두 몇 번 있는지 구했나요?	2점

11 달력에서 8월 15일을 찾아보면 목요일입니다.

12 ㉠ 시계는 12시를 나타냅니다.
따라서 12시가 되기 5분 전의 시각은 11시 55분입니다.

평가 기준	배점(5점)
시계가 나타내는 시각을 구했나요?	2점
시계의 시각에서 5분 전의 시각은 몇 시 몇 분인지 구했나요?	3점

13 ㉠ 7월은 31일까지 있습니다.
따라서 정원이가 7월에 달리기를 한 날은 모두 31일입니다.

평가 기준	배점(5점)
7월은 며칠까지 있는지 알았나요?	3점
정원이가 7월에 달리기를 한 날은 모두 며칠인지 구했나요?	2점

14 1월, 3월, 5월의 날수는 31일이고, 9월의 날수는 30일입니다.

15 ㉠ 책 읽기를 시작한 시각은 4시 40분이고, 끝낸 시각은 6시입니다.
4시 40분부터 5시 40분까지는 1시간이고, 5시 40분부터 6시까지는 20분이므로 책을 읽은 시간은 1시간 20분입니다.

평가 기준	배점(5점)
책 읽기를 시작한 시각과 끝낸 시각을 각각 읽었나요?	2점
책을 읽은 시간은 몇 시간 몇 분인지 구했나요?	3점

16 1시간 동안 짧은바늘은 숫자 눈금을 한 칸 움직이고, 긴바늘은 한 바퀴 돕니다.
따라서 짧은바늘이 1에서 5까지 가는 데 걸린 시간은 4시간이고, 4시간 동안 긴바늘은 4바퀴 돕니다.

17 ㉠ 짧은바늘은 8과 9 사이를 가리키고 긴바늘은 3에서 작은 눈금으로 1칸 덜 간 곳을 가리킵니다.
따라서 시계가 나타내는 시각은 8시 14분입니다.

평가 기준	배점(5점)
시계의 짧은바늘과 긴바늘이 가리키는 곳을 알았나요?	2점
시계가 나타내는 시각은 몇 시 몇 분인지 구했나요?	3점

18 ㉠ 지혜가 줄넘기하기를 끝낸 시각은 10시 30분입니다. 10시 30분에서 30분 전은 10시, 10시에서 10분 전은 9시 50분이므로 지혜가 줄넘기하기를 시작한 시각은 9시 50분입니다.

평가 기준	배점(5점)
지혜가 줄넘기하기를 끝낸 시각을 읽었나요?	2점
지혜가 줄넘기하기를 시작한 시각은 몇 시 몇 분인지 구했나요?	3점

19 ㉠ 오전 8시부터 다음 날 오전 8시까지는 24시간이고, 다음 날 오전 8시부터 오후 8시까지는 12시간입니다.
따라서 수진이네 가족이 여행하는 데 걸린 시간은 모두 24＋12＝36(시간)입니다.

평가 기준	배점(5점)
오전 8시부터 다음 날 오전 8시까지의 시간을 구했나요?	2점
다음 날 오전 8시부터 오후 8시까지의 시간을 구했나요?	2점
수진이네 가족이 여행하는 데 걸린 시간은 모두 몇 시간인지 구했나요?	1점

20 ㉠ 10월은 31일까지 있습니다. 7일마다 같은 요일이 반복되므로 31일은 24일, 17일, 10일, 3일과 같은 수요일입니다.
따라서 10월 31일은 수요일이므로 다음 날인 11월 1일은 목요일입니다.

평가 기준	배점(5점)
10월의 마지막 날의 날짜를 알았나요?	2점
10월의 마지막 날의 요일을 구했나요?	2점
11월 1일은 무슨 요일인지 구했나요?	1점

1 10, 35

2

3

4 (1) 12, 50 (2) 3, 15

5 짧은, 5, 6, 긴, 8

6 ㉢

7 ③

8 ㉡, ㉣

9 (1) 오전에 ○표, 7, 50 (2) 오후에 ○표, 6, 50

10 (시계 그림)

11 8시 34분

12 ㉖ 작은 눈금 2칸을 더 가면 6시인데 5시라고 읽었습니다. / 6시 2분 전

13 3, 10

14 3바퀴

15 1시 35분

16 4시 10분

17 13일

18 1시간 30분

19 윤수

20 수요일

---

1 짧은바늘은 10과 11 사이를 가리키므로 10시, 긴바늘은 7을 가리키므로 35분입니다.

2 5시 56분일 때 긴바늘은 11에서 작은 눈금 1칸 더 간 곳을 가리킵니다. 11시 22분일 때 긴바늘은 4에서 작은 눈금 2칸 더 간 곳을 가리킵니다.

3 3회차 상영 시작 시각은 11시 10분이므로 긴바늘이 2를 가리키게 그립니다.

4 (1) 1시 10분 전은 1시가 되려면 10분이 지나야 하므로 12시 50분입니다.
  (2) 2시 45분은 3시가 되려면 15분이 지나야 하므로 3시 15분 전입니다.

5 몇 시 몇십 분일 때 짧은바늘은 수와 수 사이를 가리키고 긴바늘은 수만 가리킵니다.

6 ㉢ 2시간 20분=120분+20분=140분

7 ③ 24일=21일+3일=3주일 3일

---

8 짧은바늘은 8과 9 사이를 가리키므로 8시, 긴바늘은 10에서 작은 눈금 2칸 더 간 곳을 가리키므로 52분입니다.
  ➡ 8시 52분=9시 8분 전

9 (1) 긴바늘이 한 바퀴 도는 데 걸리는 시간은 1시간입니다.
  따라서 오전 6시 50분에서 1시간 후는 오전 7시 50분입니다.
  (2) 짧은바늘이 한 바퀴 도는 데 걸리는 시간은 12시간입니다.
  따라서 오전 6시 50분에서 12시간 후는 오후 6시 50분입니다.

10 5시 5분 전은 5시가 되려면 5분이 지나야 하므로 4시 55분입니다.

11 짧은바늘은 8과 9 사이를 가리키므로 8시, 긴바늘은 6에서 작은 눈금 4칸을 더 간 곳을 가리키므로 34분입니다.

12 시계가 나타내는 시각은 5시 58분이므로 6시 2분 전입니다.

13 오후 2시 10분 전=오후 1시 50분입니다.
  오전 10시 40분 —3시간 후→ 오후 1시 40분
  —10분 후→ 오후 1시 50분 ➡ 3시간 10분

14 짧은바늘이 6에서 9까지 가는 동안 걸리는 시간은 3시간입니다. 긴바늘은 한 시간 동안 시계를 한 바퀴 돌므로 3시간 동안 3바퀴 돕니다.

15 짧은바늘은 1과 2 사이를 가리키므로 1시, 긴바늘은 7을 가리키므로 35분입니다.

16
3시 10분 20분 30분 40분 50분 4시 10분 20분 30분 40분 50분 5시
|← 책 읽음 →|← 쉼 →|

따라서 다시 책을 읽기 시작한 시각은 4시 10분입니다.

17 5월은 31일까지 있으므로 22일부터 31일까지 31-21=10(일)이고 6월은 1일부터 3일까지 3일이므로 모두 10+3=13(일)입니다.

18 10시 40분 —1시간 후→ 11시 40분 —30분 후→ 12시 10분
  ➡ 1시간 30분

서술형
19 예 가람이가 그림을 그린 시간은 1시간 20분이고 윤수가 그림을 그린 시간은 1시간 40분입니다.
따라서 1시간 20분<1시간 40분이므로 그림을 더 오랫동안 그린 사람은 윤수입니다.

평가 기준	배점(5점)
가람이와 윤수가 그림을 그린 시간을 각각 구했나요?	4점
누가 그림을 더 오랫동안 그렸는지 구했나요?	1점

서술형
20 예 9월의 날수는 30일이고 9월 30일은
$30-7=23$(일), $23-7=16$(일),
$16-7=9$(일), $9-7=2$(일)과 같은 요일이므로 화요일입니다.
따라서 10월 1일은 수요일입니다.

평가 기준	배점(5점)
9월의 날수를 알고 있나요?	2점
10월 1일은 무슨 요일인지 구했나요?	3점

5 표와 그래프

1 윷놀이

2 지아, 가은, 진화, 한수

3 5, 7, 4, 16   **4** 16명

5

정우네 반 학생들이 좋아하는 우유별 학생 수

학생 수(명) \ 우유	딸기	바나나	초콜릿
7			○
6			○
5	○		○
4	○		○
3	○	○	○
2	○	○	○
1	○	○	○

6 초콜릿 우유   **7** 7명

8

채연이네 반 학생들이 좋아하는 채소별 학생 수

채소 \ 학생 수(명)	1	2	3	4	5	6	7
감자	/	/	/	/	/		
당근	/	/	/	/	/	/	/
가지	/	/	/				
오이	/	/					

9 오이, 당근

10 3, 1, 10 /

선우네 모둠 학생들이 좋아하는 새별 학생 수

학생 수(명) \ 새	참새	까치	앵무새	공작
4			○	
3		○	○	
2	○	○	○	
1	○	○	○	○

11 예 가장 많은 학생들이 좋아하는 새와 가장 적은 학생들이 좋아하는 새를 한눈에 알아보기 편리합니다.

12 8명

13 4명

14 5, 6, 3, 4, 18

15

공책 수(권) / 이름	정수	혜진	영유	환희
4				○
3	○		○	○
2	○	○	○	○
1	○	○	○	○

정수네 모둠 학생별 가지고 있는 공책 수

⑩ 정수와 환희의 칸에 아래에서 위로 빈칸 없이 채워서 표시하지 않았습니다.

16 ⓒ, ⓒ

17 ⑩ 피자 / ⑩ 피자를 먹고 싶은 학생들이 가장 많기 때문입니다.

18 3권   **19** 4번

20

주사위를 굴려서 나온 눈의 횟수

눈 / 횟수(번)	1	2	3	4	5
⚅	△	△			
⚄	△	△	△	△	
⚃	△	△	△		
⚂	△	△	△	△	
⚁	△	△	△		
⚀	△				

3 놀이별 학생 수를 세어 표를 완성합니다.
(합계)=5+7+4=16(명)

4 3의 표에서 합계가 16이므로 명지네 반 학생은 모두 16명입니다.

5 우유별 학생 수만큼 ○를 아래에서 위로 한 칸에 하나씩 빈칸 없이 채워서 표시합니다.

6 ⑩ 그래프에서 ○가 위로 가장 높게 올라간 것을 찾습니다.
따라서 가장 많은 학생들이 좋아하는 우유는 초콜릿 우유입니다.

평가 기준	배점(5점)
그래프에서 가장 많은 학생들이 좋아하는 우유를 찾는 방법을 알고 있나요?	2점
가장 많은 학생들이 좋아하는 우유는 무엇인지 구했나요?	3점

7 ⑩ (오이를 좋아하는 학생 수)
=(합계)-(가지를 좋아하는 학생 수)
  -(당근을 좋아하는 학생 수)
  -(감자를 좋아하는 학생 수)
=22-5-6-4=7(명)

평가 기준	배점(5점)
오이를 좋아하는 학생 수를 구하는 식을 세웠나요?	2점
오이를 좋아하는 학생은 몇 명인지 구했나요?	3점

8 채소별 학생 수만큼 /을 왼쪽에서 오른쪽으로 한 칸에 하나씩 빈칸 없이 채워서 표시합니다.

9 ⑩ 8의 그래프에서 /의 수가 가지보다 많은 채소를 찾습니다. 따라서 좋아하는 학생 수가 가지보다 많은 채소는 오이, 당근입니다.

평가 기준	배점(5점)
좋아하는 학생 수가 가지보다 많은 채소를 구하는 방법을 알고 있나요?	2점
좋아하는 학생 수가 가지보다 많은 채소를 모두 구했나요?	3점

10 표를 보고 참새, 앵무새의 학생 수만큼 그래프에 ○를 표시합니다. 그래프를 보고 까치, 공작의 학생 수를 표에 써넣습니다.
(합계)=2+3+4+1=10(명)

11

평가 기준	배점(5점)
표를 그래프로 나타냈을 때 편리한 점을 썼나요?	5점

12 ⑩ 미국에 가 보고 싶은 학생은 5명이고, 일본에 가 보고 싶은 학생은 3명입니다.
따라서 미국에 가 보고 싶은 학생과 일본에 가 보고 싶은 학생 수의 합은 5+3=8(명)입니다.

평가 기준	배점(5점)
미국, 일본에 가 보고 싶은 학생 수를 각각 알았나요?	3점
미국, 일본에 가 보고 싶은 학생 수의 합은 몇 명인지 구했나요?	2점

13 ⑩ 전체 학생 수에서 가 보고 싶은 나라별 학생 수 미국 5명, 영국 6명, 일본 3명을 빼서 구합니다.
따라서 이탈리아에 가 보고 싶은 학생은
18-5-6-3=4(명)입니다.

평가 기준	배점(5점)
미국, 영국, 일본에 가 보고 싶은 학생 수를 각각 알았나요?	3점
이탈리아에 가 보고 싶은 학생은 몇 명인지 구했나요?	2점

14 (합계)=5+6+3+4=18(명)

15

평가 기준	배점(5점)
그래프에서 잘못된 부분을 찾아 바르게 고쳤나요?	2점
잘못된 까닭를 썼나요?	3점

16 ㉠은 표를 보고 알 수 없습니다.

17

평가 기준	배점(5점)
어떤 음식을 가장 많이 준비하면 좋을지 썼나요?	2점
까닭을 썼나요?	3점

18 例 민주, 현서가 읽은 책 수의 합은
$12-4-2=6$(권)입니다.
민주와 현서가 읽은 책 수가 같으므로 $3+3=6$에서
민주가 읽은 책은 3권입니다.

평가 기준	배점(5점)
민주, 현서가 읽은 책 수의 합을 구했나요?	2점
민주가 읽은 책은 몇 권인지 구했나요?	3점

19 例 3의 눈이 나온 횟수가 5번이므로 4의 눈이 나온
횟수는 $5-2=3$(번)입니다.
따라서 5의 눈이 나온 횟수는
$18-1-3-5-3-2=4$(번)입니다.

평가 기준	배점(5점)
4의 눈이 나온 횟수를 구했나요?	2점
5의 눈이 나온 횟수를 구했나요?	3점

20 4의 눈과 5의 눈이 나온 횟수만큼 △를 왼쪽에서 오른쪽으로 한 칸에 하나씩 빈칸 없이 채워서 표시합니다.

다시 점검하는 수시 평가 대비
34~36쪽

1 멜론 맛 사탕 **2** 7, 4, 5, 2, 18

3 7명 **4** 18명

5 7명

6

원영이네 반 학생들의 장래 희망별 학생 수

학생 수(명) / 장래 희망	선생님	운동 선수	경찰관	과학자
8		/		
7	/	/		
6	/	/		
5	/	/		
4	/	/	/	/
3	/	/	/	
2	/	/	/	/
1	/	/	/	/

7 운동 선수

8 23명

9 놀이 공원, 습지

10 바다, 산

11 4명

12 6, 5, 3

13

해주네 반 학생들이 좋아하는 과일별 학생 수

학생 수(명) / 과일	사과	수박	포도	참외
6		○		
5		○	○	
4	○	○	○	
3	○	○	○	○
2	○	○	○	
1	○	○	○	○

14 수박, 포도, 사과, 참외

15 그래프

16 6, 3

17

근영이네 반 학생들이 좋아하는 동물별 학생 수

학생 수(명) / 동물	토끼	기린	고래	펭귄	곰
6	×				
5	×				×
4	×		×		×
3	×		×	×	×
2	×	×	×	×	×
1	×	×	×	×	×

18 3배 **19** 27명

20 형진이가 가지고 있는 종류별 책 수

종류＼책 수(권)	1	2	3	4	5	6
동화책	/	/	/	/	/	/
과학책	/	/	/			
위인전	/	/	/	/	/	
만화책	/	/	/			

2 (합계)＝7＋4＋5＋2＝18(명)

3 2의 표에서 보면 딸기 맛 사탕을 좋아하는 학생은 7명 입니다.

4 2의 표에서 합계를 보면 18명입니다.

5 24－8－5－4＝7(명)

6 장래 희망별 학생 수만큼 /을 아래에서 위로 한 칸에 하나씩 빈칸 없이 채워서 표시합니다.

7 6의 그래프에서 /의 수가 가장 많은 장래 희망은 운동 선수입니다.

8 ○의 수를 모두 세어 보면
4＋7＋5＋3＋4＝23(명)입니다.

9 그래프에서 ○의 수가 같은 장소는 놀이 공원과 습지 입니다.

10 그래프에서 4보다 큰 수에 ○가 표시된 장소는 바다와 산입니다.

11 가장 많은 학생들이 가고 싶은 장소는 바다로 7명이고 가장 적은 학생들이 가고 싶은 장소는 수목원으로 3명 입니다.
➡ 7－3＝4(명)

12 그래프에서 보면 수박을 좋아하는 학생은 6명, 포도를 좋아하는 학생은 5명입니다.
(참외를 좋아하는 학생 수)＝18－4－6－5＝3(명)

13 표를 보고 사과, 참외를 좋아하는 학생 수만큼 그래프 에 ○를 표시합니다.

14 그래프에서 ○의 수가 많은 것부터 차례로 쓰면 수박, 포도, 사과, 참외입니다.

15 학생 수가 많고 적음을 비교하기에 편리한 것은 표와 그래프 중에서 그래프입니다.

16 펭귄을 좋아하는 학생을 □명이라고 하면
토끼를 좋아하는 학생은 (□＋3)명입니다.
□＋3＋2＋4＋□＋5＝20, □＋□＝6, □＝3
입니다.
따라서 펭귄을 좋아하는 학생은 3명, 토끼를 좋아하는 학생은 3＋3＝6(명)입니다.

17 학생 수만큼 ×를 아래에서 위로 한 칸에 하나씩 빈칸 없이 채워서 표시합니다.

18 토끼를 좋아하는 학생은 6명, 기린을 좋아하는 학생은 2명이므로 2×3＝6에서 6은 2의 3배입니다.

19 ⓔ 치즈 호빵을 좋아하는 학생 수는 4명이므로
(팥 호빵을 좋아하는 학생 수)＝4＋6＝10(명)입니 다.
(은서네 반 학생 수)＝6＋10＋7＋4＝27(명)

평가 기준	배점(5점)
팥 호빵을 좋아하는 학생 수를 구했나요?	2점
은서네 반 학생 수를 구했나요?	3점

20 ⓔ (위인전의 수)＋(과학책의 수)
＝17－3－6＝8(권)
위인전이 과학책보다 2권 더 많으므로 5＋3＝8에서 위인전은 5권, 과학책은 3권입니다.
따라서 그래프에 위인전은 /을 5개, 과학책은 /을 3 개 표시합니다.

평가 기준	배점(5점)
위인전과 과학책 수를 각각 구했나요?	4점
그래프를 완성했나요?	1점

6 규칙 찾기

37~40쪽

서술형 50% 수시 평가 대비

1 ㉢

2 ■(진한 회색), □(연한 회색)

3

1	2	3	3	1	2	3	3
1	2	3	3	1	2	3	3
1	2	3	3	1	2	3	3

4 ●, ▲ / 예 ●, ▲가 반복됩니다.

5

6 3, 1, 2

7

+	2	4	6	8
2	4	6	8	10
4	6	8	10	12
6	8	10	12	14
8	10	12	14	16

8 예 아래로 내려갈수록 2씩 커집니다.

9 예 ↘ 방향으로 갈수록 4씩 커집니다.

10

×	1	3	5	7	9
1	1	3	5	7	9
3	3	9	15	21	27
5	5	15	25	35	45
7	7	21	35	49	63
9	9	27	45	63	81

11

×	1	3	5	7	9
1	1	3	5	7	9
3	3	9	15	21	27
5	5	15	25	35	45
7	7	21	35	49	63
9	9	27	45	63	81

12 예 만나는 수들이 서로 같습니다.

13 시작 / 예 5부터 시작하여 시계 방향으로 5씩 커집니다.
(원판: 5, 10, 15, 20, 25, 30, 35, 40, 45)

14 (회색으로 칠해진 5×5 격자)

15

4	5	6	7
5	6	7	8
6	7	8	9
7	8	9	10

16 규칙 1 예 ↘ 방향으로 갈수록 8씩 커집니다.
규칙 2 예 아래로 내려갈수록 7씩 커집니다.

17 예 전주행과 부산행 기차는 각각 1시간 간격으로 출발합니다.

18 16개

19 예

+	1	2	3	4
2	3	4	5	6
3	4	5	6	7
4	5	6	7	8
5	6	7	8	9

예 ╱ 방향의 수들은 모두 같은 수입니다.

20 28번

---

1 파란색, 노란색, 빨간색, 빨간색이 반복됩니다.

2 빨간색, 빨간색 다음이므로 파란색, 노란색을 색칠합니다.

3 파란색, 노란색, 빨간색, 빨간색이 반복되므로 1, 2, 3, 3이 반복됩니다.

4

평가 기준	배점(5점)
☐ 안에 알맞은 모양을 그리고 색칠했나요?	3점
규칙을 찾아 썼나요?	2점

5 색칠된 부분이 시계 반대 방향으로 한 칸씩 이동하도록 색칠합니다.

7 세로줄과 가로줄이 만나는 칸에 두 수의 합을 씁니다.

8 6, 8, 10, 12는 2씩 커집니다.

평가 기준	배점(5점)
규칙을 찾아 썼나요?	5점

9 4, 8, 12, 16은 4씩 커집니다.

평가 기준	배점(5점)
규칙을 찾아 썼나요?	5점

10 세로줄과 가로줄이 만나는 칸에 두 수의 곱을 씁니다.

11 빨간색으로 색칠한 곳은 **14**씩 커집니다.
따라서 세로줄에서 **14**씩 커지는 규칙을 찾아 색칠합니다.

12

평가 기준	배점(5점)
만나는 수들은 서로 어떤 관계가 있는지 썼나요?	5점

13

평가 기준	배점(5점)
빈칸에 알맞은 수를 써넣었나요?	3점
규칙을 찾아 썼나요?	2점

14 사각형이 **1**개, **2**개씩 **2**줄, **3**개씩 **3**줄, ...로 놓이는 규칙입니다.
따라서 다음에 올 모양은 사각형이 **4**개씩 **4**줄로 놓입니다.

15 같은 줄에서 오른쪽으로 갈수록, 아래로 내려갈수록 **1**씩 커집니다.

16

평가 기준	배점(5점)
규칙을 한 가지 찾아 썼나요?	2점
다른 한 가지 규칙을 찾아 썼나요?	3점

17

평가 기준	배점(5점)
규칙을 찾아 썼나요?	5점

18 ㉘ 쌓기나무의 수가 **4**개, **8**개, **12**개로 **4**개씩 늘어납니다.
따라서 다음에 이어질 모양에 쌓을 쌓기나무는 모두 **12＋4＝16**(개)입니다.

평가 기준	배점(5점)
쌓기나무 수의 규칙을 찾았나요?	2점
다음에 이어질 모양에 쌓을 쌓기나무는 모두 몇 개인지 구했나요?	3점

19

평가 기준	배점(5점)
덧셈표를 완성했나요?	3점
규칙을 찾아 썼나요?	2점

20 ㉘ 의자가 한 열에 **8**개씩 있으므로 의자의 번호가 가로로 **1**씩, 세로로 **8**씩 커집니다.
따라서 가열 넷째 자리가 **4**번이므로 라열 넷째 자리는 **4＋8＋8＋8＝28**(번)입니다.

평가 기준	배점(5점)
의자가 놓인 규칙을 찾았나요?	2점
재희가 앉을 의자의 번호는 몇 번인지 구했나요?	3점

---

1 ▲ · ▲ · ▲

2

3 ●

4 ㉘ 쌓기나무가 **3**개씩 늘어납니다.

5

＋	3	4	5	6	7
3	6	7	8	9	10
4	7	8	9	10	11
5	8	9	10	11	12
6	9	10	11	12	13
7	10	11	12	13	14

6 ㉡, ㉢

7 ㉘ 아래로 내려갈수록 **1**씩 커집니다.

8 35

9 ㉘ 아래로 내려갈수록 **7**씩 커집니다.

10

×	4	5	6	7	8
4	16	20	24	28	32
5	20	25	30	35	40
6	24	30	36	42	48
7	28	35	42	49	56
8	32	40	48	56	64

11 ㉘ ＼ 방향으로 갈수록 **4**부터 **1**씩 커지는 같은 두 수의 곱입니다.

12

×	2	4	6	8
2	4	8	12	16
4	8	16	24	32
6	12	24	36	48
8	16	32	48	64

／ ㉘ 오른쪽으로 갈수록 **8**씩 커집니다.

13 ㉘ ＼ 방향으로 갈수록 **3**씩 작아집니다.

14 ▼

15

28	32	36
	35	40	45
36	42	48	54

16

			42
	35	42	49
	40	48	56
		54	

17 검은색

18 30개

19 9시 40분

20 24일

1 빨간색, 파란색, 초록색, 빨간색이 반복됩니다.

2 색칠된 마주 보는 두 칸이 시계 반대 방향으로 한 칸씩 이동하도록 색칠합니다.

3 ●와 ■이 반복되어 놓이면서 ●만 1개씩 늘어납니다.

4 쌓기나무 수가 1개, 4개, 7개, 10개, ...로 3개씩 늘어납니다.

5 세로줄과 가로줄이 만나는 칸에 두 수의 합을 씁니다.

6 7, 9, 11, 13은 모두 홀수이고 2씩 커집니다.

7 6, 7, 8, 9, 10으로 아래로 내려갈수록 1씩 커지거나 위로 올라갈수록 1씩 작아집니다.

8 $5 \times 7 = 35$, $7 \times 5 = 35$

9 28, 35, 42, 49, 56은 7단 곱셈구구의 곱이므로 7씩 커집니다.

10 32, 40, 48, 56, 64는 8단 곱셈구구의 곱입니다.

11 $4 \times 4 = 16$, $5 \times 5 = 25$, $6 \times 6 = 36$, $7 \times 7 = 49$, $8 \times 8 = 64$로 4부터 1씩 커지는 같은 두 수의 곱입니다.

12

×	2	4	6	8
2	4	8		16
㉠			24	
6	12			
㉡			32	

㉠ $\times 6 = 24$이므로 $4 \times 6 = 24$에서 ㉠$=4$입니다.
㉡ $\times 4 = 32$이므로 $8 \times 4 = 32$에서 ㉡$=8$입니다.
세로줄과 가로줄이 만나는 칸에 두 수의 곱을 씁니다.

13 규칙은 여러 가지입니다.
- ↗ 방향으로 갈수록 5씩 커집니다.
- 오른쪽으로 갈수록 1씩 커집니다.

14 색깔은 빨간색, 파란색이 반복되고 모양은 ▽, ◁, ◇가 반복됩니다.

15

24	28	32	36
30	35	40	45
36	42	48	54

첫째 줄은 4단, 둘째 줄은 5단, 셋째 줄은 6단 곱셈구구의 곱입니다.

16

30	36	42
35	42	49
40	48	56
45	54	63

위에서부터 차례로 6단, 7단, 8단, 9단 곱셈구구의 곱입니다.

17 ○, ●, ●이 반복되는 규칙이므로 3개씩 6번 반복되고 ○ ● ●입니다.
19째┘ └20째

18 첫째에 쌓은 쌓기나무: 1개
둘째에 쌓은 쌓기나무: $1 + 4 = 5$(개)
셋째에 쌓은 쌓기나무: $5 + 9 = 14$(개)
넷째에 쌓은 쌓기나무: $14 + 16 = 30$(개)

서술형
19 예 입장 시각을 보면
3시 10분   5시 20분   7시 30분
   2시간 10분 후   2시간 10분 후
눈썰매장은 2시간 10분마다 입장하는 규칙이 있습니다.
따라서 4회의 입장 시각은 9시 40분입니다.

평가 기준	배점(5점)
입장 시각의 규칙을 찾았나요?	2점
4회의 입장 시각을 구했나요?	3점

서술형
20 예 같은 요일은 7일마다 반복되므로 첫째 일요일은 3일, 둘째 일요일은 $3 + 7 = 10$(일), 셋째 일요일은 $10 + 7 = 17$(일), 넷째 일요일은 $17 + 7 = 24$(일)입니다. 9월은 30일까지 있으므로 마지막 일요일은 24일입니다.

평가 기준	배점(5점)
9월의 일요일인 날짜를 모두 구했나요?	3점
9월의 마지막 일요일은 며칠인지 구했나요?	2점

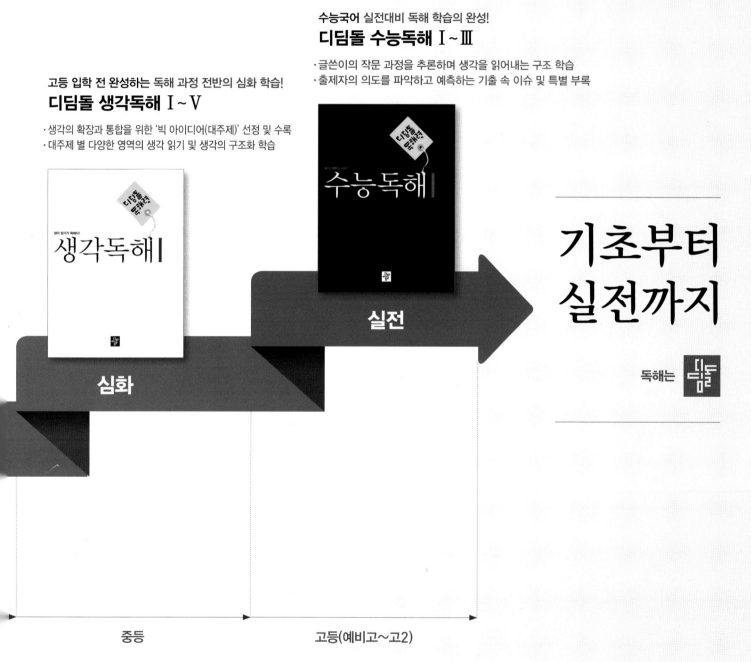

고등 입학 전 완성하는 독해 과정 전반의 심화 학습!
디딤돌 생각독해 Ⅰ~Ⅴ

· 생각의 확장과 통합을 위한 '빅 아이디어(대주제)' 선정 및 수록
· 대주제 별 다양한 영역의 생각 읽기 및 생각의 구조화 학습

수능국어 실전대비 독해 학습의 완성!
디딤돌 수능독해 Ⅰ~Ⅲ

· 글쓴이의 작문 과정을 추론하며 생각을 읽어내는 구조 학습
· 출제자의 의도를 파악하고 예측하는 기출 속 이슈 및 특별 부록

기초부터
실전까지

독해는 디딤돌

심화

실전

중등

고등(예비고~고2)

다음에는 뭐 풀지?

최상위로 가는
'맞춤 학습 플랜'

STEP
4
Book

다음에 공부할 책을 고르기 어려우시다면, 현재 성취도를 먼저 체크해 보세요.
최상위로 가는 맞춤 학습 플랜만 있다면 내 실력에 꼭 맞는 교재를 선택할 수 있어요!
단계에 따라 내 실력을 진단해 보고, 다음 학습도 야무지게 준비해 봐요!

첫 번째, 단원평가의 맞힌 문제 수 또는 점수를 모두 더해 보세요.

단원		맞힌 문제 수 OR	점수 (문항당 5점)
1단원	1회		
	2회		
2단원	1회		
	2회		
3단원	1회		
	2회		
4단원	1회		
	2회		
5단원	1회		
	2회		
6단원	1회		
	2회		
합계			

※ 단원평가는 각 단원의 마지막 코너에 있는 20문항 문제지입니다.